Tunnel durch Raum und Zeit

Rüdiger Vaas

Tunnel durch Raum und Zeit

Einsteins Erbe –
Schwarze Löcher,
Zeitreisen und
Überlichtgeschwindigkeit

KOSMOS

Umschlaggestaltung von eStudio Calamar unter Verwendung einer Illustration von Detlev van Ravenswaay/Bildagentur Astrofoto.

Mit 22 Illustrationen von Gerhard Weiland nach Vorlagen des Verfassers und 8 Schwarzweiß-Abbildungen; Bildnachweis Seite 250.

Bibliografische Information der Deutschen Bibliothek
Die Deutsche Bibliothek verzeichnet diese Publikation in der Deutschen Nationalbibliografie. Detaillierte bibliografische Daten sind im Internet über http://dnb.ddb.de abrufbar.

Informationen senden wir Ihnen gerne zu

Bücher · Kalender · Experimentierkästen · Kinder- und Erwachsenenspiele

Natur · Garten · Essen & Trinken · Astronomie
Hunde & Heimtiere · Pferde & Reiten · Tauchen · Angeln & Jagd
Golf · Eisenbahn & Nutzfahrzeuge · Kinderbücher

KOSMOS Postfach 10 60 11
D-70049 Stuttgart
TELEFON +49 (0)711-2191-0
FAX +49 (0)711-2191-422
WEB www.kosmos.de
E-MAIL info@kosmos.de

Gedruckt auf chlorfrei gebleichtem Papier

© 2005 Franckh-Kosmos Verlags-GmbH & Co. KG, Stuttgart
Alle Rechte vorbehalten
ISBN 3-440-09360-3
Redaktion: Sven Melchert
Produktion: Johannes Geyer
Printed in the Czech Republic/Imprimé en République Tchèque

4

Inhalt

Die Welt als Würfelspiel?: »*Gott würfelt nicht*«, *glaubte Albert Einstein.* »*Gott wirft die Würfel sogar manchmal dorthin, wo man sie nicht sehen kann*«, *konterte Stephen Hawking. Er meinte damit, dass Schwarze Löcher eine neue Dimension des Zufalls ins Universum bringen. Doch wenn sie Würfel und anderes auf Nimmerwiedersehen verschlucken könnten, dann wären die Fundamente der Physik in Gefahr.*

I

Im Schlund von Raum und Zeit
Rätsel um unersättliche Schwerkraftfallen im All

Was wäre die Physik ohne die Gravitation?
ALBERT EINSTEIN, Physiker (1950)

Schwarze Sterne am Leeregrund der Ewigkeit. – Die Langeweile entsteht aus einer letzten Eintrübung weltabgelösten Empfindens.
ÉMILE MICHEL CIORAN, Essayist (1940)

Prolog auf der Erde

»Hallo!«
Die Stimme tönte technisch, stereotyp und emotionslos – und das war sie auch, denn ein Sprachcomputer hatte sie erzeugt. Doch der schmächtige Mensch, der hinter dem Monitor verrenkt in seinem motorisierten Rollstuhl kauerte, sprühte trotz seines tragischen Schicksals vor Lebensfreude.

Es war nicht meine erste Begegnung mit Stephen Hawking, der einer Studie des britischen Fernsehsenders BBC zufolge der berühmteste lebende Wissenschaftler ist. Als der 1942 geborene Medienstar mit dem noch immer jugendlichen Gesicht im Oktober 2001 in München eine Pressekonferenz zum Erscheinen seines Buchs *Das Universum in der Nußschale* gab, saß ich ihm gegenüber und hatte auch Gelegenheit, eine Frage zu stellen. Damals war selbst unter hart gesottenen Journalisten spontaner Beifall ausgebrochen, als Hawking in den Saal einrollte, bevor sie sich wie eine Horde Affen mit Kameras um ihn scharten und ein mehrere Minuten dauerndes Blitzlichtgewitter entfesselten. Aber dann warteten sie beinahe andächtig auf jede seiner Antworten – und das dauert eine Weile. Denn er muss jedes Wort in seinen Sprachcomputer eintippen, der ihm seit einem Luftröhrenschnitt 1985 eine monotone und doch eigenartig ätherische Kunststimme verleiht. Und es hat etwas Orakelhaftes, wenn Hawking spricht, denn der immense Aufwand zwingt ihn zur äußersten Prägnanz. Und während der Zuhörer sich auf die Antwort geduldet, kommt in ihm unwillkürlich eine gespannte Erwartung auf.

Seine schreckliche Krankheit ist wohl ein wesentlicher Grund für Hawkings Publicity. Denn die wenigsten von uns können seine Theorien über den Urknall, die Schwarzen Löcher und die Natur des Universums wirklich verstehen. Aber der mathematische Physiker passt perfekt zum Klischee des an den Leib gefesselten genialen Geistes, der alle Grenzen der Erkenntnis zu sprengen trachtet. Und dass er noch lebt, ist ein medizinisches Wunder. Seit seinem Todesurteil im Jahr 1963, der Diagnose von Amyotropher Lateralsklerose (ALS) kurz nach seinem 21. Geburtstag, stellt Stephen Hawking nämlich Stunde um Stunde einen neuen Rekord auf. Gewöhnlich sterben Patienten an dem heimtückischen, unheilbaren Muskelschwund – einem Absterben der Nervenzellen, die die Muskulatur steuern – innerhalb weniger Jahre. Doch bei Hawking kam die Amyotrophe Lateralsklerose zum Stillstand – so als hätten seine geistigen Energien ihr doch noch Paroli geboten. Obwohl er bis auf Teile seiner Gesichtsmuskulatur und der linken Hand total gelähmt ist, hat er seit 1979 den von dem englischen Parlamentarier Henry Lucas 1663 gestifteten Lucasischen Lehrstuhl der britischen University of Cambridge inne, auf dem vor 300 Jahren Isaac Newton saß. »Allerdings wurde er damals noch nicht elektrisch betrieben«, wie Hawking im Hinblick auf seinen Rollstuhl scherzt, den er liebevoll »Quantum Jazzy« nennt.

Hawking betreut nicht nur Doktoranden und erforscht die fundamentalsten Geheimnisse der Natur, sondern schreibt auch populärwissenschaftliche Bestseller, die zu den meistverkauften Büchern nach der Bibel zählen. Seine 1988 erschienene *Kurze Geschichte der Zeit*, die angeblich jeder 500. Mensch erworben (aber bestimmt nicht gelesen) hat, und das *Universum in der Nußschale*, das in Deutschland ein halbes Jahr ununterbrochen auf Platz 1 der *Spiegel*-Bestsellerliste stand. »Ich könnte in einer Nussschale eingesperrt sein und mich für einen König von unermesslichem Gebiete halten«, heißt es in William Shakespeares Drama *Hamlet*. »Obwohl wir Menschen physischen Einschränkungen unterworfen sind, können unsere Gedanken frei und ungebunden das Universum erforschen«, interpretiert dies Hawking, dessen reger Geist – in seinen gelähmten Körper selbst wie in eine Nussschale eingesperrt – doch nicht müde wird, Raum und Zeit zu erkunden. »Ich lebe gern. Es gibt so viel zu tun und zu entdecken.«

Die Entdeckungen Hawkings in der Theoretischen Physik können sich sehen lassen. Seine kosmologischen Beiträge zum Urknall und der Frage nach einem Anfang der Zeit waren wegweisend. Vor der Suche nach einer »Weltformel« und der Frage nach der Stellung des Menschen im Kosmos macht sein Forschergeist ebenso wenig Halt wie vor so exotischen Themen wie Wurmlöchern – hypothetischen Tunnel durch die Dimensionen, mit denen sich die Barriere der Lichtgeschwindigkeit austricksen ließe – und Zeitreisen. Und immer wieder wendet er sich den Schwarzen Löchern zu. Diese ominösen Schlünde in der Raumzeit, die scheinbar alles verschlucken können, aber nichts wieder von sich zu geben scheinen, zählen zu den bizarrsten Vorstellungen, die sich Menschen gemacht haben – und sind doch keine Hirngespinste, sondern bevölkern zu Myriaden das Weltall. Die größten haben die Masse von zehn Milliarden Sonnen, die kleinsten könnten winziger als ein Atom sein und sogar in unseren Körpern hausen. Aber seit Stephen Hawking 1974 berechnete, dass Schwarze Löcher aufgrund bizarrer Quantenprozesse eine Temperatur besitzen, sind die Schwerkraftfallen auch nicht mehr das, was sie einmal zu sein schienen – nämlich weder schwarz noch ewige Löcher im Gewebe der Raumzeit. Sie geben vielmehr eine extrem schwache Strahlung ab, die aber irgendwann so stark wird, dass selbst das massereichste Schwarze Loch eines Tages in einer Explosion förmlich verdampfen muss und verschwindet. Für viele Wissenschaftler, Hawking eingeschlossen, war diese Erkenntnis ein Schock; doch es kam noch schlimmer. 1975 folgerte er nämlich, dass mit der Auflösung der Schwarzen Löcher auch die physikalischen Informationen vernichtet wären, die mit der Materie und Energie verbunden sind, die einst ins Gravitationsgefängnis dieser seltsamen Himmelskörper gerieten. Und das hätte so alarmierende Konsequenzen für fast alle grundlegenden Bereiche der Physik, dass das mühsam errichtete Gebäude unseres naturwissenschaftlichen Weltbilds nicht nur erschüttert wäre, sondern unweigerlich zusammenstürzen müsste. Nicht einmal fundamentale Prinzipien wie der Satz von der Erhaltung der Energie hätten noch Bestand. Und womöglich gäbe es gespenstische Stellen im All, aus denen buchstäblich alles hervorsprudeln könnte wie aus einem Zauberbrunnen – nicht nur Elementarteilchen und Energie, sondern beispielsweise auch elektrische Eisenbahnen, Elefanten, Elfen und Einhörner. Inzwischen hat Hawking seine Meinung revidiert und sogar eine Wette hierzu verloren gegeben: Im Sommer 2004 verkündete er auf einer internationalen Konferenz zu Albert Einsteins Allgemeiner Relativitätstheorie vor einem eigens herbeigeeilten Aufgebot der Weltpresse, dass Schwarze Löcher doch keine irreversiblen Informationsvernichter seien.

Andere hochkarätige Physiker sehen es ähnlich, aber die Argumente sind noch keineswegs hieb- und stichfest. Die entscheidende Rolle dafür spielt nämlich letztlich eine Theorie der Quantengravitation. Sie ist der »Heilige Gral« der Theoretischen Physik, eine Verknüpfung von Mikro- und Makrokosmos. Die Welt des Allergrößten, das Universum als Ganzes, ist der Zuständigkeitsbereich der Allgemeinen Relativitätstheorie, die auch die Grundlage für die Beschreibung der Schwarzen Löcher liefert. Die Welt des Allerkleinsten, also der Elementarteilchen und Naturkräfte, ist das Regime der Quantentheorie. Diese beiden Theorien sind experimentell exzellent bestätigt, teilweise auf 14 Stellen hinter dem Komma. Es gibt keine präziseren Theorien in der Geschichte der Wissenschaft. Und doch vertragen sich die beiden Säulen, auf denen die moderne Physik ruht, nicht richtig. Denn bei extremen Bedingungen, wie sie beispielsweise in den Schwarzen Löchern vorherrschen, kommt es zu Widersprüchen. Diese werden sich, wenn überhaupt, erst mit einer neuen Theorie ausräumen lassen, die die Quantentheorie und die Allgemeine Relativitätstheorie miteinander verbindet beziehungsweise als Spezialfälle für bestimmte, eingeschränkte Bedingungen enthält. Eine solche Theorie der Quantengravitation wäre eine Art »Weltformel« oder auch »Theorie von Allem« (jedenfalls von allem, was fundamental ist), wie manche Physiker in augenzwinkernden Anwandlungen der Unbescheidenheit zuweilen sagen. Noch ist eine solche Theorie Zukunftsmusik und Gegenstand enormer intellektueller Anstrengungen. Hätten wir sie und könnten wir mit ihr auch rechnen – was genauso wichtig und keineswegs trivial ist –, dann wären womöglich sogar der Urknall und die Schwarzen Löcher nicht länger rätselhaft; wir würden erfahren, ob es Wurmlöcher und Zeitmaschinen gibt und könnten vielleicht sogar eines Tages die Fesseln von Raum und Zeit abstreifen und mit beliebigen Geschwindigkeiten alle Orte und Epochen der Welt erreichen.

Der bislang aussichtsreichste Kandidat für eine solche »Weltformel« ist die Stringtheorie. Ihr zufolge sind nicht punktförmige Elementarteilchen, sondern winzige eindimensionale Strings die grundlegenden Bausteine der Natur – die bekannten Elementarteilchen wären demnach einfach Schwingungen solcher Strings. Der größte Haken freilich ist die notwendige Annahme bislang unbekannter zusätzlicher Raum-Dimensionen. Diese Extradimensionen wären allerdings extrem winzig, gleichsam aufgerollt an jedem Punkt der Raumzeit und insofern unsichtbar für unseren Alltagsverstand. Neben eindimensionalen Strings werden inzwischen im Rahmen der Stringtheorie auch mehrdimensionale Gebilde beschrieben, so genannte p-Branen. Das p steht dabei für die Anzahl ihrer Dimensionen, und »Bran« kommt von »Membran«, da zweidimensionale 2-Branen an solche flatternde Gebilde erinnern. (Außerdem blitzt der Schalk durch den Begriff, denn p-Bran spricht sich englisch wie »pea brain«, also Erbsengehirn.) Seit 1995 sind die bisherigen Ansätze der Stringtheorie – es gab fünf verschiedene Versionen – als mathematisch gleichberechtigt und Teil einer höheren elfdimensionalen Theorie erkannt worden. Sie wird M-Theorie genannt. Das »M« steht wahlweise für »Membranen«, »Master«, »Matrix«, »majestätisch«, »Mysterium«, »Magie« oder »Mutter aller Theorien« (oder, zumindest für Kritiker, auch »Murks«). Sie ist noch sehr spekulativ und nur rudimentär verstanden, aber von enormer mathematischer Eleganz und verwirrenden Konsequenzen. Hawking hat sich ihr in den letzten Jahren verstärkt zugewandt und auf einer Kosmologie-Konferenz im kalifornischen Davis dazu im März 2003 auch einen Vortrag gehalten – genauer: von seinem zuvor entsprechend präparierten Computer halten lassen. In einem Hörsaal der dortigen Universität war es auch, als er sich mir in einer Kaffeepause zuwandte: »Hallo!«

Was folgte, war ein naturgemäß leider etwas einseitiges Gespräch. Aber ich ergriff die Gelegenheit, um Stephen Hawking eine persönliche Frage zu stellen, mit der ich schon viele Forscher konfrontiert habe (als Wissenschaftsjournalist kann man sich das erlauben, auch wenn mancher Redaktionskollege deswegen schon die Augen verdrehte): Angenommen, eine allwissende Fee würde eine beliebige Frage auf eine hinreichend verständliche Weise beantworten – welche würde Hawking ihr stellen? Er grinste und klickte sich durch die Buchstaben und Wörter seines Sprachprogramms. Ob die M-Theorie vollständig sei, wollte er schließlich wissen: »Is M-Theory complete?«

An den Fronten der Forschung

Leider kann bislang niemand den Gehalt und die Reichweite der M-Theorie auch nur annähernd abschätzen, geschweige denn ihre Konsequenzen für die Beschreibung der Welt verstehen, wenn die Theorie richtig wäre. Trotzdem versuchen Physiker mit Vereinfachungen und Hilfsannahmen bereits, den einen oder anderen Winkel der M-Theorie auszuloten – oder jedenfalls ein wenig zu erhellen – und Schlussfolgerungen für die Natur unseres Universums abzuleiten. Und so war es Überraschung und Triumph gleichermaßen, als es 1996 im Rahmen der M-Theorie gelang, die Entropie – ein Maß für die Unordnung eines physikalischen Systems – Schwarzer Löcher abzuschätzen. Das Ergebnis war identisch mit dem, was Hawking bereits 1974 in einer bahnbrechenden Arbeit auf einem ganz anderen, konservativeren Weg entdeckt hatte. Die Quantengeometrie, ein alternativer Ansatz für eine Theorie der Quantengravitation, kam inzwischen zum selben Resultat. Das beflügelt die Zuversicht der Physiker, auf der richtigen Spur zu sein.

Weitere Fortschritte – auch im Rahmen der M-Theorie – veranlassten Hawking schließlich, einen neuen Blick auf das wohl größte Rätsel der Schwarzen Löcher zu werfen: Was geschieht mit der Materie und Energie sowie den mit ihnen geführten Informationen beim Sturz ins Schwarze Loch? Werden sie vollständig vernichtet, wie Hawking seit 1975 argwöhnte? Oder kommen sie doch irgendwie und irgendwo wieder zum Vorschein, wie viele Kritiker entgegneten? Hawking beharrte auf der Hypothese der Informationsvernichtung – wohl wissend, dass sie die gesamte Physik in eine Krise stürzen könnte. Doch im Jahr 2004 änderte er überraschend seine Ansicht. In den bereits vorhandenen Teilen der M-Theorie glaubt er jetzt zu erkennen, dass Schwarze Löcher doch keine irreversiblen Informationsvernichter sind.

Und während sich seine Kollegen eifrig damit beschäftigen, die Argumentation zu prüfen, vollziehen sich in anderen Bereichen der Quantengravitation Schwarzer Löcher noch aufregendere Entwicklungen: Die Schwerkraft-Schlünde können womöglich sogar Teilchen wieder ausspucken oder sie wie perfekte Spiegel einfach reflektieren. Außerdem lassen sich Schwarze Löcher mit Hilfe einer hypothetischen »Geisterstrahlung« in echte Tunnel durch die Raumzeit umwandeln – in Wurmlöcher, die quasi überlichtschnelle Reisen in weit entfernte Regionen des Kosmos ermöglichen würden, vielleicht sogar in andere Universen und in die eigene Vergangenheit.

Das sind abenteuerliche Perspektiven, die mehr nach Science-Fiction (SF) klingen als nach Science. Doch die Wissenschaft hat die Fiktion stellenweise schon längst überholt. Andererseits konnte die literarische Phantasie der wissenschaftlichen immer wieder gedanklich den Weg bereiten. Insbesondere beim Thema Zeitreisen gibt es kaum ein Szenario, das heute Physiker in Betracht ziehen und das SF-Autoren zuvor nicht schon durchgespielt hätten.

»Die Verbindung zwischen Science-Fiction und Wissenschaft führt in beide Richtungen. Die von der Science-Fiction präsentierten Ideen gehen ab und zu in wissenschaftliche Theorien ein. Und manchmal bringt die Wissenschaft Konzepte hervor, die noch seltsamer sind als die exotischste Science-Fiction«, beschreibt es Hawking. Er tauchte sogar einmal als Gast in einer *Star-Trek*-Folge auf: Er durfte auf dem Holodeck mit Isaac Newton, Albert Einstein und dem Androiden Data pokern – und gewinnen. »Science-Fiction wie *Star Trek* ist nicht nur Unterhaltung, sondern erfüllt auch einen ›ernsten‹ Zweck: Sie erweitert die menschliche Vorstellungskraft«, sagt Hawking.

Viele andere Physiker stehen der Science-Fiction ebenfalls sehr aufgeschlossen gegenüber – und manche hätten ohne sie gar nicht die Wissenschaft zum Studium und Beruf gemacht. »Ich glaube, die Verbindung ist ganz einfach: Wir werden alle von denselben Fragen inspiriert«, sagt Lawrence Krauss, Physik-Professor und Autor des populärwissenschaftlichen Buchs *Die Physik von Star Trek*. »Während jedoch die beste Science-Fiction unser Interesse erregt, indem sie die Dramatik und die Spannung in den Was-wäre-wenn-Fragen einfängt, lässt sie die Antworten für gewöhnlich offen. Die moderne Wissenschaft hat den Schlüssel zum Wissen, was möglich ist und was nicht.«

Doch was ist möglich? Sind es Zeitreisen? Flüge in die fernste Zukunft oder Vergangenheit? Oder wenigstens Nachrichtenübermittlungen? Könnten Zeitarchitekten gar eine neue, bessere Zukunft erstellen? Und verdanken wir vielleicht auch unsere Vergangenheit – oder sogar buchstäblich alles – einer Zeitreise? Müsste es womöglich heißen: Im Anfang war die Zeitschleife? Und wie verhält es sich mit überlichtschnellen Spritztouren durch den Weltraum? Lässt sich die von Albert Einstein aufgestellte »Lichtmauer« durchbrechen? Oder gibt es gar Schlupflöcher – Abkürzungen durch die Dimensionen? Und verbergen sich diese womöglich im Inneren Schwarzer Löcher? Sind sie zugleich die Notausgänge für eines der größten Rätsel der modernen Physik: die Frage, was mit den Informationen geschieht, die in den unersättlichen Schwerkraftfallen verschwinden?

Davon handelt dieses Buch. Es beansprucht keine Vollständigkeit, sondern versteht sich eher als eine Art Frontbesichtigung an den Grenzen der aktuellen Forschung. Viele andere Aspekte des Themas müssen daher fehlen: Albert Einsteins Relativitätstheorie wird im Einzelnen genauso wenig erläutert wie die Stringtheorie oder die Vielfalt astronomischer Indizien für die Existenz von Schwarzen Löchern. Auch deren Quantenmechanik und Thermodynamik kann nur gestreift werden. Schwarze Minilöcher und Gravitationswellen bleiben am Wegesrand. Die fast magisch anmutenden Effekte am Rand der unheimlichen Gravitationsmonster können hier nicht beschrieben werden, ebenso wenig die effiziente Energieerzeugung am Ereignishorizont und die Wechselwirkung mit dem übrigen Universum. Doch viele dieser Aspekte sind bereits in anderen Büchern beschrieben worden. Und wenn der Autor versucht hätte, alles, was er gerne über Schwarze Löcher berichten möchte, in diesem Buch mit seinem vorgegebenen Umfang unterzubringen, dann hätte die Druckerschwärze nicht nur so extrem verdichtet werden müssen, dass es jedem Leser schwarz vor den Augen werden würde, sondern die Masse des Materials hätte womöglich selbst zu einem Gravitationskollaps geführt, und das Buch wäre zu einem kleinen Schwarzen Loch zusammengestürzt.

Der Schwerpunkt liegt also auf den aktuellen Entwicklungen, wie sie sich in den Denkstuben der Theoretischen Physiker, auf Konferenzen und in Fachzeitschriften abspielen. Was schon Fakt, was gewagte Spekulation oder gar ein kühner Irrtum ist, das lässt sich häufig allerdings nicht klar entscheiden. Die morastige Forschungsfront verläuft unübersichtlich, und die Grenze verschwimmt bisweilen. Nebel zieht auf, Abgründe öffnen sich, Schwierigkeiten und Mühsal werden teilweise unerträglich. (Falls dieser Eindruck auch beim Lesen entsteht, dann hilft der Mut zur Lücke – im nächsten oder übernächsten Absatz beziehungsweise Unterkapitel wird sich das Gelände wieder lichten ...)

Faktenwissen ist, daran zweifelt niemand, von großem Wert. Aber nicht alles. Und manchmal sogar ein wenig langweilig. Da sieht es an den Plätzen der großen Streitigkeiten schon ganz anders aus. Wie besonders das noch ausführlich zu schildernde Informationsparadoxon der Schwarzen Löcher zeigt, gibt es mitunter abenteuerliche Vielstimmigkeiten. Das ist verwirrend, aber gerade hier gärt die Forschung. Und Physik ist – wie Philosophie – mehr als nur ein Katalog von Tatsachen und Naturgesetzen. Zumindest zur Grundlagenforschung zählt auch Neugierde, das freie Spiel der Gedanken und eine Art Denken auf Vorrat. Viele bahnbrechende – und übrigens, man denke nur an die Quantenphysik, inzwischen teilweise auch wirtschaftlich extrem lukrative – Entdeckungen sind quasi am Schreibtisch gemacht worden, im Lehnstuhl oder in unzähligen Cafeteria-Gesprächen mit den berühmten Rechnungen auf Papierservietten oder der Rückseite eines Briefumschlags. So haben Wissenschaftler zum Beispiel Antimaterie und Supraleitung, Radiostrahlung und Gravitationswellen, Neutronensterne und Schwarze Löcher, Neutrinos und andere exotische Elementarteilchen sowie die Kosmische Hintergrundstrahlung vom Urknall und die den Weltraum zur beschleunigten Ausdehnung antreibende Dunkle Energie ersonnen, lange bevor man sie nachweisen konnte – oder überhaupt auf die Idee kam, sie einmal nachzuweisen. »So etwas geschieht oft in der Physik: unser Fehler ist nicht, dass wir unsere Theorien zu ernst nehmen, sondern dass wir sie nicht ernst genug nehmen« hat der Physik-Nobelpreisträger Steven Weinberg einmal geschrieben. »Man kann sich stets nur schwerlich vorstellen, dass die Zahlen und Gleichungen, mit denen wir an unseren Schreibtischen spielen, etwas mit der wirklichen Welt zu tun haben.« Daher sollten auch die gegenwärtigen Spekulationen – oder Voraussagen? – über Schwarze Löcher, Zeitreisen und Überlichtgeschwindigkeit nicht als versponnenes Wunschdenken abgetan werden (was nicht heißt, ihren Hypothesencharakter zu leugnen). Vielleicht wird man in 100 oder 1000 Jahren nicht nur über unsere Irrtümer, sondern auch über unseren Mangel an Mut und Phantasie schmunzeln, weil wir unsere Theorien nicht ernst genommen haben.

Wie sich zeigen wird, hängen viele Fragen in diesem Buch zusammen – und zielen letztlich auf eine künftige Theorie der Quantengravitation. Auch deshalb wäre es wichtig zu wissen, ob die M-Theorie korrekt und vollständig ist. Es bleibt also spannend. Zumindest hat Hawking meines Wissens noch keine Antwort von der Fee erhalten.

I.
Schwarze Löcher

Das Einfachste der Welt

»Das Universum ist voll von magischen Dingen, die geduldig darauf warten, dass wir scharfsinniger werden«, schrieb einst der britische Dichter und Dramatiker Eden Philpotts. Kaum anders als magisch zu nennen ist die einfachste, aber zugleich auch gewichtigste Sache der Welt: Schwarze Löcher.

Gewichtig sind diese rätselhaften Himmelskörper, weil ihre Schwerkraft so hoch ist, dass nicht einmal Licht ihnen entkommen kann. Und einfach sind sie, weil man nur drei physikalische Kenngrößen

Gefräßige Ruine: Stellare Schwarze Löcher sind nur wenige Kilometer groß, haben aber die Masse mehrerer Sonnen. Sie entstehen beim Kollaps eines ausgebrannten Sterns. War dieser Teil eines Doppelsternsystems und bläht sich der Nachbarstern am Ende seines Lebens zu einem Roten Riesen auf, dann können seine äußeren Schichten in den Gravitationsschacht des Schwarzen Lochs hineingestrudelt werden.

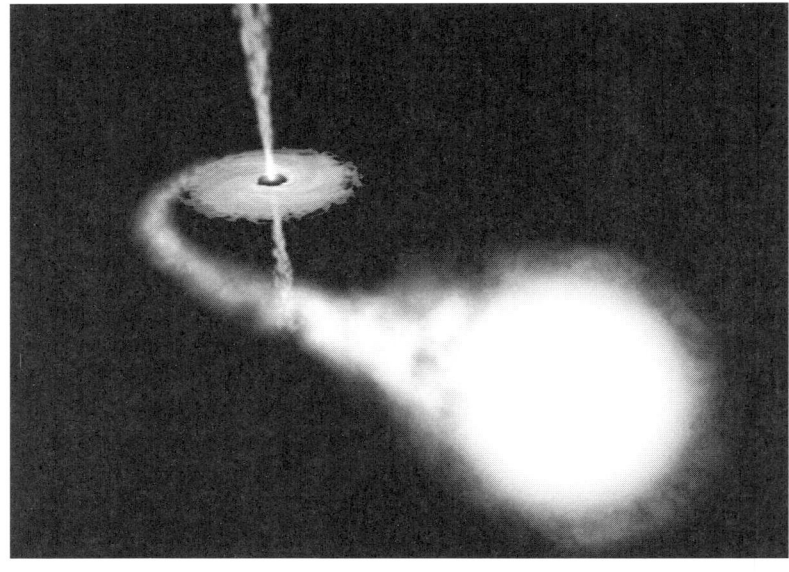

braucht, um sie vollständig zu beschreiben: Masse, elektrische Ladung und Drehimpuls. Einfacher geht es nicht mehr. Nichts sonst im Universum lässt sich mit so wenig Informationen charakterisieren. Wesentlich komplizierter wird es aber, wenn man verstehen will, wie sich diese seltsamen Objekte bilden können und was in ihrem Inneren vor sich geht. Vieles ist so bizarr und brachial, dass es die Anschaulichkeit des Alltagsverständnisses bei weitem übersteigt oder sogar jegliches Vorstellungsvermögen sprengt. Bei der Beschäftigung mit Schwarzen Löchern stellt sich daher leicht ein irritierendes Gefühl der Unwirklichkeit ein. Und es erfordert sogar Mut und gedankliche Flexibilität, sich auf das Thema einzulassen – vor allem dann, wenn man auch die kühnen Theorien und Spekulationen an der Front der aktuellen Forschung verfolgen möchte. Dies lohnt sich aber, selbst wenn man nicht immer jedes Detail nachvollziehen kann (das ergeht den Wissenschaftlern nicht anders), und es ist keine Quelle der Frustration, sondern eine Herausforderung. Schwarze Löcher ermöglichen nicht nur einen Blick in die Abgründe der Welt, sondern zugleich auch

Kosmischer Staubsauger: Fast jede Galaxie hat ein finsteres Herz, das heißt in ihrem Zentrum steckt ein supermassereiches Schwarzes Loch. Das gilt auch für NGC 4261, eine 100 Millionen Lichtjahre entfernte aktive Elliptische Galaxie im Sternbild Jungfrau (Bild links). Das Schwarze Loch hat die Masse von 500 Millionen Sonnen und wird von einer 800 Lichtjahre großen Scheibe aus Gas und Staub umlaufen – Futter für den unersättlichen Schwerkraft-Schlund (Bild rechts). Dabei werden hochenergetische Teilchenströme (Jets) entlang der Rotationsachse fast lichtschnell davongeschleudert. Sie erstrecken sich jeweils 50.000 Lichtjahre ins All hinaus und regen bereits früher ausgestoßene Gaswolken zur Abgabe von Radiostrahlung an (»keulenförmige« Strukturen über und unter der Galaxie im linken Bild).

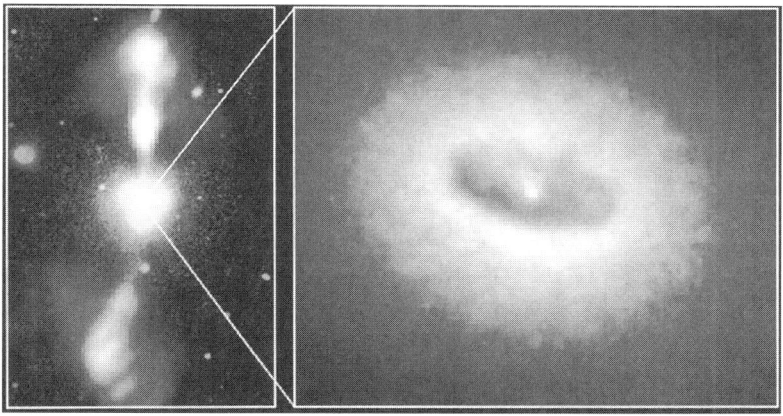

Im Sog der Schwerkraft: Schwarze Löcher verschlucken alles, was ihnen zu nahe kommt. Und das verrät die an sich unsichtbaren Finsterlinge im All. Bevor die Materie in die Raumzeit-Falle stürzt, sammelt sie sich in einer rotierenden Akkretionsscheibe um den Ereignishorizont an. Dort stößt sie eine Art Todesschrei aus – hochenergetische Röntgen- und Gammastrahlung, die empfindliche Satelliten-Teleskope messen können.

ein tieferes Verständnis der Wirklichkeit – und von uns selbst. Ohne Schwarze Löcher hätte sich das Universum nämlich ganz anders entwickelt oder wäre vielleicht gar nicht erst mit dem Urknall entstanden – und Menschen gäbe es nicht.

Zwar sind Schwarze Löcher unsichtbar, aber sie machen sich indirekt bemerkbar aufgrund ihrer Gravitation. Denn sie beeinflussen die Bewegung von sichtbaren Objekten in ihrer Nähe. Dass die Sternruinen nicht das Fantasieprodukt findiger »Schreibtischdenker« sind, sondern wirklich im Weltraum vorkommen, zeichnete sich ab den sechziger und siebziger Jahren ab. Inzwischen haben Astronomen mehrere Dutzend Kandidaten für stellare Schwarze Löcher in der Milchstraße und einigen benachbarten Galaxien entdeckt: finstere Gesellen, die nur wenige Kilometer groß sind und doch eine Masse von 3 bis etwa 15 Sonnenmassen haben. (Eine Sonnenmasse sind rund zwei Milliarden Milliarden Milliarden Tonnen oder das 330.000fache der Erdmasse). So fand man stellare Schwarze Löcher als eine Komponente in Doppelstern-Systemen. Dort entsteht auch Röntgen- und Gammastrahlung, wenn das Schwarze Loch dem Nachbarstern Materie entreißt und sich diese einverleibt.

Doch stellare Schwarze Löcher sind wahre Leichtgewichte im Vergleich zu den Dickwänsten in den Milchstraßen. Denn die Bahnen von Sternhaufen, Einzelsternen und Gaswolken um Galaxienzentren sowie hochenergetische Teilchenströme (Jets) von dort verraten, dass im Mittelpunkt vieler Galaxien, auch in unserer Milchstraße, so genannte galaktische oder supermassereiche Schwarze Löcher stecken. Sie haben einige Millionen bis zehn Milliarden Sonnenmassen. Diese gefräßigen Schwerkraft-Monster gelten heute als Standarderklärung für die enormen Energien, die in Quasaren (den feurigen Zentren junger Galaxien) und aktiven Galaxien entfesselt werden und sich noch über Milliarden von Lichtjahren messen lassen.

Vielleicht existieren auch winzige Schwarze Löcher, viel kleiner als ein Atom: Relikte der kosmischen Urzeit, aus denen die ominöse Dunkle Materie im All bestehen könnte, die nachweislich ein Mehrfaches der Gesamtmasse der sichtbaren Materie (Gas, Staub, Planeten, Sterne und so weiter) ausmacht, aber noch nicht entdeckt ist. Inzwischen spekulieren Physiker sogar über Schwarze Mini-Löcher, die sich beim Aufprall kosmischer Strahlung in der Erdatmosphäre bilden, die in wenigen Jahren mit Teilchenbeschleunigern erzeugt werden könnten, oder als Schwarze Atomkerne vielleicht sogar in unseren Köpfen herumspuken, ohne bloße Hirngespinste zu sein.

Es vergeht kein Monat, in dem in den Medien nicht über neue Entdeckungen im Zusammenhang mit Schwarzen Löchern berichtet wird, und kaum ein Tag, an dem keine Forschungsbeiträge in Fachzeitschriften oder im Internet erscheinen. Schwarze Löcher sind ein Dauerbrenner geworden, und ihre Faszination nimmt noch zu. Dabei war es ein langer, verschlungener und mitunter von Sackgassen gesäumter Weg von den ersten tastenden theoretischen Überlegungen zu den handfesten Beobachtungen heute.

Nomen est Omen

Selbst zu ihrem treffenden Namen kamen die Schwarzen Löcher (englisch: Black Holes) erst spät. Ihn prägte der amerikanische Physiker John Archibald Wheeler: Man könne nicht dauernd »gravitativ vollständig kollabiertes Objekt« sagen, murrte er in einem Vortrag am Goddard Institute for Space Studies der amerikanischen Weltraumagentur NASA in New York im Herbst 1967. »Wie wäre es mit Schwarzem Loch?« fragte ein Zuhörer. Und Wheeler, der schon seit Monaten nach einer passenden Bezeichnung gesucht hatte, war sofort überzeugt. »Als ich einen weiteren Vortrag in New York einige Wochen später hielt, am 29. Dezember 1967, verwendete ich den Begriff und übernahm ihn auch in der schriftlichen Vortragsfassung, die im Frühjahr 1968 publiziert wurde«, erinnert sich Wheeler in seiner Autobiographie *Geons, Black Holes & Quantum Foam* (1998). Diese Bezeichnung setzte sich sofort durch – »Nomen est omen«, der Name als Charakter-Kennzeichnung, so könnte man auch hier mit dem römischen Komödiendichter Plautus sagen. Der Begriff hat sich in seiner Bedeutung inzwischen sogar so weit verselbständigt, dass im Alltag immer häufiger von Schwarzen Löchern die Rede ist – allerdings meist im Zusammenhang mit den Haushaltslöchern der Staatsfinanzen oder dem Sumpf der schwarzen Kassen von Parteien und Management. (In der Science-Fiction-Literatur tauchte »Black hole« übrigens schon früher auf: 1950 in *Typewriter from the Future* von Peter Worth.)

Physikalisch könnte der Begriff passender kaum sein. Schwarze Löcher sind wirklich kohlrabenschwarz, weil sie – zumindest in der klassischen Theorie – nichts mehr von sich geben oder reflektieren, weder Materie noch Strahlung. Selbst das Licht mit seiner astronomischen Geschwindigkeit von fast 300.000 Kilometern pro Sekunde kann der Gravitation nicht entrinnen. Und Löcher sind die Schwerkraftfallen auch: bodenlose Gruben im Gewebe der Raumzeit, in die zu stürzen unaufhaltsam und tödlich wäre. Wie Tunnel bohren sie sich durch die Dimensionen. Und ob so ein Tunnel gleichsam spitz zuläuft und alles zermalmt (Physiker sprechen von einer Singularität), ob er in ein unendlich tiefes Kellergeschoss führt oder wie ein Maulwurfsloch in andere Regionen, womöglich in andere Universen, oder ob sogar noch etwas Sonderbareres geschieht, das gehört bis heute zu den spannendsten Fragen der Naturwissenschaft.

Der Physik-Nobelpreisträger Richard Feynman unterstellte Wheeler später trotzdem augenzwinkernd eine etwas anzügliche Phantasie bei der Namenswahl. Tatsächlich hatte Wheeler aber den seit Ende des 19. Jahrhunderts gebräuchlichen Begriff der Schwarzen Körper im Hinterkopf. Diese idealisierten Objekte absorbieren jegliche elektromagnetische Strahlung und senden sie in Form der so genannten Schwarzkörper-Strahlung auch wieder aus. Diese Strahlung hängt nur von der Temperatur, nicht aber der materiellen Beschaffenheit des Körpers ab. (Die Sonne ist zum Beispiel näherungsweise ein solcher Strahler, was verwirrend erscheinen mag, da sie ja alles andere als schwarz ist.) Im Experiment kann ein Schwarzer Strahler durch einen innen geschwärzten Hohlraum realisiert werden, der eine kleine Öffnung hat. Schwarze Löcher sind nun ebenfalls perfekte Absorber, nur emittieren sie nichts. (Kuriosität nebenbei: Wenn Hawking Recht hat, geben sie aufgrund von Quantenprozessen allerdings doch Strahlung ab, und diese ist sogar exakt thermisch wie die Schwarzkörper-Strahlung.) Solche physikalischen Assoziationen sind freilich nicht jedermanns Geschmack. Und so besagt eine Anekdote, dass sich »Schwarzes Loch« nicht überall sofort durchgesetzt hat, weil das Wort auch despektierlich gegenüber Frauen verwendet wird – insbesondere im Russischen, »chernaya dyra«, wo es in den 1970ern dennoch die bis dahin gebräuchliche Bezeichnung »gefrorener Stern« ersetzt hat.

Dunkle Sterne

Wenn der Halbmesser einer Kugel mit derselben Dichte wie die Sonne mit ihr im Verhältnis von 500 zu 1 steht, und wenn man annimmt, dass Licht von der Schwerkraft genauso angezogen wird wie jeder andere Körper, »dann würde alles Licht, das von einem solchen Körper ausgesandt wird, aufgrund von dessen Schwerkraft zu ihm zurückkehren«. So lautet die erste Erwähnung dessen, was heute Schwarzes Loch genannt wird. Die Überlegung stammt von dem englischen Pfarrer und Geologen John Michell, der in Thornhill, Yorkshire, lebte. Obwohl heute weitgehend vergessen, war er in seiner Zeit fast so bekannt wie sein Freund, der Physiker Henry Cavendish, und gilt als Begründer der Seismologie. Er vermutete auch, dass sich Erdbeben am Meeresboden ereignen können und versuchte sie mit dem Gasdruck zu erklären, der sich durch ein vulkanisches Aufheizen von Wasser aufbaut. Am 27. November 1783 wurde an der ehrwürdigen Royal Society, der Akademie der Wissenschaften in London, ein von Cavendish kommuniziertes Forschungspapier vorgetragen, in dem Michell detailliert konkrete Vorschläge machte, um die Distanzen, Massen und Größen von Sternen mit Hilfe der Verzögerung zu ermitteln, die das von ihren Oberflächen abgestrahlte Licht erfährt. (Dass die Lichtgeschwindigkeit im Vakuum konstant ist, hat erst Albert Einstein 1905 erkannt.) Das waren keine luftigen Spekulationen, sondern Argumente, die auf dem Gravitationsgesetz von Isaac Newton und dessen Korpuskeltheorie des Lichts basierten, nach der Licht aus Teilchen besteht und der Schwerkraft unterliegt. Damals waren auch noch keine Sternentfernungen gemessen worden. Eher nebenbei bemerkte

Michell in dem dann 1784 erschienenen Artikel:»Wenn es in der Natur wirklich Körper gibt, deren Dichte nicht geringer als die der Sonne ist und deren Durchmesser mehr als das 500fache der Sonne beträgt, können wir keine Informationen von ihnen erblicken, weil ihr Licht uns nicht zu erreichen vermag.« In seinem 1795 erschienenen Buch *Exposition du Système du Monde* formulierte der französische Mathematiker und Astronom Pierre Simon de Laplace unabhängig davon eine ganz ähnliche Argumentation. Michell wies sogar darauf hin, wie solche Dunkelsterne, obwohl nicht sichtbar, ihre Existenz indirekt verraten könnten:»Wenn um sie herum irgendwelche anderen leuchtenden Körper kreisen, könnten wir vielleicht doch aus den Bewegungen dieser umlaufenden Körper die Existenz der zentralen mit einer gewissen Wahrscheinlichkeit erschließen, insofern diese einen Anhaltspunkt für die augenscheinlichen Unregelmäßigkeiten der umlaufenden Körper geben.« Und genau so ist es knapp 200 Jahre später dann gekommen.

Auch die Vorstellung der supermassereichen Schwarzen Löcher, die 1964 aufkam, hat einen Vorläufer. 1801 berechnete der deutsche Astronom Johann Georg von Soldner nämlich die Ablenkung des Lichts bei einem Stern nach Newtons Gesetzen und spekulierte über die Möglichkeit, die er jedoch verwarf, dass die Sterne in der Milchstraße um ein zentrales dunkles Objekt kreisen. (Erst 1921 stellte Sir Oliver Lodge von der University of Birmingham wieder solche Überlegungen an.) Im selben Jahr, 1801, entdeckte der britische Physiker Thomas Young die Interferenz des Lichts, das daraufhin als Wellenphänomen aufgefasst wurde, und beseitigte damit zunächst einmal die Idee, dass es von der Schwerkraft beeinflusst würde. Dies entzog den Dunkelstern-Vermutungen fürs erste die Grundlage.

Der Schwarzschild-Radius

Die theoretische Wiedergeburt der Schwarzen Löcher – zunächst allerdings unbemerkt – erfolgte 1916. Ein Jahr zuvor vollendete Albert Einstein in Berlin seine Allgemeine Relativitätstheorie. Schon 1905 hatte er – damals noch als Technischer Experte III. Klasse und »ehrwürdiger eidgenössischer Tintenscheisser« (Einstein über sich selbst) am Patentamt in Bern – in seiner Speziellen Relativitätstheorie Raum, Zeit, Masse und Energie als absolute und eigenständige Kategorien aufgehoben. Raum und Zeit verschmolzen zur Raumzeit.»Von Stund' an sollen Raum und Zeit für sich völlig zu Schatten herabsinken, und nur noch eine Union der beiden soll Selbständigkeit bewahren«, lautete die klassische Interpretation des Göttinger Mathematikers Hermann Minkowski im Jahr 1908. Außerdem erwiesen sich Masse m und Energie E als zwei Seiten derselben Medaille. Die Lichtgeschwindigkeit c, die Einstein im Gegensatz zu allen anderen relativen Bewegungen und Geschwindigkeiten als konstant und unabhängig vom Bezugssystem erkannt hat, ist das fundamentale Bindeglied. (Das c steht für »constant« oder auch »celeritas«, das lateinische Wort für Geschwindigkeit). Über sie hängen Masse und Energie über die Lichtgeschwindigkeit gemäß Einsteins berühmter Formel $E = mc^2$ unmittelbar zusammen.

Im Gegensatz zur Speziellen beschreibt die Allgemeine Relativitätstheorie auch die Gravitation. In Einsteins zehn Feldgleichungen wird Newtons Vorstellung, sie sei eine Kraft, die sich ohne Zeitverlust ausbreitet, begraben. Stattdessen wird die Gravitation als Eigenschaft der Raumzeit aufgefasst, quasi als Folge ihrer Geometrie. Materie krümmt das Raumzeit-Kontinuum. Selbst die sich scheinbar so geradlinig ausbreitenden Lichtstrahlen müssen den Deformationen der Raumzeit folgen. »Die Raumzeit sagt der Materie, wie sie sich bewegen muss, und die Materie sagt der Raumzeit, wie sie sich krümmen muss«, brachte es John Wheeler später auf den Punkt.

Bei der totalen Sonnenfinsternis vom 29. Mai 1919 gelang es dem britischen Astronomen Arthur Stanley Eddington erstmals, den von der Allgemeinen Relativitätstheorie vorausgesagten Effekt zu messen. Einstein wurde quasi über Nacht zum Medienstar.

Die Lichtablenkung im Schwerefeld lässt sich veranschaulichen, indem man sich die vierdimensionale Raumzeit als zweidimensionale Gummihaut vorstellt. Masse, zum Beispiel die der Sonne, krümmt sie. Dementsprechend wird die Gummihaut eingedrückt. Aufgrund der so modifizierten Geometrie ändert sich auch der Lauf von Lichtstrahlen, die immer den kürzestmöglichen Weg zurücklegen. Sie geraten gleichsam auf die schiefe Bahn und machen krumme Touren. Aus diesem Grund lassen sich Sterne, die sich knapp hinter dem Sonnenrand befinden, noch wahrnehmen. Voraussetzung dafür ist freilich, dass die alles überstrahlende Sonnenscheibe ausgeblendet wird, wie dies der Mond bei einer totalen Sonnenfinsternis ja tut.

Einsteins Feldgleichungen sind ein extrem schwieriges und anspruchsvolles Terrain. Sie lassen sich nur für wenige Fälle exakt lösen. Der erste, der eine genaue Lösung ableitete, war der deutsche Astronom Karl Schwarzschild, seit 1909 Direktor des Astrophysikalischen Observatoriums in Potsdam. Er publizierte 1916 zwei Artikel

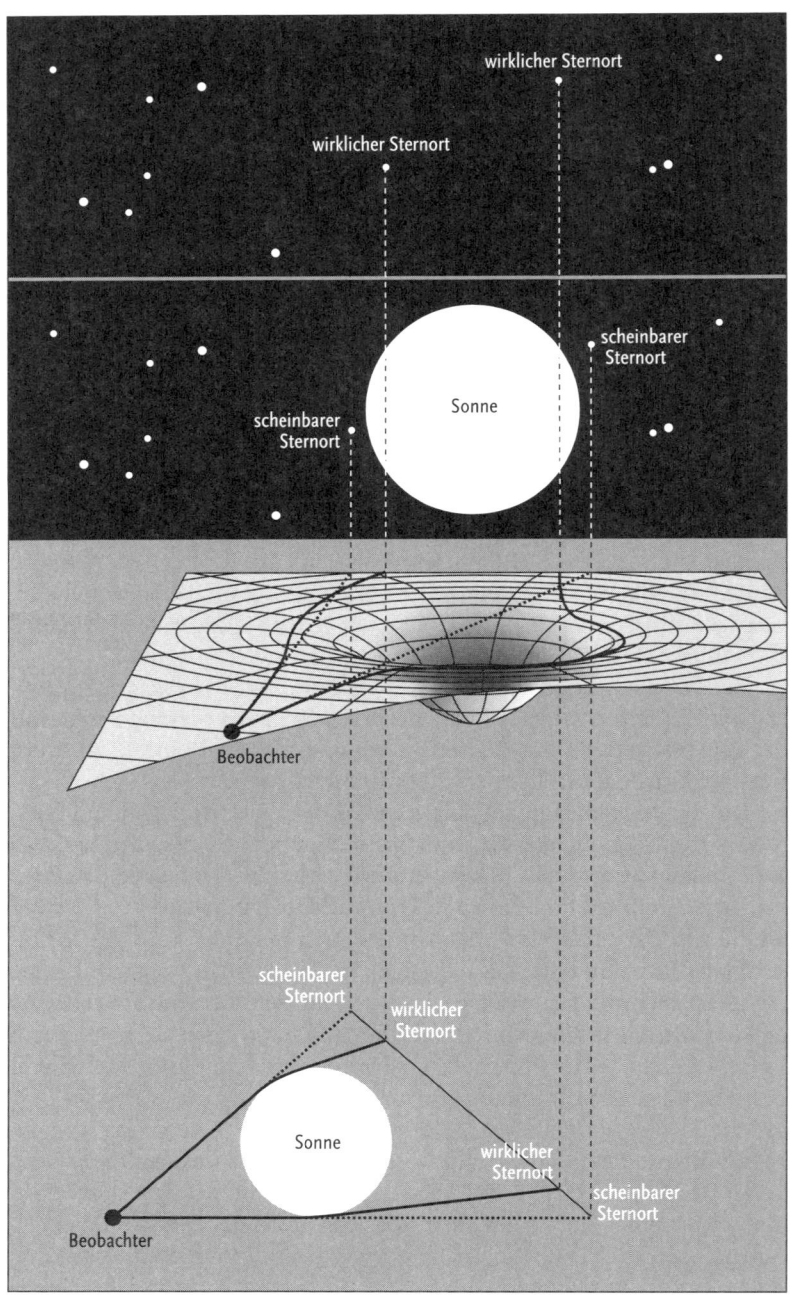

wirklicher Sternort

wirklicher Sternort

scheinbarer
Sternort

Sonne

scheinbarer
Sternort

scheinbarer
Sternort

Beobachter

scheinbarer
Sternort

wirklicher
Sternort

wirklicher
Sternort

scheinbarer
Sternort

Sonne

Beobachter

Auf krummen Touren: Albert Einstein hat entdeckt, dass Masse den Raum krümmt. Dadurch gerät Licht gleichsam auf die schiefe Bahn – es muss der Gravitationsgeometrie folgen und kann sich nicht mehr „geradlinig" wie im fast leeren Raum ausbreiten. Dieser Effekt wurde erstmals 1919 bei einer totalen Sonnenfinsternis gemessen. Hier waren noch Sterne nahe des Rands der vom Mond bedeckten Sonne sichtbar, die sich eigentlich hinter der Sonne befanden. Die Grafik veranschaulicht die »wahren« und »scheinbaren« Lichtwege. Der Raum ist als zweidimensionales »Gummituch« symbolisiert, seine Krümmung durch die Masse der Sonne als »Delle« darin.

(und starb noch im selben Jahr an einer unheilbaren Hautkrankheit, die er sich im Ersten Weltkrieg zugezogen hatte), doch seine Lösung fand lange Zeit kaum Beachtung. Erst Jahrzehnte später wurde klar, dass Schwarzschilds Formel die Größe eines Schwarzen Lochs beschreibt – und zwar des einfachsten, nämlich ungeladenen und nicht rotierenden Typs – und dass dies keine bloße »Schreibtischtat« war, sondern etwas über die Natur aussagt. Die Formel definiert den Schwarzschild-Radius $R_S = 2Gm/c^2$ (G ist Newtons Gravitationskonstante, m wieder die Masse und c die Lichtgeschwindigkeit). Damit lässt sich für jedes Objekt, dessen Masse bekannt ist, ausrechnen, wie klein es wäre, wenn sich seine gesamte Materie zu einem Schwarzen Loch verdichten würde. Der Schwarzschild-Radius der Sonne beträgt nur 2,8 Kilometer, der der Erde etwa 1,5 Zentimeter – die Größe einer Murmel. Ein typisches Schwarzes Loch von zehn Sonnenmassen hat Schwarzschild zufolge einen Halbmesser von rund 30 Kilometern. Und alle Sterne unserer Galaxie hätten Platz in einem Schwarzen Loch mit 0,06 Lichtjahren Durchmesser.

Sterne so klein wie die Erde

Dass Schwarze Löcher nicht nur mathematische Lösungen der Allgemeinen Relativitätstheorie darstellen, sondern in der Natur wirklich vorkommen könnten, und zwar als kollabierte Reste ausgebrannter Sterne, war Astronomen lange nicht klar. Zwar spekulierte Alexander Anderson vom University College in Galway im Februar 1920, bald nach Eddingtons Nachweis der Lichtablenkung im Schwerefeld der Sonne, dass die Sonne beim Verbrauch ihres Brennstoffs immer weiter schrumpfen müsste, bis »sie sich in Finsternis hüllt, nicht weil kein Licht mehr zu verstrahlen wäre, sondern weil ihr Gravitationsfeld für Licht nicht mehr durchlässig ist.« Doch die Vorgänge im Inneren der Sterne waren damals noch rätselhaft. Und inzwischen ist auch erwiesen, dass die Materie der Sonne nicht ausreicht, um unter ihrer eigenen Masse zu einem Schwarzen Loch zu kollabieren. Doch die Sonne ist nicht das Maß aller Dinge. Es gibt regelrechte Schwergewichte unter den Gestirnen, und diese haben außerordentlich finstere Zukunftsaussichten.

Über 100 Milliarden Sterne leuchten allein in der Milchstraße, unserer Heimatgalaxie. Und rund 100 Milliarden Galaxien befinden sich im beobachtbaren Weltall. Hinsichtlich ihrer Eigenschaften wie Masse, Leuchtkraft, Zusammensetzung und Größe unterscheiden sich die Sterne teilweise beträchtlich voneinander. Allen gemeinsam ist aber, dass sie ihre Energieabstrahlung durch Kernfusion decken. Beispielsweise verschmelzen in der Sonne, ein typischer Durchschnittsstern im Mittelfeld der physikalischen Skalen, 597 Millionen Tonnen Wasserstoff zu 593 Millionen Tonnen Helium – in jeder Sekunde. Die restlichen vier Millionen Tonnen werden nach Einsteins Formel $E = mc^2$ in Strahlung umgewandelt. Der aus diesem Prozess entstehenden Wärme- und Lichtenergie – sie würde ausreichen, um eine Million Jahre lang den gesamten heutigen Energiebedarf der Menschheit zu decken – verdankt alles irdische Leben seine Existenz.

Die Strahlungsenergie ist auch der Grund, warum die Sterne nicht unter ihrer eigenen Masse zusammenstürzen. Im Gegensatz zu dem stabilen Gleichgewicht fester Körper wie Planeten, wo die elektromagnetische Abstoßung zwischen den Atomen der Schwerkraft Paroli bietet, ist das Gleichgewicht in den Sternen dynamisch. Es ändert sich dauernd. Dennoch leuchten auch Sterne teilweise viele Milliarden Jahre lang. Allerdings ist das »Leben« der massereichen Sterne kürzer. Im Extremfall währt es nur einige hunderttausend Jahre, diese Sterne gehen geradezu verschwenderisch mit ihrem Brennstoff um. Zumindest bei den Sternen reduziert Reichtum also die Lebensdauer, und Bescheidenheit ist vielleicht keine Zier – die massearmen Roten Zwergsterne glühen relativ lichtschwach vor sich hin –, aber ein Lebenselixier. Doch auch bei ihnen ist der Wasserstoff – erst im Zentrum und später in weiter außen liegenden Schalen – irgendwann verbraucht.

Dann hat bereits das so genannte Helium-Brennen eingesetzt. In vielfältigen Kernverschmelzungsprozessen werden nun immer schwerere Elemente erzeugt: Kohlenstoff, Stickstoff, Sauerstoff und so weiter bis hin zum Eisen. Dabei steigt die Dichte im Sterninneren immer mehr an, wird heißer und kontrahiert unter der eigenen Gravitation. Dies geht so weit, bis die aufsteigende Hitze und der damit einhergehende Druck die äußeren Schichten des Sterns aufblähen:

Ein Roter Riese entsteht. Die Sonne wird in etwa sieben Milliarden Jahren in dieses Altersstadium eintreten und dann bis zur heutigen Umlaufbahn der Erde reichen.

Hat bislang die Sternmasse hauptsächlich die Dauer des Sternenlebens beeinflusst, hängt von ihr nun auch die Richtung der weiteren Entwicklung ab. Massearme Sterne wie unsere Sonne beginnen alsbald zu schrumpfen, denn ihr Brennstoff ist nahezu aufgezehrt. Somit gewinnt die Gravitation die Überhand, und ein so genannter Weißer Zwerg ist die Folge. Da nur etwa die Hälfte der Sternmaterie in Form von immer stärker werdenden Sternwinden ins All gewichen ist und dort für einige hunderttausend Jahre als leuchtender Nebel sichtbar wird (Relikte eines kosmischen Striptease, bei dem die ausgebrannten Sterne ihre Hüllen abstreiften), sind Weiße Zwerge nackte Sternkerne, nicht viel größer als die Erde, aber wesentlich massereicher.

Weiße Zwerge – bekannteste Beispiele sind die Begleiter von Sirius und Prokyon – gaben den Astronomen schon im 19. Jahrhundert Rätsel auf, weil ihre Massen in der Größenordnung der Sonne liegen, ihre Leuchtkraft jedoch hundertmal geringer ist. 1916 verfasste dann Ernest J. Öpik aus Estland, der damals in Moskau forschte, einen Artikel, in dem er die Dichten von 40 Weißen Zwergen in Doppelstern-Systemen auf 25.000 Gramm pro Kubikzentimeter schätzte (heute geht man sogar von über einer Tonne pro Kubikzentimeter aus). Arthur Eddington fand in den 1920er Jahren dafür die physikalische Erklärung: Weiße Zwerge – die Bezeichnung stammt von ihm – bestehen aus entarteter, dicht gepackter Materie, einem komprimierten »Kerngas« in einer »Elektronenflüssigkeit«. Nur so kann sich die elektromagnetische Abstoßung der dichtgedrängten Teilchen der Schwerkraft noch widersetzen. Weiße Zwerge sind stabil und erkalten im Lauf der Zeit. Sie werden immer lichtschwächer und somit zu Schwarzen Zwergsternen.

Kollaps ins Bodenlose

Ganz anders verläuft die Entwicklung von Sternen, die nach ihrem Striptease noch mehr als die 1,4fache Masse der Sonne besitzen. Dieser Zahlenwert heißt Chandrasekhar-Grenze. Benannt wurde sie nach Subrahmanyan Chandrasekhar, der sie im Juli 1930 entdeckt hat – als 19jähriger Student auf einer Schifffahrt von Indien nach England. Ein Jahr später, und ohne Chandrasekhars noch nicht veröffentlichte Arbeit zu kennen, stieß der russische Physiker Lew Landau in Zürich ebenfalls auf den Grenzwert. »Ich verstand damals nicht, was die Grenze bedeutete, und ich wusste nicht, wie das enden würde«, erinnerte sich Chandrasekhar später. 1934 schrieb er: »Die Lebensgeschichte eines Sterns kleiner Masse muss sich wesentlich von der eines Sterns mit großer Masse unterscheiden. Für einen Stern kleiner Masse ist das natürliche Stadium eines Weißen Zwergs der erste Schritt zu seiner völligen Auslöschung. Ein Stern großer Masse kann dieses Weiße-Zwerg-Stadium nicht durchlaufen, und man muss über andere Möglichkeiten spekulieren.« Von Eddington und anderen Theoretikern erntete Chandrasekhar heftigen Widerspruch. Doch schließlich setzte sich seine Erkenntnis durch und wurde mit dem Physik-Nobelpreis gewürdigt – allerdings erst 1983.

Es dauerte noch Jahrzehnte, bis klar wurde, dass die Chandrasekhar-Grenze die Schwelle zu Supernovae markiert. Das sind ungeheure Explosionen, bei denen massereiche Sterne in einem spektakulären Abgang von der kosmischen Bühne aufgrund verschiedener, noch nicht völlig verstandener Prozesse ihre äußeren Schichten davonschleudern. Dabei strahlen sie einige Tage heller als eine ganze Galaxie. Solch ein kosmisches Feuerwerk ereignet sich in jeder Galaxie einmal alle paar Dutzend bis hundert Jahre. Die letzten – sogar am Taghimmel erkennbaren – Supernovae in der Milchstraße flammten 1572 und 1604 auf, noch vor der Erfindung des Teleskops. Die jüngste Sternexplosion in einer Nachbargalaxie wurde am 24. Februar 1987 in der rund 170.000 Lichtjahre entfernten Großen Magellanschen Wolke am Südsternhimmel entdeckt.

Mit der Absprengung der Sternhülle schließt sich ein kosmischer Kreislauf. Neues Material gelangt in den Weltraum, aus dem sich wieder einmal Sterne bilden können. Das Gas ist nun mit schwereren Elementen angereichert, die der explodierte Stern erbrütet hat. Bei der Supernova selbst entstehen alle Elemente, die schwerer als Eisen sind – bis hin zum Uran. Ohne Kernfusion in den Sternen und die Verteilung der synthetisierten Elemente ins All durch Sternwinde und Supernovae gäbe es keinen Rohstoff für Planeten und Lebewesen, denn mit dem Urknall vor rund 13,7 Milliarden Jahren sind nur Wasserstoff und Helium in nennenswerten Mengen entstanden. Dies bedeutet, dass jeder Mensch aus den Relikten längst erloschener Sterne besteht. Wir sind lebender Sternenstaub.

Doch nicht der ganze Stern wird bei einer Supernova zerrissen. Eine kompakte Leiche bleibt übrig, die schwerer als 1,4 Sonnenmassen ist. Unmittelbar vor der Explosion kommt es nämlich zu einem Kollaps des Sterninneren. Dabei werden die Elektronen gleichsam in die Protonen gepresst, so dass Kernreaktionen stattfinden, die zu Neutronen führen. Nun kann nur noch die lediglich im subatomaren Bereich wirkende Starke Kernkraft der Gravitation trotzen. Sie ist hundertmal stärker als die elektromagnetische Wechselwirkung. Weil die Sternleiche überwiegend aus dicht gepackten Neutronen besteht, nennt man sie Neutronenstern.

Schon bald nach der Entdeckung des Neutrons im Februar 1932 durch den englischen Experimentalphysiker James Chadwick haben Astronomen und Physiker (darunter wiederum Landau) über solche Objekte spekuliert. Besonders hellsichtig war Fritz Zwicky, der in Bulgarien geboren wurde, in der Schweiz aufwuchs und am California Institute of Technology forschte. Er prägte auch die Bezeichnung »Supernova«. Mit seinem Kollegen Walter Baade vom Mount Wilson Observatory schrieb er 1934: »Eine Supernova ist der Übergang von einem gewöhnlichen Stern zu einem Neutronenstern, der hauptsächlich aus Neutronen besteht. So ein Stern dürfte einen sehr kleinen Radius und eine extrem hohe Dichte haben. Weil sich Neutronen sehr viel enger zusammenlagern können als gewöhnliche Atomkerne und Elektronen, repräsentiert ein Neutronenstern die stabilste Konfiguration der Materie.«

Dies physikalisch nachzuweisen erforderte freilich Rechnungen im Rahmen der Allgemeinen Relativitätstheorie und Atomphysik, die damals nur ansatzweise möglich waren. Und so blieb Zwicky über 20 Jahre lang fast der einzige Befürworter dieser Sichtweise. Erst 1967 wurde klar, dass Neutronensterne tatsächlich existieren. Damals entdeckten Antony Hewish und seine Studentin Jocelyn Bell mit dem Radioteleskop des Mullard Radio Astronomy Observatory bei Cambridge die Pulsare – kosmische Leuchtfeuer, die wie Rasensprenger in teilweise Bruchteilen von Sekunden Strahlung zur Erde schießen. Es sind rotierende Neutronensterne, deren Dichte 100 Millionen Tonnen pro Kubikzentimeter übersteigt. Die gesamte Wassermenge der fünf Großen Seen zwischen Kanada und den USA ließe sich problemlos in ein Spülbecken packen, wäre sie so dicht komprimiert wie die Materie eines Neutronensterns.

Doch was geschieht, wenn der kollabierende Sternkern so schwer ist, dass selbst die Starke Kernkraft zwischen den Neutronen der Schwerkraft keinen Widerstand mehr entgegensetzen kann? Nichts im Universum vermag den endgültigen Zusammenbruch dann noch zu verhindern – ein Schwarzes Loch entsteht. Und Schwarzschilds Formel gibt genau die Grenze an, auf die schon Michell gestoßen war: Dort, wo die Fluchtgeschwindigkeit die Lichtgeschwindigkeit ist.

Auf der Erde ist die Grenze zum Weltraum nur etwa zwei Autostunden entfernt, wenn man immer geradeaus nach oben fahren könnte. Um die irdischen Fesseln abzustreifen, wäre dabei freilich eine Geschwindigkeit von 40.000 Kilometer pro Stunde oder 11,2 Kilometer pro Sekunde nötig. Die Raketen, die Menschen zum Mond gebracht hatten, haben diese so genannte Fluchtgeschwindigkeit überwunden. Woanders wären freilich noch viel leistungsfähigere Triebwerke nötig: Auf Jupiter beträgt die Fluchtgeschwindigkeit 60, auf der Sonne 620, auf der Oberfläche eines Weißen Zwergs 3400 und auf der eines Neutronensterns rund 200.000 Kilometer pro Sekunde. Im Fall eines Schwarzen Lochs dagegen entkommt nicht einmal mehr Licht dem Schwerefeld. Wie eine Art Einwegmembran verschlucken sie alles, geben aber nichts mehr her, nicht einmal Licht. Deshalb sind Schwarze Löcher stockfinster.

Ein solcher Finsterling ist unvermeidbar, wenn der Sternkern die so genannte Oppenheimer-Volkoff-Grenze überschreitet, die bei etwa drei Sonnenmassen liegt. Aufgrund der Sternwinde und Supernova muss der ganze Vorläuferstern mindestens 30 Sonnenmassen besessen haben. Julius Robert Oppenheimer – der spätere »Vater« der ersten Atombombe – veröffentlichte zusammen mit seinen Studenten Hartland Snyder und Michael Volkoff 1939 in Princeton zwei bahnbrechende Arbeiten, die Michells ursprüngliche Idee auf der Basis von Einsteins Allgemeiner Relativitätstheorie wiederbelebten.

»Wenn alle thermonuklearen Energiequellen erschöpft sind, wird ein hinreichend schwerer Stern kollabieren. Wenn nicht eine Spaltung durch Rotation, die Abstrahlung von Materie oder die Absprengung von Masse durch Strahlung die Masse des Sterns auf eine Größenordnung von der der Sonne reduziert, wird diese Kontraktion unendlich weitergehen. Licht von dem Stern wird fortschreitend röter und kann nur noch in einem immer enger werdenden Winkel entkommen«, schrieben Oppenheimer und Snyder in »einem der kühnsten und unheimlich prophetischsten Artikel, der jemals publiziert wurde«, wie der kanadische Physiker Werner Israel später kommentierte, »es gibt nichts darin, das heute einer Revision bedarf.« Selbst die drastischen Vereinfachungen, zu denen die Forscher damals aus rechentechnischen Gründen gezwungen waren (etwa die Beschränkung auf eine exakt sphärische Symmetrie), erwiesen sich im Rückblick als berechtigt. Realistischere Abschätzungen und Berechnungen gelangen John Archibald Wheeler und seinen Assistenten B. Kent Harrison und Masami Wakano erst 1957 mit dem MANIAC-Computer von Princeton. Sie bestätigten die Ergebnisse von Chandrasekhar und Oppenheimer.

Einsteins Irrtum

Kurioserweise widerlegten Oppenheimer und Snyder – ohne zunächst überhaupt davon zu wissen – Albert Einstein, auf dessen Relativitätstheorie sie sich doch maßgeblich stützten. Einstein hatte nämlich zwei Monate vorher, ebenfalls 1939, nach Diskussionen mit dem Kosmologen Howard Percy Robertson in Princeton einen Artikel publiziert, in dem er die Schwarzschild-Lösung als physikalisch unrealistisch aus der Welt schaffen wollte. Der Schwarzschild-Radius ist nämlich eine Singularität, bei dem die Mathematik Amok läuft, die Zeit zum Verschwinden bringt und den Raum unendlich werden lässt.

»Das wesentliche Resultat dieser Untersuchung ist ein klares Verständnis, warum ›Schwarzschild-Singularitäten‹ in der physikalischen Realität nicht existieren«, schrieb Einstein. »Die Schwarzschild-Singularität taucht nicht auf, weil Materie nicht beliebig konzentriert werden kann.«

Einstein begründete dies mit der Untersuchung eines rotierenden Kugelhaufen-Modells. Er zeigte, dass sich eine Ansammlung kleiner Teilchen, die sich unter dem Einfluss ihrer gegenseitigen Schwerkraft auf Kreisbahnen bewegen, nicht beliebig verdichten kann. Denn sie müsste sich, um die Konfiguration aufrechtzuerhalten, überlichtschnell bewegen, wenn sie auf weniger als drei Schwarzschild-Radien kollabiert wäre. (Tatsächlich hatte der holländische Physik-Student Johannes Droste bereits 1916 berechnet, dass Licht im Abstand von exakt drei Schwarzschild-Radien um ein Schwarzes Loch kreisen kann.) Somit dürfte es Schwarze Löcher in der Natur gar nicht geben.

»Obwohl Einsteins Überlegung in sich schlüssig ist, geht seine Schlussfolgerung am Thema vorbei: Dass ein kollabierender Stern beim Schwarzschild-Radius instabil ist, besagt überhaupt nichts, da der Stern – eben weil er weiter kollabiert – den Radius ohnehin unterschreitet«, kommentierte der amerikanische Physiker Jeremy Bernstein später. »Mich hat übrigens sehr berührt, dass der damals sechzigjährige Einstein in seinem Artikel Tabellen mit numerischen Resultaten anführt, die er mit einem Rechenschieber gewonnen haben muss. Heute ist der Artikel so überholt wie dieses Instrument.«

Zu Einsteins Ehrenrettung muss allerdings gesagt werden, dass es noch lange dauerte, bis klar war, dass die Schwarzschild-Singularität keine unpassierbare Barriere ist, sondern lediglich eine Koordinaten-Singulariät – vergleichbar mit dem Nord- und Südpol im Breitengrad-Netz der Erde – und mit der Wahl eines anderen Koordinatensystems verschwindet. Dies wurde zwar schon 1933 von dem belgischen Kosmologen Georges Lemaître vermutet, aber erst um 1960 von den Mathematikern David Finkelstein, Martin Kruskal und George Szekeres bewiesen. Und erst 1962 konnte in Princeton der Student David Beckedorff die Raumzeit innerhalb und außerhalb der Schwarzschild-Grenze einheitlich beschreiben.

Hinter dem Ereignishorizont

Die Uneinheitlichkeit zuvor hat auch viel zur Verwirrung beigetragen. Die Schwarzschild-Lösung blickt gleichsam aus der Ferne auf ein Schwarzes Loch und beschreibt, dass einstürzende Materie von dort aus gesehen immer langsamer zu fallen scheint, bis sie schließlich an der imaginären Oberfläche eingefroren zu verharren scheint. Physiker – hauptsächlich in der Sowjetunion – sprachen deshalb auch von »gefrorenem Stern«. Der Grund ist die von Einstein entdeckte gravitative Zeitdehnung: Je größer die Schwerkraft, desto langsamer die Zeit. Am Schwarzen Loch bleibt sie, von außen betrachtet, förmlich stehen. Allerdings kleben keine geisterhaften Schattenbilder der zum Untergang verdammten Objekte dort fest, den Blicken nekrophiler Voyeure in alle Ewigkeit preisgegeben. Denn ein anderer Effekt der Relativitätstheorie, die gravitative Rotverschiebung, führt dazu, dass das letzte Licht in kürzester Zeit so energiearm wird, dass die Wellenlängen der Strahlung immer größer werden und in den unsichtbaren Infrarot- und Radiobereich abwandern. Nicht einmal ein düsteres Glimmen bleibt also übrig.

Soweit die Perspektive von außen. In der Eigenzeit der einstürzenden Objekte dagegen bleibt die Zeit nicht stehen, wenn sie den Ort ohne Wiederkehr passieren. Der Kollaps ist unaufhaltsam, wie Oppenheimer und Snyder erkannten. Aus diesem Blickwinkel ist also die – überwiegend in England und den USA gebräuchliche – Bezeichnung »kollabierter Stern« oder »Kollapsar« treffender. Doch erst mit der Erkenntnis, dass beide Sichtweisen korrekt – und eben relativ – sind, entstand in den Köpfen der Theoretiker das richtige, vollständige Bild und fand in Wheelers Begriff »Black Hole« dann auch den angemessenen, beide Aspekte gleichermaßen charakterisierenden Ausdruck.

Ebenso treffend ist die Bezeichnung »Ereignishorizont« für den imaginären »Rand« beziehungsweise die Oberfläche eines Schwarzen Lochs. Diesen Begriff hat Wolfgang Rindler von der Cornell University 1956 vorgeschlagen. Er passt, denn ein Horizont – auch beim Blick über die Erdkugel – trennt Beobachtbares von Unbeobachtbarem. Das

Wort stammt vom griechischen »horizon kyklos«, was »begrenzender Kreis« bedeutet. Ein Ereignishorizont schirmt alles, jedes Ereignis, das hinter ihm liegt, für einen Beobachter außerhalb vollkommen ab. Weil Schwarze Löcher einen Ereignishorizont haben, kann niemand in sie hineinspähen.

Das ist nicht unbedingt ein Nachteil, denn das Problem der Singularität war mit der neuen Sichtweise nicht aus der Welt verbannt, und grässliche Dinge könnten im Inneren eines Schwarzen Lochs lauern. 1964 bewies der britische Mathematiker Roger Penrose, dass Singularitäten ein unvermeidliches Merkmal des Gravitationskollaps sind: Die Allgemeine Relativitätstheorie bricht im Zentrum Schwarzer Löcher gleichsam in sich zusammen, weil die physikalischen Parameter Null oder unendlich werden. Dies war zuvor nicht klar, sondern galt vielmehr als ein Artefakt spezieller, vermeintlich unrealistischer Anfangsbedingungen der Rechnungen, insbesondere der Annahme der sphärischen Symmetrie. Mit Stephen Hawking verfeinerte Penrose dieses Resultat in den darauffolgenden Jahren noch und übertrug es auch auf den Urknall.

Die Singularität ist es, in der der Relativitätstheorie zufolge die gesamte Masse eines Schwarzen Lochs steckt. Dies ist eine abenteuerliche und eigentlich unhaltbare Vorstellung. Denn im Fall von statischen Schwarzen Löchern ist die Singularität ein ausdehnungsloser Punkt. Wie können darin die riesigen Massen ganzer Sterne und Sternhaufen unterkommen?! Physiker bringen das Paradoxon mit dem Slogan »Masse ohne Masse« auf den (singulären) Punkt.

Schwarze Löcher haben keine Haare

»Herum geht unser Tanz der Fragen im Kreis, und in der Mitte sitzt das Geheimnis, das alles weiß.« Auf diesen Vers des amerikanischen Dichters Robert Frost können Physiker und Astronomen ein Lied singen. Viele ihrer Fragen tanzen noch immer um das Geheimnis im Inneren der Schwarzen Löcher. Was geschieht dort? Was wird aus der Materie des kollabierten Sternes? Dass sie noch irgendwie vorhanden sein muss, scheint die Gravitation des Schwarzen Lochs doch zu beweisen. Doch wohin gelangt all die Masse und die mit ihr verbundenen physikalischen Kenngrößen?

Selbst ein Schwarzes Loch vor der Haustür würde diese Fragen nicht beantworten. Auch Selbstmordkommandos, die sich wagemutig in den Raumzeit-Schlund versenken würden, um seinen Geheimnissen auf die Spur zu kommen, könnten ihren Hinterbliebenen nichts berichten. Denn ihre Botschaften – seien es Raketensonden oder lichtschnelle Funksendungen – schaffen es nicht, dem kosmischen Gefängnis innerhalb des Ereignishorizonts zu entrinnen. Also können nur Theoretische Physiker weiterhelfen – vielleicht mit reichhaltigeren, realistischeren Modellen?

Der Mathematiker George Birkhoff von der Harvard University bewies 1923, dass die Schwarzschild-Lösung die einzige sphärisch symmetrische Lösung von Einsteins Feldgleichungen für das Vakuum ist (Birkhoff-Theorem). Zwar fanden Hans Jacob Reissner und Gunnar Nordström schon vorher, im Jahr 1916 und 1918, eine allgemeinere Lösung für ein sphärisch symmetrisches Gravitationsfeld einer geladenen Punktmasse. Doch erst 1960 entdeckten John Graves und Dieter Brill, zwei Studenten von John Wheeler, dass die Reissner-Nordström-Metrik ein elektrisch geladenes Schwarzes Loch beschreibt. Der neuseeländische Mathematiker Roy Patrick Kerr ging 1963 einen anderen Weg und fand die Lösung für rotierende Schwarze Löcher. Und Ezra Ted Newman von der University of Pittsburgh und seine Mitarbeiter formulierten 1965 die allgemeinste Lösung für rotie-

Schwarze Löcher haben keine Haare: So heißt ein fundamentales Theorem der klassischen Physik. Gemeint ist, dass sich alle Schwarzen Löcher gleichen, abgesehen von maximal drei Eigenschaften: Masse, Drehimpuls und Ladung. Alle anderen Kennzeichen der einfallenden Materie und Energie scheinen auf Nimmerwiedersehen zu verschwinden.

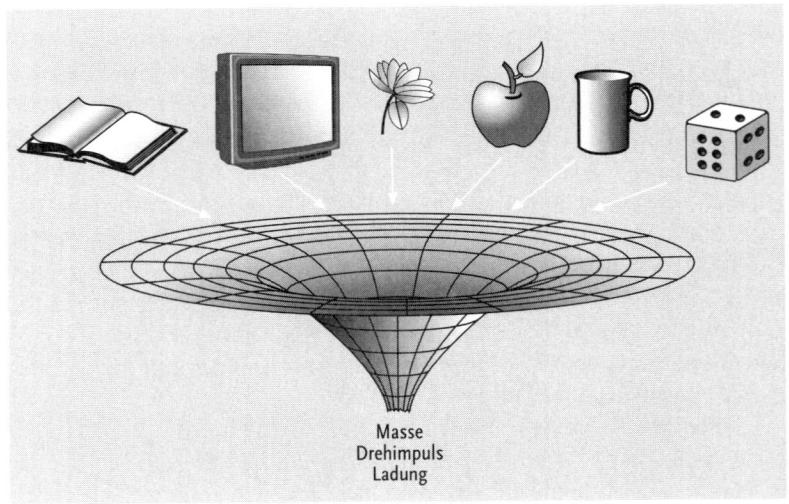

Masse
Drehimpuls
Ladung

rende, geladene Schwarze Löcher, inzwischen Kerr-Newman-Metrik genannt.

Dass sich Schwarze Löcher damit erschöpfend beschreiben lassen, bewiesen schließlich weitere Forschungen von fast einem Dutzend Physikern, unter anderem von Stephen Hawking und Brandon Carter in Cambridge sowie David Robinson in London: Schwarze Löcher haben keine anderen Eigenschaften neben Masse, Drehimpuls und Ladung. (Letztere dürfte in realistischen Fällen allerdings Null sein, weil sich Ladungsunterschiede in der Natur rasch ausgleichen). Dies wurde schon 1967 von John Wheeler augenzwinkernd als Keine-Haare-Theorem (»no hair theorem«) formuliert: Es gibt keine weiteren Merkmale, die aus dem Loch »herausragen« wie Haare aus dem Kopf eines Menschen. Der Gravitationskollaps ist demnach ein universeller Gleichmacher: Alle Schwarzen Löcher sind einander so ähnlich wie kahlgeschorene Soldaten in Uniform. Sie können daher auch nicht verraten, was in ihnen verschwunden ist. Somit gibt es keine Möglichkeit, irgend etwas sonst über ein Schwarzes Loch und seine Vergangenheit zu erfahren – wie beispielsweise das Magnetfeld des kollabierten Sterns aussah, welche Temperatur, Helligkeit und Oberflächenstrukturen er besaß, ob er aus Materie oder Antimaterie bestand, was nach seinem Kollaps zusätzlich in das Schwarze Loch hineinstürzte und so weiter.

Durch Kerr-Tunnel ins Niemandsland

Lassen sich Schwarze Löcher womöglich als Tore durch Raum und Zeit verwenden? Solche Tunnel, Einstein-Rosen-Brücken genannt, könnten tatsächlich existieren, wie schon Einstein und sein Mitarbeiter Nathan Rosen 1935 berechnet haben. Die erste Arbeit von Ludwig Flamm hierzu stammt sogar schon aus dem Jahr 1916. Diese Tunnel sind allerdings extrem instabil und brechen sofort zusammen. Deshalb lassen sie sich auch nicht betreten, da nicht einmal Licht die Brücke durch die Dimensionen überwinden kann – Überlichtgeschwindigkeiten wären erforderlich.

Ohnehin sind Schwarze Löcher Todesfallen. Schon in der Nähe des Ereignishorizonts stellarer Schwarzer Löcher herrschen Gezeitenkräfte, die alles zerfetzen. Die Beschleunigung eines Objektes am Rand eines Schwarzen Lochs von zehn Sonnenmassen beträgt für einen Menschen zum Beispiel knapp 200 Millionen Meter pro Sekundenquadrat, bei 1000 Sonnenmassen noch immer knapp 20.000 Meter pro Sekundenquadrat. Dies kann niemand überstehen (zum Vergleich: Auf der Erde beträgt die Schwerebeschleunigung knapp 10 Meter pro Sekundenquadrat). Alle Objekte würden sofort zu unappetitlichen Spaghettis auseinandergezogen werden. Und selbst galaktische Schwarze Löcher, die so groß sind, dass die Gezeitenkräfte am Ereignishorizont noch ungefährlich wären, lassen keinen Spielraum für Entdeckungsfahrten in ihrem Inneren. Auch dort wird man vor dem Sturz in die Singularität unweigerlich zerrissen, falls man von der tödlichen Strahlung, die von der zerfallenden Materie stammt, nicht schon vorher geröstet worden ist.

Eine größere Chance für kosmische Exkursionen versprachen sich Physiker zunächst mit rotierenden Schwarzen Löchern. Da Sterne sich um ihre eigene Achse drehen und der Drehimpuls beim Kollaps erhalten bleibt, ist anzunehmen, dass die allermeisten Schwarzen Löcher im All rotieren. Diese haben jedoch ringförmige, nicht punktförmige Singularitäten in ihrem Zentrum. Man könnte also versuchen, mitten durch den unfassbaren Ring zu fliegen und vielleicht über einen Kerr-Tunnel in ein anderes Universum vorzustoßen. »Man passiere den magischen Ring und – presto! – ist in einem vollständig anderen Universum, wo Radius und Masse negativ sind«, hat Roy Kerr 1963 spekuliert, nachdem er die Lösung aus den Einstein-Gleichungen abgeleitet hat, die solche Objekte beschreiben.

»Die Ringsingularität eines rotierenden Schwarzen Lochs hat nicht den Charakter des Unausweichlichen wie die punktförmige Singularität und bedeutet nicht mehr das notwendige Ende der Zeit für die Erforscher des Schwarzen Lochs«, erläutert Jean-Pierre Luminet. »Abgesehen von der Gefahr der Gezeitenkräfte können sich Forscher der Singularität beliebig nähern – vorausgesetzt, sie berühren sie nicht – und sogar sehen, ob Lichtsignale herauskommen.« Der Astrophysiker am Observatorium von Meudon in Frankreich lässt jedoch keinen Zweifel an den verwirrenden Konsequenzen der Relativitätstheorie: »Auf der ›anderen Seite‹ der Singularität existiert ein Stück der Raumzeit, das raumartig unendlich ist, und in dem Abstände ›negativ‹ sind. Diese scheinbare Widersinnigkeit lässt sich als Umkehrung des anziehenden Charakters der Gravitation deuten. Sie wird abstoßend und zwingt so die Materie, sich beliebig weit von der Singularität zu entfernen.«

Überhaupt spielen Raum und Zeit verrückt im Schwarzen Loch. Sie tauschen in dieser verkehrten Welt gleichsam die Rollen. Die Raumkoordinaten wechseln von reellen zu imaginären Zahlen, während die Zeitkoordinaten von imaginären zu reellen übergehen.

Streng genommen kann man sich gar nicht mehr frei im Raum bewegen oder gar unbeweglich an seinem Ort verharren – man wird ja unaufhaltsam ins Zentrum gezogen –, dafür aber wird die Zeit gleichsam verräumlicht.»Man darf aber nicht meinen, dass man die Zeit zurücklaufen und die Kausalität verletzen könnte!« warnt Luminet vor Missverständnissen.»Diese Koordinate, die am Horizont ihren Charakter verändert, stellt nicht die wirkliche Zeit dar, weder im Inneren noch im Äußeren eines Schwarzen Lochs. Die einzig physikalisch sinnvolle Zeit ist die Eigenzeit, die von solchen Uhren gemessen wird, die sich im freien Fall auf die Singularität zu bewegen.« Der Unterschied zu den Verhältnissen außerhalb des Horizonts ist, dass die Zeit im Schwarzen Loch endet. Sie fließt gleichsam in die Singularität hinein. Jean-Pierre Luminet:»Es vergeht eine endliche Eigenzeit zwischen dem Moment, wo ein Raumschiff den Horizont überquert, und dem Moment, wo es in der zentralen Singularität zerschellt.« Für ein stellares Schwarzes Loch mit zehn Sonnenmassen beträgt die Gnadenfrist nur etwas mehr als eine tausendstel Sekunde, für supermassereiche Schwarze Riesenlöcher in den Zentren von Galaxien kann sie aber eine Stunde dauern.

Zwar sind auch Einfahrten in die Äquatorregion rotierender Schwarzer Löcher Selbstmordkommandos, nicht jedoch an den Polen. Allerdings zeigte sich bald, dass dieses Unternehmen viel zu riskant wäre. Der Tunnel reagiert nämlich wie die Einstein-Rosen-Brücken auf Störungen außerordentlich empfindlich und würde erst recht bei einem heranfliegenden Raumschiff zusammenbrechen. Und selbst wenn einfallsreiche Wissenschaftler eine Möglichkeit fänden, um ihn zu stabilisieren, wären die Raumfahrer für alle Ewigkeit zu einem schrecklichen Nomadendasein in einem düsteren Niemandsland verurteilt. Denn wie sollten sie auch das Schwarze Gegenloch am anderen Ende des Tunnels verlassen können? Es ist ja ebenfalls von einem Ereignishorizont umschlossen, der nichts mehr entkommen lässt!

Außerdem ist unklar, ob sich wirklich ein anderes Universum hinter der Ringsingularität befindet. Denn diese Schlussfolgerung basiert auf Einsteins Allgemeiner Relativitätstheorie – aber diese bricht ja gerade bei den Singularitäten zusammen. Ferner gibt es Hinweise darauf, dass Quanteneffekte die Bildung von Durchgangsstellen und anderen Universen verhindern könnten. Damit bleibt die Frage jedoch offen, welche Tragödien sich denn nun im Zentrum Schwarzer Löcher abspielen.

Weiße Löcher

Möglicherweise bieten Weiße Löcher einen Ausweg aus dem Dilemma. Diese zu den Schwarzen Löchern zeitverkehrten Lösungen der Allgemeinen Relativitätstheorie haben 1965 unabhängig voneinander Igor Novikov und Yuval Ne'eman untersucht. Novikov forschte damals in Moskau und ist nun an der Universität von Kopenhagen in Dänemark, Ne'eman war Teilchenphysiker an der Universität von Tel Aviv in Israel und später zweimal Wissenschaftsminister.

Weiße Löcher sind absolute Emitter – kosmische Geysire, die Materie und Energie verschwenderisch aus sich herausschleudern, aber niemals aufnehmen können. Sie besitzen einen Antihorizont, der nichts hinein lässt. Statt»Weiße Löcher« sollte man sie daher besser»Weiße Quellen« nennen. Passagen zwischen Schwarzen Löchern als Eintrittsort und Weißen Löchern als Austrittsort würden also eine kosmische Reise theoretisch möglich machen. Allerdings scheinen auch solche Tunnel instabil zu sein und sofort zu zerfallen, so dass ihre Benutzung praktisch unmöglich ist. Außerdem bleibt es unklar, ob Weiße Löcher überhaupt existieren. Da sie im Prinzip alles Mögli-

Kosmische Einbahnstraßen: Schwarze Löcher (links) lassen nichts mehr aus dem Bann ihrer Gravitation heraus. Unklar ist, ob ihre Beute im Zentrum – einer ominösen Singularität – zermalmt wird. Physiker haben spekuliert, dass es ein Gegenstück geben könnte. Aus einem solchen Weißen Loch (rechts) würde die totgeweihte Materie förmlich heraussprudeln – ein kosmisches Recycling. In unserem Universum sind solche Quellen allerdings unmöglich. Doch vielleicht war der Urknall ein Weißes Loch.

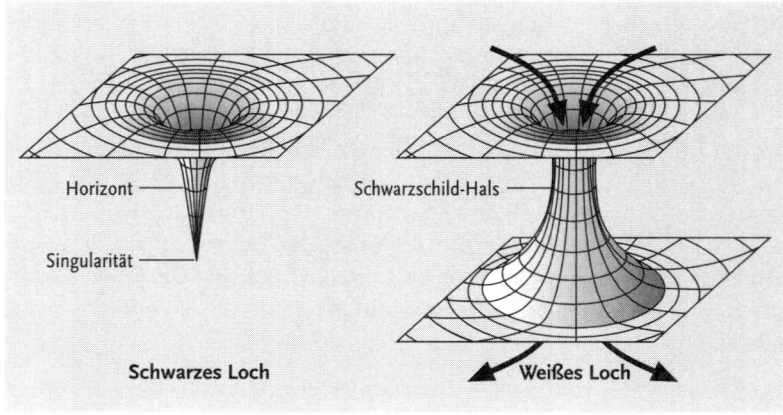

che ausspeien können – nicht nur Gas und Staub, sondern auch Shakespeare-Dramen, Elefanten und Parallel-Erden mit exakten Doppelgängern von uns – bereiten sie den Physikern Bauchgrimmen.

Allerdings zeigte Douglas Eardley vom California Institute of Technology in Pasadena, dass Weiße Löcher instabil sind. Sie müssen sich schnell in Schwarze Löcher umwandeln. »Weiße Löcher sind scheu«, heißt dieses Theorem. Sie sammeln nämlich in ihrer Umgebung so viel Materie an, dass sie irgendwann daran förmlich ersticken. Die Masse verwandelt den Antihorizont in einen Ereignishorizont. Bei einem Weißen Loch von zehn Sonnenmassen würde dieser Vorgang nicht einmal eine tausendstel Sekunde dauern. Und selbst Objekte mit Millionen Sonnenmassen hätten kaum mehr als eine Minute überstanden. Falls es also Weiße Löcher kurz nach dem Urknall gegeben hat – der freilich oft selbst als eine Art Weißes Loch beschrieben wird, als eine nackte Singularität, aus der Raum, Zeit, Energie und Materie ins Dasein traten –, wären sie längst schwarz geworden.

Doch obwohl Weiße Löcher heute keinen Erklärungswert mehr besitzen – auch die Quasare und andere Energieschleudern im frühen Universum, die in den sechziger Jahren damit spekulativ in Verbindung gebracht wurden, lassen sich mit Schwarzen Löchern viel plausibler erklären –, ist der Grundgedanke dahinter nach wie vor aktuell. Er firmiert jetzt unter der Bezeichnung »Wurmlöcher«. Und diese könnten sich nicht nur als Tore in andere Raumzeit-Regionen erweisen, Paralleluniversen und die eigene Vergangenheit inklusive, sondern auch als Fluchtwege angesichts einer der größten Gefahren im Gebäude der Theoretischen Physik: dem Informationsparadoxon Schwarzer Löcher.

2.
Finales Fiasko

Hawkings Wette

»And once you're gone / you can't come back / when you're out of the blue / and into the black«, singt der kanadische Gitarrist Neil Young in seiner Hymne auf die Rockmusik. Was zugleich ein Signum für menschliche Tragödien ist – der Tod –, das wäre auf einer kosmischen Skala eine unvorstellbare Katastrophe – jedenfalls für die moderne Physik. Denn falls Informationen – das heißt physikalische Eigenschaften, Kenngrößen und so weiter – tatsächlich auf Nimmerwiedersehen in einem Schwarzen Loch verschwänden, wären die Lehrbücher Makulatur. Der Satz von der Erhaltung der Energie und andere grundlegende Prinzipien würden versagen, und die so erfolgreiche Quantentheorie müsste zusammenstürzen wie ein Kartenhaus.

Das waren die Konsequenzen, die Stephen Hawking 1975 entdeckt hat. Damals, im August, reichte er den Artikel *The Breakdown of Physics in Gravitational Collapse* bei der renommierten Fachzeitschrift *Physical Review* ein. Veröffentlicht wurde der Text erst im November 1976 unter dem Titel *The Breakdown of Predictability in Gravitational Collapse*. Schon die abgeschwächte Überschrift und die lange Zeit bis zum Druck lassen ahnen, wie schwer sich die Gutachter damit taten.

»Wenn Hawkings Argumente richtig wären, stünden wir vor der erschreckenden Aufgabe, eine neue konzeptuelle Basis für die gesamte Physik zu finden«, sagte John Preskill vom California Institute of Technology. »Die gängigen Prinzipien führen zu einem Paradoxon, was bedeutet, dass sie keine richtige Beschreibung der Natur liefern können.« Wie viele andere Physiker weigerte sich Preskill deshalb, Hawkings Schlussfolgerung zu akzeptieren. Eine Theorie der Quantengravitation, so seine Hoffnung, würde einen Fehler aufdecken und irgendeine der Annahmen in Hawkings sonst ja in sich schlüssiger Argumentation widerlegen.

Doch Hawking, dem es selbst vor den Geistern grauste, die er rief, blieb hartnäckig. Zusammen mit Kip Thorne – wie Preskill am Caltech und einer der renommiertesten Relativitätstheoretiker der Welt – wettete er sogar gegen Preskill darauf, dass Informationen in Schwarzen Löchern verloren gehen. Wetteinsatz war eine Enzyklopädie, »woraus Informationen willentlich entnommen werden können«, wie in dem Abkommen mit hintersinnigem Humor geschrieben steht, das Thorne und Preskill am 6. Februar 1997 unterzeichneten, und das Hawking mit seinem Fingerabdruck besiegelte.

Im Wortlaut formulierten die Forscher die Wette folgendermaßen: »Stephen Hawking und Kip Thorne glauben fest daran, dass Informationen, die von einem Schwarzen Loch verschluckt wurden, in alle Ewigkeit für das äußere Universum verborgen bleiben und niemals freigesetzt werden, selbst wenn das Schwarze Loch verdampft und vollständig verschwindet. Und John Preskill glaubt fest daran, dass ein Mechanismus für die Informationen, die von einem verdampfenden Schwarzen Loch freigesetzt werden, in einer korrekten Theorie der Quantengravitation gefunden werden müsse und würde. Wenn ein anfänglich reiner Quantenzustand gravitativ kollabiert und ein Schwarzes Loch bildet, wird der Endzustand am Ende der Verdampfung des Schwarzen Lochs immer ein reiner Quantenzustand sein. Der/die Verlierer wird den/die Gewinner mit einer Enzyklopädie nach der Wahl des Gewinners entlohnen, woraus Informationen willentlich entnommen werden können.«

Diese Wette hat Hawking am 21. Juli 2004 auf der GR17, der 17. Internationalen Konferenz über Allgemeine Relativitätstheorie und Gravitation in Dublin, überraschend verloren gegeben. Um zu verstehen, was mit der Wette eigentlich auf dem Spiel stand und wie Hawking zu seiner Meinungsänderung kam, muss man allerdings etwas ausholen.

Spurlos verschwunden?

Die Geschichte des Informationsverlust-Paradoxons von Schwarzen Löchern, kurz Informationsparadoxon genannt, begann schon in den 1960er Jahren mit den Arbeiten russischer Physiker und besonders von Werner Israel von der kanadischen University of Alberta. Die Ergebnisse wurden zum »Keine-Haare-Theorem« verallgemeinert, dem zufolge alle Informationen verloren gehen, die einen Körper beschreiben, der zu einem Schwarzen Loch kollabiert – alle außer Masse, Drehimpuls und elektrische Ladung.

»Dieser Informationsverlust war noch kein Problem für die klassische Physik. Ein klassisches Schwarzes Loch währt ewig, und man kann annehmen, dass die Information in seinem Inneren erhalten bleibt, aber nicht besonders gut zugänglich ist«, charakterisierte Hawking in Dublin die Situation im Rahmen der Allgemeinen Relativitätstheorie mit seinem unnachahmlichen Humor. Denn »zugänglich« wären die Informationen allenfalls für ein Selbstmord-Kommando, das ihnen ins Schwarze Loch nachspringt – draußen würde niemals jemand davon erfahren können.

»Die Situation änderte sich jedoch, als ich entdeckte, dass Quanteneffekte dazu führen, dass ein Schwarzes Loch Strahlung abgibt«, fuhr Hawking mit dem Hinweis auf seine bahnbrechende Erkenntnis von 1974 fort. Damals entdeckte er, dass Schwarze Löcher nicht ewig und vollständig schwarz sind, sondern aufgrund von quantenphysikalischen Prozessen in fernster Zukunft verdampfen. Die ihm zu Ehren benannte Hawking-Strahlung, die das Schwarze Loch abgibt, sollte demnach rein statistischer Natur sein – Physiker sprechen von einer idealen Schwarzkörper-Strahlung.

Hawkings revolutionäre Entdeckung damals, die auf Vorarbeiten des israelischen Physikers Jacob Bekenstein beruhte, bestand in dem Nachweis, dass Schwarze Löcher eine Entropie und somit auch Temperatur besitzen. Die Entropie ist ein Maß für den Grad der Unordnung in einer großen Ansammlung von Teilchen oder für die Menge der Information, die in ein Objekt gepackt werden kann. (Genauer: Die thermodynamische Entropie S ist gleich der Boltzmann-Konstante k multipliziert mit dem Logarithmus der Anzahl W von Möglichkeiten, diese Teilchen anzuordnen, ohne dass sich das makroskopische Erscheinungsbild ändert: $S = k \ln W$.)

Hawking entdeckte, dass die Entropie S eines Schwarzen Lochs proportional zur Oberfläche A seines Horizonts ist und sonst nur von Naturkonstanten abhängt, der Boltzmann-Konstante k, der Lichtgeschwindigkeit c, dem Planckschen Wirkungsquantum $\hbar$ und der Gravitationskonstante G. Der Zusammenhang lautet: $S = Akc^3/4\hbar G$.

»Ich möchte, dass diese einfache Formel auf meinem Grabstein steht«, verkündete Hawking anlässlich seines 60. Geburtstags am 8. Januar 2002. Die Feier hätte fast ausfallen müssen, denn wenige Tage zuvor brach er sich einen Oberschenkelknochen. In seiner gewohnt rasanten Weise war er versehentlich mit seinem neuen motorisierten Rollstuhl gegen eine Mauer gefahren. Doch Hawking erschien nicht nur auf seiner Party, sondern hielt sogar einen Vortrag auf dem Symposium, das die Crème de la Crème der Theoretischen Physiker eigens für ihn in Cambridge veranstaltet hatte. Hawkings Wunsch nach einer Grabstein-Formel ist freilich nicht der Versuch, sich selbst ein Denkmal zu setzen, sondern Ausdruck seines subtilen

Humors: Mit ihr stellt er sich nämlich in die Tradition des österreichischen Physikers Ludwig Boltzmann. Der sorgte dafür, dass nach seiner tragischen Selbsttötung 1906 die von ihm entdeckte Entropie-Formel $S = k \ln W$ auf seinem Grabstein im Wiener Zentralfriedhof eingraviert wurde. (Alfred Bester hat Boltzmann übrigens in seiner Zeitreise-Story *Die Mörder Mohammeds* aus dem Jahr 1967 ein schönes literarisches Denkmal gesetzt.)

Die Entropie eines Schwarzen Lochs ist sehr viel größer als die Entropie des Sterns, aus dessen Kollaps es entstand. Beispielsweise beträgt die Entropie der Sonne 10^{57} (gemessen in den Einheiten der Boltzmann-Konstante), die eines Schwarzen Lochs derselben Masse jedoch 10^{77} – das sind 20 Größenordnungen mehr, also ein Faktor 100.000.000.000.000.000.000. Galaktische Schwarze Löcher haben sogar eine Entropie von 10^{90} – das Hundertfache der Entropie des gesamten beobachtbaren Universums (ohne Schwarze Löcher). Schwarze Löcher sind daher die effizientesten Objekte, um Informationen zu verschlucken – und das ist die eine Hälfte des Informationsparadoxons.

Die andere Hälfte hängt unmittelbar damit zusammen. Wenn Schwarze Löcher eine Entropie haben, müssen sie nämlich auch eine Temperatur T besitzen, lautete Hawkings Schlussfolgerung von 1974. Die Formel hierfür ist ebenfalls sehr einfach: $T = \hbar\kappa/2\pi kc$. Der griechische Buchstaben Kappa (κ) steht dabei für die Oberflächengravitation eines Schwarzen Lochs. Für den einfachen Fall eines kugelsymmetrischen, nicht rotierenden Lochs der Masse M hat er den Betrag $\kappa = c^4/4GM$. Wenn Schwarze Löcher eine Temperatur besitzen, dann sind sie freilich gar nicht absolut schwarz, sondern geben Strahlung ab. Die ist zwar winzig – ein Schwarzes Loch mit einer Sonnenmasse hat eine Temperatur von nur $6{,}2 \times 10^{-8}$ Grad über dem absoluten Nullpunkt –, doch wenn sich der Weltraum ewig weiter ausdehnt und das Universum beliebig alt werden kann, dann verdampfen alle Schwarzen Löcher irgendwann. Für stellare Schwarze Löcher dauert das über 10^{66} Jahre, für supermassereiche Schwarze Löcher sogar bis zu knapp 10^{100} Jahre, aber es wird geschehen. Und dann, so Hawking, hätten sich alle in einer Schwerkraftfalle verschwundenen Informationen quasi in nichts aufgelöst.

Aus der Verdampfung wäre also nicht ersichtlich, was das Schwarze Loch einst verschlungen hat – Staub, Sterne oder Stephen Hawkings letztes Buch *Das Universum in der Nußschale*. Darin schreibt er deshalb: »Wir glauben, wir könnten in der Vergangenheit lesen wie in einem offenen Buch. Doch wenn Information in Schwarzen Löchern verloren ginge, wäre das nicht der Fall. Dann hätte alles Mögliche passiert sein können, und wir wären nicht in der Lage, es zu rekonstruieren.« Auch Vorhersagen der Zukunft wären beeinträchtigt. Doch das ist nicht alles. »Information kann nicht völlig kostenlos übermittelt werden, was jedem von uns spätestens dann klar wird, wenn er seine Telefonrechnung bekommt«, so Hawking. »Information braucht Energie, um übertragen zu werden, und in den Endstadien eines Schwarzen Lochs ist nur noch sehr wenig Energie übrig. Wie kommt sie also aus ihm heraus?«

In Dublin hat Hawking diese Frage wieder aufgegriffen: »Aus den Näherungsverfahren zu schließen, die ich verwendete, müsste diese Strahlung vollständig thermisch sein und könnte somit keine Information in sich tragen. Was also würde mit all den Informationen geschehen, die im Inneren des Schwarzen Lochs eingeschlossen sind, wenn es verdampft und sich schließlich vollständig auflöst? Es sah so aus, dass der einzige Weg, wie Informationen wieder herauskommen können, darin besteht, dass die Strahlung nicht exakt thermisch ist, sondern subtile Korrelationen besitzt.«

Diese Quantenbeziehungen wären gleichsam die Informationsträger und die Verbindung mit den Eigenschaften der Materie und Energie, bevor diese ins Schwarze Loch stürzten. Wenn Schwarze Löcher unwiderruflich Informationen vernichteten, wäre die so genannte Unitarität der Quantentheorie verletzt, und die Korrelationen wären zerstört. Mit anderen Worten: Nicht jeder physikalische Endzustand würde eindeutig mit einem Anfangszustand korrelieren, das heißt zu ihm gehören. Das würde die Gültigkeit der Quantentheorie unterlaufen. Und es würde bedeuten, dass in der Natur der Zufall in einem noch viel schockierenderem Ausmaß herrscht, als es die übliche Interpretation der Quantenphysik schon vorsieht (etwa beim radioaktiven Zerfall, der keine Ursache hat), und gegen den sich Albert Einstein mit dem Ausspruch, Gott würfle nicht, bis an sein Lebensende gewehrt hat. Hawking trieb Einsteins Bonmot deshalb 1976 auf die Spitze, indem er es auf Schwarze Löcher übertrug: »Gott würfelt nicht nur mit dem Universum, sondern er wirft die Würfel sogar manchmal dorthin, wo man sie nicht sehen kann.«

Mit Hawkings Arbeit hielt »eine neue Ebene der Unvorhersagbarkeit in die Physik Einzug, die weit über die üblicherweise mit der Quantentheorie verknüpfte Unsicherheit hinausgeht«, sagt Brian Greene von der Columbia University in New York.

»Ich denke, dass man, nimmt man Einsteins Allgemeine Relativitätstheorie ernst, die Möglichkeit berücksichtigen muss, dass die

Raumzeit sich zu Knoten verschlingt, und dass in diesen Falten Informationen verloren gehen können. Zu entscheiden, ob Informationen tatsächlich verloren gehen, ist eine der wichtigsten Fragen, die sich der Theoretischen Physik heute stellen«, verkündete Hawking 1997 auf einem Vortrag in Amsterdam. Und das ist keine Übertreibung.

Dabei geht es nicht um praktische, sondern um prinzipielle Probleme. Wirft man ein Buch ins Feuer, verbrennt das Papier mitsamt den gedruckten Buchstaben. Aber im Prinzip ließe sich der Text aus der Asche, der Form der Flammen und des Rauchs sowie den Turbulenzen in der erhitzten Luft rekonstruieren – man müsste »nur« alle relevanten physikalischen Größen genau genug messen und die Entwicklung zurückrechnen. Fällt das Buch hingegen in ein Schwarzes Loch, dann verschwinden seine Informationen Hawkings Argumentation von 1975 zufolge, ohne eine Spur zu hinterlassen. Und sie kommen auch nicht wieder zum Vorschein, wenn sich das Schwarze Loch im Lauf gigantischer Zeiträume auflöst.

Wenn die Quantenkorrelationen erhalten blieben, ließen sich die Informationen selbst mit den raffiniertesten Methoden zwar praktisch wohl auch nicht mehr auswerten. Das wäre so, als wollte man die gefälschten Rechnungen rekonstruieren, die ein gerissener Politiker in einem Schwarzen Loch entsorgt hat, um einen Spendenskandal zu vertuschen. Die Wahrscheinlichkeit ist extrem gering, dem Politiker auf diese Weise auf die Schliche zu kommen. Doch wenn die Informationen eines Tages wieder aus einem verdampfenden Schwarzen Loch herauskämen, würde wenigstens das Universum nichts vergessen. Im Prinzip bliebe die Information erhalten. Streng genommen ließe sich somit keine Schandtat aus der Welt schaffen.

Kosmische Ordnung in Gefahr

So ernst das Problem der Informationserhaltung ist, so locker gehen die Physiker freilich damit um – Hawkings Wette ist nur ein Beispiel dafür. Denn das Kopfzerbrechen, das diese Grenzfrage der Wissenschaft bereitet, ist schwer genug – und eine Herausforderung, die nicht dazu verleiten sollte, den Kopf hängen zu lassen. Entsprechend gut gelaunt war Leonard Susskind, als er auf einem hochkarätigen Symposium zu Stephen Hawkings 60. Geburtstag im Jahr 2002 einen Übersichtsvortrag zum Informationsparadoxon hielt. »Stephen ist der dickköpfigste Mensch im Universum«, begann der Physik-Professor von der kalifornischen Stanford University und versuchte dabei, seiner Stimme einen drohenden Unterton zu geben. Aber sein verschmitzter Blick wollte nicht recht dazu passen. »Wir stimmen in vielen fundamentalen Fragen über Schwarze Löcher, Information und so weiter nicht überein. Manchmal hat er mich dazu gebracht, die Haare zu raufen und vor lauter Frust auszureißen – das Ergebnis sieht man. Ich kann versichern, dass mein Kopf voller Haare war, als wir vor zwei Jahrzehnten zu streiten begannen.« Das Gelächter der Zuhörer bestätigte, dass Susskind es nicht böse meinte – zumal sich seine Worte auch als subtile Anspielung auf das Keine-Haare-Theorem verstehen ließen. »Ich kann auch sagen, dass Stephen von allen Physikern den stärksten Einfluss auf mich hatte«, fuhr er fort. »Fast alles, was ich seit 1980 dachte, war in der einen oder anderen Weise eine Reaktion auf seine tief schürfende Frage über das Schicksal von Informationen, die in Schwarze Löcher fallen.« Susskind hatte keinen Grund zu Verharmlosungen. Denn es stehen tatsächlich die grundlegendsten Naturgesetze auf dem Spiel: Wenn Schwarze Löcher unwiderruflich Informationen verschlucken, gibt es buchstäblich kein Halten mehr für sie wie für die gesamte Physik. Deshalb suchen Wissenschaftler – mitunter Haare raufend – nach einem Ausweg.

Steven Giddings von der University of California in Santa Barbara, der auch an Hawkings Geburtstags-Symposium teilgenommen hatte, bringt die Konsequenzen auf den Punkt: »Um einen bestimmten Informationsbetrag in einer bestimmten Zeit zu übertragen, ist ein Mindestbetrag an Energie nötig. Einen bestimmten Informationsbetrag in einer bestimmten Zeit zu verlieren, erfordert einen Energieverlust und somit die Verletzung der Energieerhaltung.« Das Prinzip der Energieerhaltung ist aber eine heilige Kuh in der Physik, die die Forscher nur in allerhöchster Not zu schlachten bereit wären.

»Informationsverlust ist hoch infektiös«, bohrt Giddings weiter in der Wunde. »Es ist kaum möglich, die Quantentheorie so zu modifizieren, dass sie einen geringen Informationsverlust beschreiben kann, ohne dass Informationen dann überall verschwinden – auch unter Bedingungen, die wir im Experiment bereits studieren können. Und es gibt keinen Grund, warum die Verletzungen klein sein müssen.« Mit anderen Worten: Eine ständige Bildung und Verdampfung winziger Schwarzer Löcher wäre überall die Folge.

Es kommt noch schlimmer: Wenn der Energieerhaltungssatz nicht gilt, kann Energie auch aus dem Nichts auftauchen. Diese Gefahr hatten Physiker schon beim theoretischen Studium der Singularitäten erkannt. Der amerikanische Science-Fiction-Schriftsteller Jerry Pournelle beschreibt es in dem von ihm herausgegebenen Buch *Black Holes* folgendermaßen: »Wir wissen, dass Materie beim Entstehen eines Schwarzen Lochs völlig kollabiert; nichts kann sie davon abhalten, sich zu unbegrenzter Dichte zusammenzuballen. Wenn die Gravitationskräfte an diesem Punkt angelangt sind, nennen wir es eine Singularität, einen Punkt, an dem die normalen physikalischen Gesetze nicht mehr zutreffen. In Wirklichkeit sieht es noch schlimmer aus. Nicht nur die normalen Gesetze treffen nicht mehr zu, sondern überhaupt keine Gesetze – jedenfalls behauptet das die Allgemeine Relativitätstheorie. Merkwürdige Dinge gehen im Umkreis einer Singularität vor sich. Die Zeit ist umgekehrt. Der Satz von der Energieerhaltung funktioniert nicht mehr. Das Kausalitätsprinzip ist ein Witz: Wenn man in dieses Gebiet einer Singularität gelangen könnte, könnte man sich in der Zeit rückwärts bewegen und seinen eigenen Großvater ermorden. Wenn eine nackte Singularität vorliegt – das heißt eine Singularität, die nicht von einem Ereignishorizont ›verhüllt‹ ist –, dann gibt es, zumindest potenziell, gar keine Ordnung mehr in unserem Universum. Geister und Ghouls könnten daraus hervorgehen und Wesen, die nachts in der Stube herumpoltern.«

Um diese grauenhaften Vorstellungen zu bannen, haben die Physiker nach Zensur gerufen – und Roger Penrose von der Oxford University führte 1969 das Prinzip der Kosmischen Zensur ein, wonach es keine nackten Singularitäten geben kann, sondern sich jede Singularität sittsam hinter einem Ereignishorizont verbirgt, also in einem Schwarzen Loch. (Nebenbei bemerkt: Dieses Prinzip, das bislang eigentlich nur ein Postulat ist, konnte zwar noch nicht bewiesen oder aus tieferen Fundamenten abgeleitet werden, hat sich aber bis heute glänzend bewährt. Allerdings macht sich eine Gruppe um Thomas Hertog, der früher mit Hawking geforscht hat, inzwischen Sorgen, ob es im Rahmen der Stringtheorie wirklich absolute Gültigkeit besitzt.) Auch Stephen Hawking vertraut auf die Kosmische Zensur und ist »der felsenfesten Überzeugung, dass nackte Singularitäten von den Gesetzen der klassischen Physik in Acht und Bann getan werden müssten«. Er hat sogar am 5. Februar 1997 mit John Preskill und Kip Thorne offiziell gewettet – »nachdem er eine frühere Wette zu diesem Thema verloren hat, weil er es unterließ, untypische Spezialfälle auszuschließen«, wie es in den neuen Wettstatuten heißt –, dass es keine nackten Singularitäten gibt. Der Einsatz für die neue Wette lautet: »Der Verlierer hat dem Gewinner Kleidung zu stellen, um dessen Nacktheit zu verhüllen. Die Kleidung ist mit einer geeigneten, die Niederlage aufrichtig bekennenden Mitteilung zu besticken.« Diese Wette ist bis heute offen.

Doch nicht einmal die Kosmische Zensur bietet Rettung vor dem Informationsverlust. »Hawkings Vorschlag ist mathematisch äquivalent mit der Annahme zufälliger Schwankungen der Naturkonstanten. Das würde eine gewaltige Hitze und eine so hohe Energiedichte erzeugen, dass überall Schwarze Löcher entstünden«, sagt Leonard Susskind. Zusammen mit seinen Kollegen Thomas Banks und Michael Peskin hatte er schon 1980 ausgerechnet, dass sich das Weltall dabei auf 10^{31} Grad erhitzen müsste.

Fest steht also, dass das Informationsverlust-Problem kein Glasperlenspiel ist. Schwarze Löcher sind eine Arena für die Theoretiker, weil sie helfen auszuloten, wie tragfähig die Naturgesetze sind und ob sie sich bruchlos zu einem Ganzen fügen. Das Informationsverlust-Problem zeigt den Konflikt zwischen Quantentheorie und Allgemeiner Relativitätstheorie, den beiden Grundpfeilern der modernen Physik. »Es bringt das wichtigste Problem der Theoretischen Physik unserer Zeit ins Zentrum der Aufmerksamkeit – die Vereinbarkeit der Quanten- und Relativitätstheorie. Wenn wir die Lösung finden, werden wir etwas sehr Wesentliches über die Struktur der Raumzeit und die Natur der Quanten lernen«, ist Steven Giddings überzeugt. Der Physik-Nobelpreisträger Gerard 't Hooft, der wie viele andere nach einer vereinheitlichten Theorie sucht, die Quanten- und Relativitätstheorie zusammenführt, sieht es ebenso: »Es geht entweder um eine unheimliche Eigenschaft der Raumzeit oder eine krasse Art von Gesetzlosigkeit in der Physik. Wir müssen einen Preis zahlen für eine vereinheitlichte Theorie, so dass weder die Quantentheorie noch die Allgemeine Relativitätstheorie unverändert dabei herauskommen werden.«

3.
Wege aus der Krise

Im Labyrinth des Informationsparadoxons

Seit Hawkings schockierender Publikation von 1976 wurden über 400 Fachartikel zum Informationsparadoxon publiziert. Dabei kam es zu einem regelrechten Streit der Kulturen. Die Hochenergiephysiker trachten danach, das Paradoxon zu vermeiden, während die Fachleute auf dem Gebiet der Allgemeinen Relativitätstheorie eher versuchen, damit leben zu lernen. »Relativitätstheoretiker tendieren zu Hawkings Blickwinkel und argumentieren oft, dass der Ereignishorizont eine absolute Barriere für die Wiederherstellung von Informationen ist, während die Teilchenphysiker mit Auswegen sympathisieren«, kommentiert Don Page von der kanadischen University of Alberta. Hawking hat vermutet, dass auch psychische Bedürfnisse eine Rolle spielen: »Physiker scheinen der Information emotional stark verbunden zu sein. Ich denke, dies kommt von einem Wunsch nach Beständigkeit. Sie müssen akzeptieren, dass sie sterben werden, und dass selbst die Materie, aus der ihre Körper besteht, irgendwann zerfällt. Aber sie wollen, dass wenigstens Information ewig ist.«

Auswege dringend gesucht – so könnte also das Motto lauten, dem sich viele Physiker seit Hawkings aufrüttelnder Publikation verschrieben haben. Sie haben zahlreiche Schlupflöcher gefunden, um dem Informationsverlust-Problem zu entrinnen – und die meisten alsbald wieder aufgegeben. Tatsächlich sind die Alternativen begrenzt: Entweder verschwindet die Information nicht. Oder sie tut es und kommt wieder zum Vorschein – und zwar entweder während der Verdampfung des Schwarzen Lochs oder als eine Art Informationsrelikt, wenn der Ereignishorizont schrumpft. Brian Greene beschreibt diese Vorstellung fast schon poetisch: »Während sich der Eiserne Vorhang Stück um Stück hebt, erscheinen Raumregionen, die vorher vollkommen abgeschnitten waren, wieder auf der kosmischen Bildfläche.«

Eine Singularität bedeutet das Ende jeder Erklärung. Denn eine Singularität markiert die Stelle, an der die Gesetze der Physik versagen. Singularitäten sind also ein Unding – sowohl für die Natur als auch für die Wissenschaftler. Doch wenn keine Singularität im Zentrum der Schwarzen Löcher existiert, dann ist es sinnvoll zu fragen, was mit der Materie und Energie geschieht, die ins Gravitationsgrab eines Schwarzen Lochs gefallen ist. Bleibt sie auf ewig verdammt, in der düsteren Gruft zu verharren? Gelangt sie in ein Jenseits, und was erwartet sie dort? Ist sie zur völligen Auflösung bestimmt, einer Erlösung von allen weltlichen Fesseln? Oder besteht gar eine Chance zur Wiederauferstehung?

Diese metaphorischen Fragen markieren die Alternativen, die Physiker inzwischen diskutieren – wenn auch mit prosaischeren Formulierungen.

▶ Wären Schwarze Löcher irreversible Einbahnstraßen, bliebe ihre Beute für immer hinter dem Ereignishorizont gefangen, zur Unkenntlichkeit zusammengequetscht.

▶ Oder es öffnet sich ein Tor zu einem anderen Universum, durch das Materie und Energie entweichen. Möglicherweise sprudeln sie dort aus einem Weißen Loch, doch das ist unwahrscheinlich. Vielleicht steht am Ende aber auch ein neuer Anfang: Der Gravitationskollaps in unserem Universum zündet einen neuen Urknall und erschafft ein Universum anderswo. Dann wären die Informationen zwar unwiderruflich aus unserem Universum entfernt, aber es ginge doch noch mit rechten Dingen zu. Denn kosmisch gesehen blieben die Erhaltungssätze gültig – die Informationen wären lediglich in ein unzugängliches Gebiet entwichen, in eine andere Welt.

▶ Wenn Schwarze Löcher keine ewigen Friedhöfe sind, sondern sich auflösen, dann kommen neue Möglichkeiten ins Spiel. Stephen Hawking hat gezeigt, dass Quanteneffekte dazu führen, dass Schwarze Löcher Strahlung abgeben und allmählich verdampfen. Wenn dies vollständig geschieht – wenn sozusagen kein Rest bleibt und die Raumzeit gänzlich von ihrer pathologischen Krümmung geheilt ist –, sind dann alle Eigenschaften der verschlungenen Masse und Energie verschwunden? Eine solche Auflösung wäre gleichbedeutend mit der von Hawking prognostizierten Informationsvernichtung. Denn dann hätte das Universum gleichsam alles vergessen, was den Ereignishorizont überschritten hatte – und die Physiker wären in ernsthaften Schwierigkeiten, weil die bekannten Naturgesetze dann streng genommen ihre Gültigkeit verlieren müssten.

▶ Eine Alternative ist, dass die Informationen erhalten bleiben und mit der Hawking-Strahlung ihren Weg zurück in die Welt finden. In diesem Fall wäre die Hawking-Strahlung nicht thermisch, wie ursprünglich gedacht also keine reine Zufallsverteilung, sondern enthielte subtile Quantenkorrelationen und insofern alle Botschaften vom Untergang: Jede Einzelheit der ins Schwarze Loch verschluckten Materie und Energie wäre in der Strahlung konserviert, auch wenn es in der Praxis unmöglich ist, der Hawking-Strahlung all diese Informationen zu entlocken. Das Universum hätte jedoch nichts vergessen. Alles, was geschah, bliebe bis in alle Ewigkeit in die Raumzeit eingraviert.

▶ Es existiert noch eine andere Möglichkeit der Informationserhaltung, falls die Hawking-Strahlung doch thermisch ist (oder nur einen Bruchteil der vom Schwarzen Loch gefressenen physikalischen Parameter preisgibt): Es bleibt etwas übrig, wenn vielleicht auch fast unkenntlich entstellt oder aber zu einem Kristall komprimiert, der härter ist als ein Edelstein. Ähnlich wie es die amerikanische Folksängerin Joan Baez in *Diamonds and Rust* sang: »Wir wissen, was Erinnerungen bringen können. Sie bringen Diamanten und Rost.« Die eine Alternative, Diamanten, bedeutet: Der Hawking-Prozess lässt das Schwarze Loch nicht völlig verdampfen, sondern es bleibt ein winziger Rest übrig, viel kleiner als ein Atomkern – eine Art Informationskristall, der alle physikalischen Eigenschaften enthält, wenn auch ultradicht komprimiert. Die andere Alternative, Rost, bedeutet: Die Trümmer der Materie und Energie kommen nach und nach wieder zum Vorschein, wenn der Ereignishorizont schrumpft – so als würde ein Vorhang weggezogen und alles die kosmische Bühne wieder betreten, was einst von ihr verschwand.

Im Einzelnen wurden hauptsächlich folgende Szenarien diskutiert (die wichtigsten werden nach der Übersicht noch ausführlicher vorgestellt):

▶ Schwarze Löcher können erst gar nicht entstehen. Vielleicht ist die Allgemeine Relativitätstheorie falsch und muss modifiziert werden. Angesichts der Erfolge von Einsteins Theorie erscheint dieser Ansatz allerdings wenig attraktiv. Zwar ist es wahrscheinlich, dass sie nicht das letzte Wort in der Physik sein wird, doch eventuelle Nachfolge-Theorien müssen Einsteins Einsichten in der einen oder anderen Form zumindest näherungsweise enthalten. Wie sie Schwarze Löcher »verbieten« könnten, weiß bislang niemand. Doch vielleicht verhindert die Natur den Gravitationskollaps auf eine Weise, die die Relativitätstheoretiker bislang übersehen haben. Tatsächlich behaupten einige Physiker seit kurzem genau das. Ihre These: Die Beobachtungen und Berechnungen, die bislang auf Schwarze Löcher hindeuteten, beziehen sich in Wirklichkeit auf andere, aber nicht weniger exotische Objekte – Gravasterne, Holosterne oder Fuzzbälle (Fusselknäuel) genannt.

▶ Schwarze Löcher existieren zwar, aber das Informationsparadoxon ist überhaupt keines – zumindest nicht in der Form, in der es Stephen Hawking aufgestellt hat. »Das Problem besteht eigentlich gar nicht«, sagt beispielsweise Claus Kiefer, Physik-Professor an der Universität Köln. »Denn dass die Hawking-Strahlung thermisch ist, gilt nur näherungsweise.« Kiefer argumentiert im Rahmen des Formalismus der Quantenphysik offener Systeme dafür, dass die Quantenzustände trotz der Ereignishorizonte Schwarzer Löcher unitär bleiben, die Quantenkorrelationen also nicht zerstört werden. »Information geht im Rahmen der semiklassischen Näherungen nicht verloren. Meiner Meinung nach kann man den ganzen Hawking-Prozess mittels reiner Quantenzustände beschreiben. Wenn es eine Singularität im Inneren Schwarzer Löcher gibt oder bislang unbekannte exotische Vorgänge, dann sieht die Sache allerdings anders aus.« Doch Hawkings Argumentation basiert gar nicht auf der Existenz von Singularitäten. Nur seine Annahme, die Hawking-Strahlung sei thermisch, hätte das Problem hervorgebracht, so Kiefer. Stecken in ihr aber physikalische Informationen, sei die enorme Verdampfungsdauer der Schwarzen Löcher ausreichend, um alle Informationen wieder preiszugeben. Dass die Gravitationsschlünde uns dennoch als Informationsfallen erscheinen, liegt Kiefer zufolge daran, dass die quantenphysikalische Dekohärenz die Quantenkorrelationen gleichsam aus unserem Wissenshorizont verschwinden lässt. Dekohärenz, ein lange übersehener oder nicht richtig erfasster Vorgang, bezeichnet die Wechselwirkung eines Quantensystems mit seiner Umwelt. Dadurch wird es mit ihr verschränkt, wie die Physiker sagen. Das heißt, die Quantenkorrelationen breiten sich gleichsam auf die Umwelt aus und sind für Beobachter in dieser, da das Quantensystem nicht mehr hinreichend isoliert ist, nicht mehr zu erkennen. Das ist für einfache Fälle auch bereits experimentell nachgewiesen. Erst durch die Dekohärenz wird die Hawking-Strahlung thermisch – oder jedenfalls davon praktisch ununterscheidbar. »Die Quantenkorrelationen innerhalb und außerhalb des Ereignishorizonts bleiben aufgrund der Nichtlokalität also erhalten«, sagt Kiefer. Nichtlokalität oder Verschränkung – Albert Einstein sprach von »spukhaften Fernwirkungen« – ist ein wesentliches Merkmal von Quantensystemen und experimentell seit 1980 vielfach nachgewiesen und untersucht. »Vielleicht spielen auch Quantenkorrelationen mit dem Zustand des Schwarzen Lochs eine Rolle«, fährt Kiefer fort. »Um dies jedoch genauer zu verstehen, bräuchte man eine Theorie der Quantengravitation. Nach den – bislang freilich noch provisorischen – Modellen haben auch Schwarze Löcher eine Wellenfunktion, also einen Quantenzustand, der zum Beispiel mit der Hawking-Strahlung verschränkt sein kann. Die Quantengravitation wird auch zeigen, so die allgemeine Überzeugung, warum es keine Singularitäten geben kann, die Informationen tatsächlich vollkommen vernichten könnten.«

▶ Die Quantentheorie gilt letztlich nicht oder muss so abgewandelt werden, dass sie eine Zeitasymmetrie enthält. »Dann würde sich die Vergangenheit von der Zukunft aus errechnen lassen, aber nicht umgekehrt. Diese Möglichkeit würde Historiker in eine bessere Position bringen als Physiker«, überlegt Don Page. Eine andere Idee verfolgt Antony Valentini vom Perimeter-Institut für Theoretische Physik im kanadischen Waterloo. Er geht wie Einstein und zahlreiche andere Physiker von »verborgenen Variablen« aus, mit denen die Quantentheorie ergänzt beziehungsweise auf ein tieferes Fundament gestellt werden müsse. Diese würden die Informationen quasi augenblicklich aus dem Inneren Schwarzer Löcher über den Ereignishorizont »hinausbeamen« – eine Art von überlichtschneller Informationsübertragung, die aber der Relativitätstheorie nicht unbedingt widerspricht. Valentini hat sogar einen Test der Quantentheorie mit Hilfe Schwarzer Löcher vorgeschlagen: Die Hauptrolle spielen dabei Röntgen-Photonen, die von Eisen-Atomen in den Akkretionsscheiben in unmittelbarer Nähe eines Schwarzen Lochs freigesetzt werden und bereits in mehreren Fällen beobachtet wurden. Wenn sie mit ins Loch fallenden Photonen quantenmechanisch verschränkt sind, würden Messungen ihrer Polarisation, das heißt ihrer Schwingungsebene, etwaige Abweichungen von der Gültigkeit der herkömmlichen Quantentheorie anzeigen können, wenigstens im Prinzip.

▶ Das Informationsproblem beruht auf einer falschen Näherungsrechnung (zumindest, wenn die Schwarzen Löcher hinreichend klein sind). Denn hier ist eine Quantenphysik Schwarzer Löcher und somit der Gravitation nötig, die noch nicht existiert. »Wenn jede wissenschaftliche Theorie, die wir haben, bestenfalls eine effektive Theorie ist – also eine angemessene Beschreibung in bestimmten Situationen liefern kann, aber in anderen nicht effektiv ist –, dann ist das Aufstellen von Schildern in den Grenzgebieten ein wesentlicher Teil in unserem Verständnis der Natur«, sagt der Wissenschaftsphilosoph Peter Bokulich von der University of Notre Dame, Indiana. Und der russische Physiker Yakov Borisowitsch Zel'dowich, einer der Väter der Atom- und Wasserstoffbombe, hatte schon in den 1970er Jahren gefragt: »Ist Hawkings sehr radikale Schlussfolgerung damit verbunden, dass er große Schwarze Löcher betrachtete? Muss die Verdampfung Schwarzer Löcher nicht auf der Quantenebene betrachtet werden? Kann und muss man nicht die Theorie so formulieren, dass die Unbestimmtheit und Inkohärenz nicht auftritt?« Freilich basieren die Lösungsversuche des Problems ebenfalls auf diesen Näherungsverfahren.

▶ Die Informationen verschwinden nicht, sondern bleiben gleichsam im Gewebe der Raumzeit enthalten, auf eine zeitlose Art und Weise. Dieser Vorschlag von Hawkings früherem Mitarbeiter James B. Hartle von der University of California in Santa Barbara ist aber noch nicht überzeugend ausgearbeitet.

▶ Die Information gelangt gar nicht in das Schwarze Loch, sondern wird am Ereignishorizont zurückgeworfen. Diese »Backsteinmauer«-Hypothese stammt von Gerard 't Hooft, der an der niederländischen Universität Utrecht forscht. »Alles prallt zurück von der Wand, wie die Reflexion an einem Spiegel. Aber das würde ein anderes heiliges Naturgesetz verletzen, das Äquivalenzprinzip. Gemäß der Allgemeinen Relativitätstheorie ist der Horizont eine fast flache Region, die sich wie ein leerer Raum verhalten sollte, nicht wie eine Mauer«, fasst Susskind die Kritik an diesem Vorschlag zusammen. 't Hooft widerspricht nicht. »Denkbar ist allenfalls, dass die starken gravitativen Wechselwirkungen nahe am Horizont wie eine Wand wirken. Diese Annahme ist noch nicht ausgeschlossen.«

▶ Die Informationen verschwinden zwar in Schwarzen Löchern, doch sie kehren wieder. Dafür sorgt ein quantenphysikalischer Endzustand, der die Entwicklung gleichsam vorherbestimmt.

▶ Schwarze Löcher verdampfen anders, als Hawking es annahm. Wenn sie sich mit einem einzigen Blitz auflösen würden, könnte die solchermaßen entkleidete Singularität alle Informationen wieder freigeben. Doch dagegen spricht das Prinzip der Kosmischen Zensur.

▶ Schwarze Löcher haben doch Haare – also zusätzliche, bislang unbekannte Eigenschaften – nämlich Quantenhaare, in denen die Informationen stecken. Diese unter anderem von Giddings vorgeschlagene Hypothese entbehrt freilich einer überzeugenden theoretischen Grundlage.

▶ Quantenbleichung und -kopie: Die Informationen werden entweder schon am Ereignishorizont zerstört und somit im Prinzip wieder-

Verwirrende Vielfalt: Die Übersicht zeigt die wichtigsten Möglichkeiten in der Diskussion um das Informationsparadoxon Schwarzer Löcher – also verschiedene Antworten auf die Frage, was mit den physikalischen Eigenschaften der Materie und Energie geschieht, die in den Schlund der Schwerkraftfallen geraten.

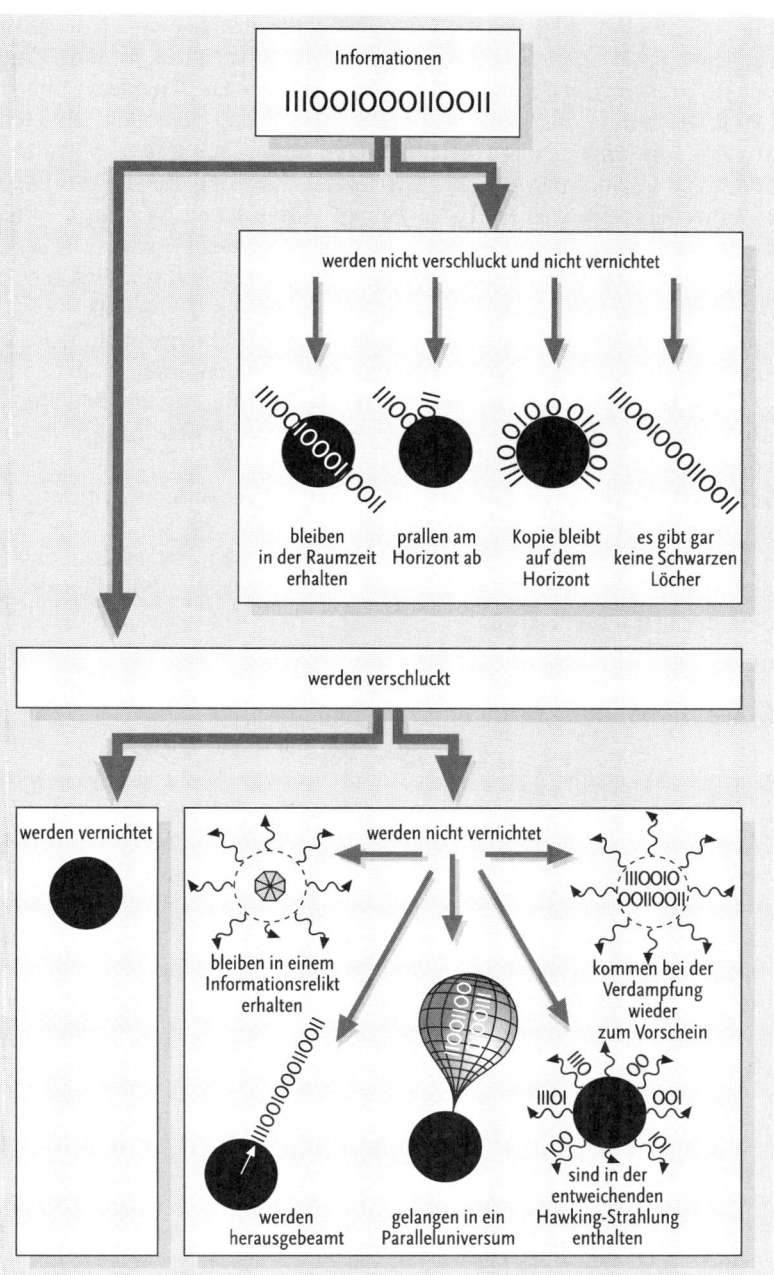

Informationen

IIIOOIOOOIIOOII

werden nicht verschluckt und nicht vernichtet

bleiben
in der Raumzeit
erhalten

prallen am
Horizont ab

Kopie bleibt
auf dem
Horizont

es gibt gar
keine Schwarzen
Löcher

werden verschluckt

werden vernichtet

werden nicht vernichtet

bleiben in einem
Informationsrelikt
erhalten

kommen bei der
Verdampfung
wieder
zum Vorschein

werden
herausgebeamt

gelangen in ein
Paralleluniversum

sind in der
entweichenden
Hawking-Strahlung
enthalten

herstellbar oder dort gleichsam verdoppelt, so dass sie von einem externen Beobachter im Prinzip rekonstruiert werden könnten. »Das würde bedeuten, dass alle Information aus der einfallenden Materie extrahiert wurde, als sie den Horizont passierte, oder dass sie sich akausal von jenseits des Horizonts nach außen ausbreitet«, erläutert Giddings. »Dabei müsste eine mysteriöse Kraft die Information aus einem Objekt abnehmen, bevor es den Horizont passiert, und es ist kaum vorstellbar, wie das funktionieren könnte«, kritisiert Preskill. Außerdem wären dann nicht erst bei der Singularität, sondern schon beim Ereignishorizont die Näherungsrechnungen der Physiker nicht mehr anwendbar, und Schwarze Löcher wären nicht einmal in makroskopischen und astronomischen Maßstäben verständlich.

▶ Schwarze Löcher verdampfen nicht vollständig. Es bleiben Reste übrig, die gleichsam jedes verschluckte Photon, Elektron und Staubkörnchen im Gedächtnis behalten.

▶ In der Hawking-Strahlung bleiben die Informationen in einer Art Nachbild zugänglich.

Die beiden letztgenannten Vorschläge wurden am ausführlichsten diskutiert. Doch auch ein paar andere sollen im Folgenden noch etwas genauer betrachtet werden.

Gravasterne, Holosterne und Fusselknäuel

Mehrere Alternativen zu klassischen Schwarzen Löchern sind bereits in der Diskussion. Die erste wurde 2001 von Emil Mottola vom Los Alamos National Laboratory und Pawel Mazur von der University of South Carolina vorgeschlagen und Gravastern (englisch Gravastar) genannt. Das Kunstwort setzt sich aus den Begriffen »Gravitation«, »Vakuum« und »Stern« zusammen und ist eine neue, sphärisch-symmetrische Lösung der Feldgleichungen der Allgemeinen Relativitätstheorie. Gravasterne sind »Vakuumsterne«, die aber eine feste Oberfläche besitzen: eine nur etwa 10^{-33} Zentimeter dünne Kugelschale aus einer ultrarelativistischen Quantenflüssigkeit, in der sich der Schall so

Gravasterne, Holosterne und Fusselknäuel: Physiker spekulieren darüber, ob es Alternativen zur Existenz Schwarzer Löcher gibt. Diese im Rahmen einer hypothetischen Theorie der Quantengravitation beschriebenen Modelle sind zwar komplexer, aber doch weniger exotisch als die Schwerkraft-Gräber der Allgemeinen Relativitätstheorie – sie haben nämlich keine Singularität und keinen Ereignishorizont und sind auch keine irreversiblen Informationsvernichter.

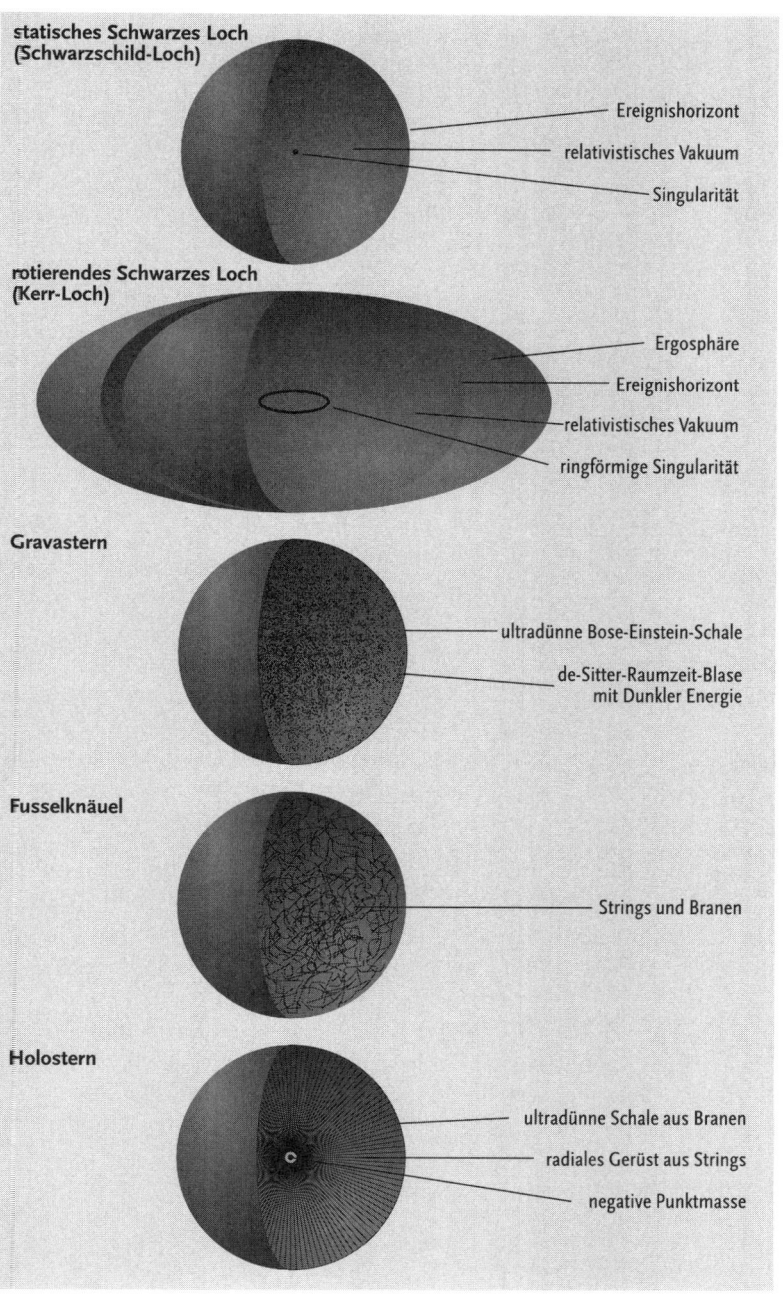

statisches Schwarzes Loch
(Schwarzschild-Loch)

- Ereignishorizont
- relativistisches Vakuum
- Singularität

rotierendes Schwarzes Loch
(Kerr-Loch)

- Ergosphäre
- Ereignishorizont
- relativistisches Vakuum
- ringförmige Singularität

Gravastern

- ultradünne Bose-Einstein-Schale
- de-Sitter-Raumzeit-Blase mit Dunkler Energie

Fusselknäuel

- Strings und Branen

Holostern

- ultradünne Schale aus Branen
- radiales Gerüst aus Strings
- negative Punktmasse

schnell bewegt wie das Licht. Sie hat ähnliche Eigenschaften wie das Bose-Einstein-Kondensat in der Festkörperphysik und soll sich bei einem Quantenphasen-Übergang im kollabierenden Vorläuferstern bilden. (Für Experten: das gravitative BEK-Analogon entsteht vom Übergang der äußeren Vakuum-Raumzeit, die durch Karl Schwarzschilds Lösung beschrieben wird, in eine nach dem Kosmologen Willem de Sitter benannte de-Sitter-Raumzeit.) »Diese neue Materie-Form ist sehr haltbar, aber etwas flexibel, so dass alles, was darauffällt, assimiliert wird«, sagt Mottola. »Außerdem kann Energie auch wieder abgestrahlt werden.« Im Inneren der Schale befindet sich ein energiereiches Vakuum, das einen negativen Druck hat, also antigravitativ wirkt und somit die Schale stabilisiert. (Für Experten: Das Vakuum ist eine Blase aus Dunkler Energie und ist verwandt mit Einsteins positiver Kosmologischer Konstanten, die vermutlich auch dafür verantwortlich ist, dass sich der Weltraum gegenwärtig immer schneller ausdehnt – Mazur und Mottola spekulieren deshalb sogar, dass das ganze beobachtbare Universum das Innere eines Gravasterns sein könnte.) Freilich ist unklar, wie Gravasterne stabil gegen den Einsturz von immer mehr Materie sein können – vermutlich würden sie schließlich doch zu einem Schwarzen Loch kollabieren. Das legen zumindest Berechnungen von Matthias Vigelius nahe, der an der Landessternwarte Heidelberg dazu eine Diplomarbeit verfasste.

Die zweite Alternative hat Michael Petri vom Bundesamt für Strahlenschutz in Salzgitter in den Jahren 2003 und 2004 ersonnen und Holostern genannt. Sie basiert auf der Stringtheorie. Wie Gravasterne besitzen auch Holosterne eine etwa 10^{-33} Zentimeter dünne Außenschale. Sie enthält allerdings keine Teilchen, sondern besteht aus masselosen Branen aus reinem Druck. Das ist nur im Rahmen der Stringtheorie begreiflich, und Petri interpretiert den Druck als Oberflächenspannung der Branen. Die Außenhülle wird von radial angeordneten, so genannten fraktionierten Strings am Kollaps gehindert, die sich wie ein inneres Gerüst der Gravitation entgegenstemmen. Die Masse eines Holosterns folgt aus den Eigenschaften seiner Außenschale. Elektrisch geladene Holosterne sind auch möglich, die theoretische Existenz von rotierenden ist bislang ungeklärt. Die Strings im Holostern laufen alle ins Zentrum. Dort sitzt zwar keine Singularität, weil sich Strings nicht beliebig zusammenpressen lassen, aber eine »negative Punktmasse«, die Kritiker als unphysikalisch ablehnen.

Auch Samir Mathur von der Ohio State University hat mit seinen beiden Doktoranden Ashish Saxena und Yogesh Srivastava vorgeschlagen, hinter dem Ereignishorizont könnte sich ein Konglomerat aus Strings und Branen befinden. Dieses 2004 von ihm Stringstern oder englisch »fuzzball« genannte Objekt – was auf deutsch etwa mit »Fusselknäuel« wiedergegeben werden kann – hat Petri auf die Vermutung gebracht, dass seine Holosterne mit Strings gefüllt sein könnten. Wie Holosterne enthielten auch Fusselknäuel noch alle eingefallenen Informationen und würden sie über die Hawking-Strahlung wieder freisetzen. Der Ereignishorizont wäre keine scharfe Grenze und kein Ort ohne Wiederkehr. »Das ändert unser Bild vom Inneren eines Schwarzen Lochs«, sagt Mathur. Doch selbst bei Stringtheoretikern ist diese Idee bislang auf keine große Gegenliebe gestoßen. »Mathur glaubt, dass Einsteins Äquivalenzprinzip der Allgemeinen Relativitätstheorie komplett zusammenbricht, wenn etwas den Ereignishorizont durchstößt. Das widerspricht allem, was Physiker bislang angenommen haben«, kritisiert Leonard Susskind. »Mathurs Beschreibung hat seine Verdienste und ist sehr interessant, aber ich kann nicht sehen, wie sie für reale Schwarze Löcher zutreffen soll.« Auch Cumrun Vafa von der Harvard University ist skeptisch. Mathurs Ergebnisse seien noch sehr vorläufig und beschrieben nicht einmal das Wachstum Schwarzer Löcher.

Auch in Grava- und Holosternen würde keine Information verloren gehen. Sie bliebe bestehen – codiert im Vibrationsmuster der Strings. Nicht einmal Hawking-Strahlung emittieren sie. Ihre Entweichgeschwindigkeit ist etwas weniger als die des Lichts. »Die Physik des Inneren von Gravasternen und Holosternen ist sicherlich gewöhnungsbedürftig«, kommentiert Andreas Müller, der an der Landessternwarte in Heidelberg über die Physik der Schwarzen Löcher promoviert hat. »Sowohl Gravasterne als auch Holosterne haben keinen Ereignishorizont. Photonen können deshalb von ihrer Oberfläche zwar entkommen, werden aber extrem stark gravitationsrotverschoben. Leider ist dieser Effekt in allen Fällen vergleichbar stark, so dass es schwierig sein wird, dunkle Grava- beziehungsweise Holosterne von klassischen Schwarzen Löchern zu unterscheiden. Ob diese Alternativen tatsächlich in der Natur realisiert sind, ist beim aktuellen Stand der astronomischen Beobachtungstechnologie wohl kaum zu klären.« Müller betont außerdem, dass es unklar ist, ob rotierende Grava- und Holosterne möglich sind. Wenn nicht, sind sie keine ernst zu nehmenden Alternativen zu Schwarzen Löchern, denn die Energieerzeugung im Zentrum von Akkretionsscheiben lässt sich kaum ohne rotierende Gravitations- und Magnetfelder erklären. »Die Bezeichnung Stern bei Holostern und Gravastern ist aber irreführend. Beide Objekte können in der Theorie ohne weiteres weit höhere Massen als Sterne annehmen. Damit ist es bislang nicht ausgeschlossen, dass sie – anstelle von supermassereichen Schwarzen Löchern – die Zentren von Galaxien bevölkern.«

Abfluss ins Nachbaruniversum?

Eine andere Möglichkeit ist, dass die Informationen aus unserem Universum verschwinden, aber nicht vernichtet werden, sondern in einem anderen Universum landen – vielleicht nur in einem Baby-Universum, das sich aus dem Schwarzen Loch gleichsam in andere Dimensionen herausstülpt. Der Informationsrest in einem Schwarzen Loch wäre also ein ganzes Universum.

Diese Hypothese hat 1976 schon Freeman Dyson vom Institute of Advanced Study in Princeton geäußert, aber nicht publiziert, weil sie ihm zu kühn oder unwissenschaftlich erschien. Yakov Zel'dowich und Stephen Hawking hatten jedoch Ähnliches erwogen. »Es scheint, dass Teilchen in Schwarze Löcher fallen können, die dann verdunsten und aus unserer Region des Universums verschwinden. Die Teilchen gelangen in Baby-Universen, die von unserem Universum abzweigen«, war Hawking noch in den 1990er Jahren überzeugt. »Diese Baby-Universen können sich an einem anderen Ort wieder mit unserem Universum verbinden. Sie dürften sich allerdings für Raumfahrtzwecke nicht eignen«, meinte er augenzwinkernd und wies daraufhin, dass niemand eine solche Reise lebend überstehen könnte, selbst wenn seine Materie in zerhackter Form irgendwo anders – und wo, das könnte man nicht vorhersagen – wieder zum Vorschein käme. »Der Sturz in ein Schwarzes Loch dürfte nicht zu einer verbreiteten und verlässlichen Form der Weltraumreise werden.«

Lee Smolin, der heute am Perimeter-Institut und der University of Waterloo in Kanada forscht, baute die Idee, dass Schwarze Löcher Übergänge in andere Raumzeit-Regionen sein könnten, inzwischen zu einer ganzen Kosmologie aus. Er postulierte, dass sich finale Singularitäten, wie sie in Schwarzen Löchern entstehen, in Anfangssingularitäten umwandeln oder zu Quantentunnel-Effekten führen, so dass sich ein neues Universum bildet, von seinem Mutter-Univer-

Am Ende ein neuer Anfang: Vielleicht bildet sich im Zentrum eines Schwarzen Lochs ein Baby-Universum, das all die verschluckten Informationen noch enthält. Es könnte sich gleichsam abnabeln und in einem Urknall zu einer eigenständigen Welt heranwachsen.

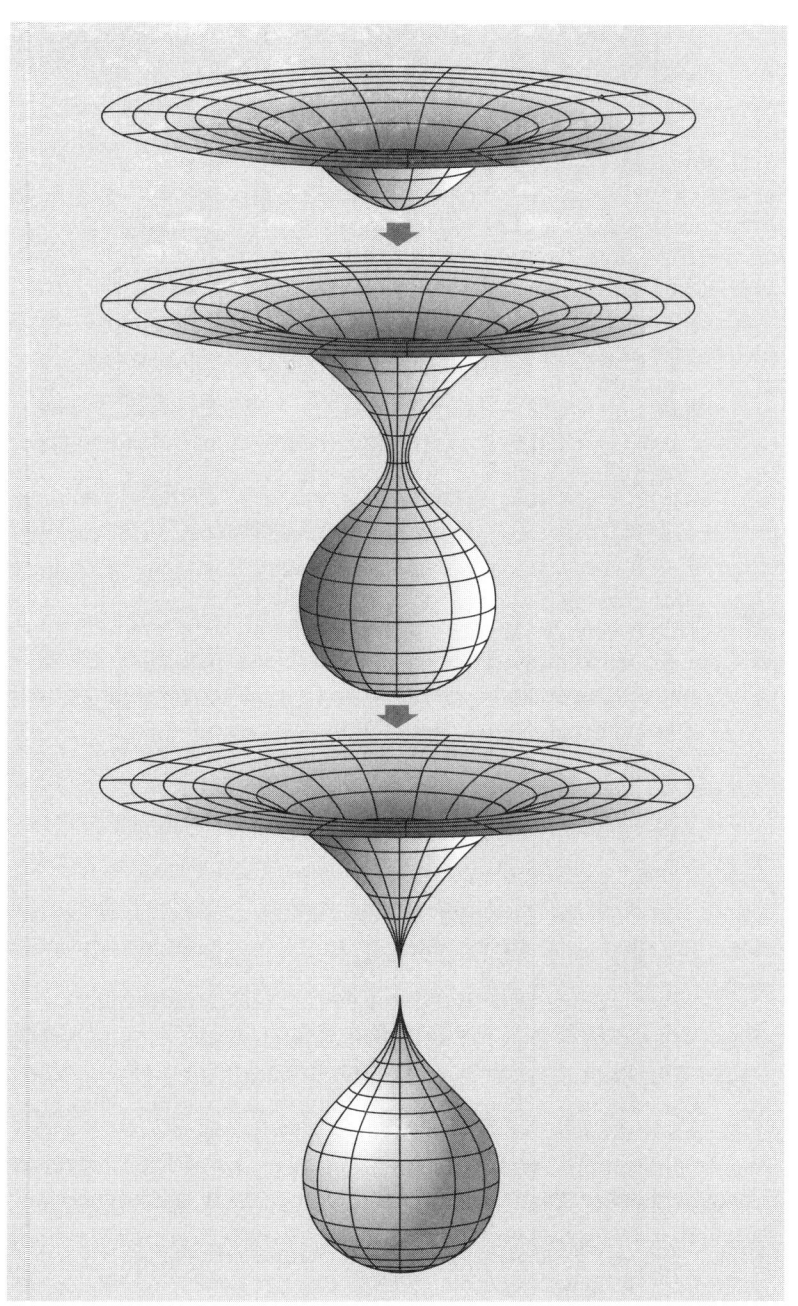

sum abnabelt und fortan ein Eigendasein führt. Wenn es dabei zu einer geringfügigen, zufälligen Variation ihrer fundamentalen Naturkonstanten kommt, dann resultieren daraus unterschiedliche Entstehungshäufigkeiten von Schwarzen Löchern in den Tochter-Universen und somit unterschiedliche Reproduktionsraten dieser Tochter-Universen mit Hilfe ihrer Schwarzen Löcher. In Anlehnung an die Evolutionstheorie von Charles Darwin bezeichnet Smolin dies als kosmische Selektion: Je mehr Schwarze Löcher ein Universum beherbergt, desto größer ist seine »Fitness«, also die Zahl seiner Nachkommen. Smolin zufolge ist unser Universum ein Nachfahre eines solchen positiv selektierten Universums und hat selbst eine hohe Fortpflanzungfreudigkeit, weil es viele Schwarze Löcher hervorbringen kann. Das würde sogar erklären, warum die Werte der Naturkonstanten so sind, wie sie tatsächlich sind (ein bislang ungelöstes Rätsel der Physik). Wären sie nämlich anders, wäre die Fitness geringer und Universen von unserem Typ wären die Ausnahme, nicht die Regel. Auch wenn diese Überlegungen sehr spekulativ sind und viel Kritik geerntet haben, zeigen sie doch, dass Schwarze Löcher mehr sein könnten als Todesfallen – nämlich womöglich Keime ganzer Universen, das unsrige eingeschlossen. Auch im Rahmen der Stringtheorie wurde übrigens ein Szenario entwickelt, nachdem unser Universum aus dem Kollaps eines Schwarzen Lochs entsprang – und anderswo auch viele andere. Nach diesem Prä-Big-Bang-Modell der italienischen Physiker Gabriele Veneziano und Maurizio Gasperini war der Urknall ebenfalls nicht der Beginn von allem, sondern es gab eine Zeit davor.

Wie dem auch sei – einen Vorteil hat die Hypothese des Informationsabflusses durch Wurmlöcher immerhin: Er geht nicht mit einer Verletzung der Energieerhaltung einher. »Ein solcher Verlust ist aber nicht wiederholbar«, kritisiert Steven Giddings. »Das wäre jedoch nötig, um die sequentielle Bildung und Verdampfung Schwarzer Löcher zu beschreiben.«

Trotzdem erfreute sich die Abfluss-These einiger Beliebtheit. »In gewisser Hinsicht ist diese Möglichkeit die wahrscheinlichste«, meinte sogar Don Page. Doch er blieb skeptisch. »Im Prinzip gäbe es dann viele Wege, wie unser Universum Informationen verliert, aber auch erhält. Dann müssten neue Informationen durch nackte Singularitäten hereinkommen.« Vielleicht geschieht dies ja bei der Verdampfung Schwarzer Löcher. Page vergleicht dies mit seinem hell erleuchteten Büro in der Nacht: Von außen strömen relativ wenig Photonen durchs Fenster, aber aus dem Zimmer gelangen viele ins Freie hinaus. Doch warum sind die Baby-Universen dann so dunkel – das heißt unsichtbar? »Man könnte erwarten, dass die Quantengravitation nackte Singularitäten heilt, so dass keine neuen Informationen ins Universum gelangen – eine Möglichkeit, die ich Quantenkosmische Zensur genannt habe.«

Preskill findet solche Erklärungsversuche vollkommen unbefriedigend. »Wir wollen wissen, wie die Physik in unserem Universum funktioniert.« Für einen Superbeobachter, der alle Informationen in allen Universen sieht, sei da kein Platz. Hawking gibt der Reste-Theorie auch kein gutes Zeugnis, obwohl er selber spekuliert hat, dass Informationen durch Quantenwurmlöcher in Paralleluniversen entrinnen. »Schwarze Löcher sind entstanden, als noch kein Schwarzes Loch vorhanden war. Also müssten sie auch vollständig verdampfen können. Sie können sich nicht bei der Planck-Masse stabilisieren.«

Das Ende ist auch nicht mehr das, was es einmal war

Gary T. Horowitz von der University of California in Santa Barbara und Juan Maldacena vom Institute for Advanced Study in Princeton glauben, dass Information aus Schwarzen Löchern herausteleportiert werden kann – allerdings in unsere und nicht in eine andere Welt. Das sei vergleichbar mit den bereits experimentell nachgewiesenen Quantenteleportationen. Die Forscher postulierten dafür in ihrem Artikel *The Black Hole Final State*, 2004 im *Journal of High Energy Physics* veröffentlicht, eine finale Randbedingung: eine Endbedingung der Wellenfunktion des Inneren eines Schwarzen Lochs, die dafür sorgen soll, dass keine Information unwiderruflich absorbiert wird. Wenn sie recht haben, können Informationen auch nicht in ein anderes Universum entweichen.

Die Argumentation der beiden Physiker hat eine gewisse Ähnlichkeit mit einem quantenkosmologischen Modell, das – allerdings nicht nur für Schwarze Löcher, sondern für das ganze Universum – H. Dieter Zeh von der Universität Heidelberg und Claus Kiefer schon 1995 publizierten. Angenommen wird, dass sich das Universum seit dem Urknall ausdehnt, die Expansion aufgrund der bremsenden Schwerkraft der Materie aber irgendwann zum Stillstand kommt und es in einem Endknall zusammenstürzt. Diese Beschreibung »von außen« ist aber streng genommen gar nicht zulässig. Denn mit der Kontraktion kehrt sich die Zeitrichtung um. Für etwaige Astronomen würde der Weltraum also auch dann noch expandieren, und Gläser fügen sich nicht wie von Geisterhand aus Scherben zusammen, um dann vom

Küchenboden auf den Tisch zu springen. Diese Zeitumkehr erscheint aus der Perspektive des Alltagsverständnisses verrückt, doch eine eindeutige, objektive und immer in dieselbe Richtung fließende Zeit gibt es nur in den klassischen, nichtquantisierten Theorien, nicht aber in der Quantenkosmologie. In ihr muss die Zeitrichtung anders und abhängig definiert werden, zum Beispiel über die Ausdehnung des Universums und die damit einhergehende wachsende Unordnung (Entropie).

Anfang und Ende des Universums wären, wenn das Modell von Zeh und Kiefer zutrifft, wie exakte Spiegelbilder. »Das sind in der Theorie der Quantengravitation dieselben Zustände«, sagt Zeh. Er verschmilzt daher die Begriffe »Big Bang« (Urknall) und »Big Crunch« (Endknall, »Das große Knirschen«) augenzwinkernd zum »Big Brunch«. Man kann auch nicht von Anfangsbedingungen sprechen, da es streng genommen gar keinen Anfang gibt, sondern muss von allgemeineren Randbedingungen ausgehen. »Urknall und Endknall lassen sich nur unterscheiden, wenn eine klassische Raumzeit existiert. Das ist gemäß der Theorie der Quantengravitation jedoch nicht der Fall«, betont Claus Kiefer. Daher wachsen – so die verblüffende Konsequenz – auch Schwarze Löcher nicht ewig weiter, sondern werden im kollabierenden Universum wieder zu Sternen, die von allen Seiten Licht einsammeln und sich schließlich in Urgas zurückverwandeln.

Solche Formulierungen sind allerdings problematisch. Denn aus der Innensicht eines solchen Universums kann man davon nichts merken. Auch die Zeit im Bewusstsein eines Beobachters muss dem kosmischen Zeitpfeil folgen. Und dessen Umkehr kann niemand erleben. Vielmehr übersteht kein Beobachter – und überhaupt kein informationsverarbeitendes System – den Zustand maximaler Ausdehnung. Hier kommt es nämlich buchstäblich zum Ende der (klassischen) Welt. Der Grund liegt in einer besonders bizarren Eigenschaft der Quantentheorie: der Überlagerung von Zuständen (Superposition). Nicht nur einzelne Quantensysteme – das bekannteste Beispiel sind die Interferenzmuster beim Doppelspalt-Versuch – kommen in zwitterhaften Überlagerungszuständen vor, sondern streng genommen das ganze Universum. Wegen der Dekohärenz kann man das normalerweise nicht bemerken. Deswegen entsteht eine klassische Welt – für lokale Beobachter. Doch im Umkehrpunkt eines kollabierenden Universums wird diese vollständig ausgelöscht; zumindest in der Auffassung von Kiefer und Zeh. Schon vorher brechen Superpositions-Phänomene überall auf. Die verschiedenen Universen – bislang parallele Entwicklungszweige – interferieren gleichsam. Alle klassischen Eigenschaften werden ausgelöscht. Es ist, als würde die Welt, wie wir sie kennen, von einem unbarmherzigen Mechanismus ausradiert, Schwarze Löcher inklusive. Existierte kurz vorher noch intelligentes Leben, würde dies vermutlich nicht einmal etwas spüren, so rasch käme der Untergang. Auch gäbe es keinen Ausweg. Exitus.

Allerdings ist, was ein Problem für künftige Intelligenzen darstellt, für die heutigen die Lösung eines Problems: des Informationsparadoxons. Da im finalen Zustand alles wieder zusammenkommt, ist – global betrachtet – auch keine Information verschwunden, und die physikalischen Gesetze spielen nie verrückt. Der »finale Zustand« als Informationserhalter, von dem Horowitz und Maldacena im Hinblick auf Schwarze Löcher schrieben, ist bei Kiefer und Zeh gleichsam der Garant für die Ordnung des ganzen Universums.

Doch vielleicht reicht die Ordnung nicht aus. Der Quantentheoretiker Daniel Gottesman vom Perimeter-Institut und John Preskill weisen darauf hin, dass die Teleportation von Informationen aus dem Schwarzen Loch heraus nur dann möglich ist, wenn die herauskommende Strahlung nicht mit einfallender Materie wechselwirkt. Und das könne die Natur bestimmt nicht immer vermeiden. Seth Lloyd vom Massachusetts Institute of Technology hält dagegen: Diese Informationsvernichtung würde sich ausgleichen, und nur ein halbes Bit bliebe ewig im Raumzeit-Schlund gefangen. Gottesman und Preskill sehen aber noch ein anderes Problem: Im Gegensatz zur gewöhnlichen Quantenteleportation und Einsteins Spezieller Relativitätstheorie müssten im Szenario von Horowitz und Maldacena überlichtschnelle, nutzbare Informationstransfers möglich sein. Das aber ließe die Natur nicht zu. »Ich vermute, dass wir auf irgendeine Weise eine dumme Frage stellen«, meint Gottesman. Kein Wunder, dass man dann unsinnige Antworten erhält. Doch das hilft nicht weiter. Die Frage ist ja gerade, ob ein Schwarzes Loch das Ende aller Fragen ist – wenn es nämlich überhaupt keine Antworten mehr gibt.

Ein Informationskristall im Schwarzen Loch?

»Am meisten verspricht die Möglichkeit zu verneinen, dass wirklich eine Singularität im Zentrum der Schwarzen Löcher existiert«, meint Peter Bokulich. Vielleicht steckt dort eine Art Informationskristall, der alle einfallenden Informationen irgendwie zu speichern vermag.

Quantengravitationseffekte könnten eine vollständige Verdampfung des Schwarzen Lochs verhindern, so dass ein stabiler oder zumindest langlebiger Rest übrig bleibt. Er wäre nur $1,6 \times 10^{-33}$ Zentimeter groß – das ist die so genannte Planck-Länge, kleiner geht es quantentheoretischen Überlegungen zufolge nicht mehr – und hätte bei einer Dichte von $5,2 \times 10^{93}$ Gramm pro Kubikzentimeter die Planck-Masse: $2,2 \times 10^{-5}$ Gramm.

Ein solcher Rest wäre im Grunde ein neuer Typ von Elementarteilchen. Physiker haben über solche Relikte spekuliert und ihnen verschiedene Namen verliehen: Informons, Infotons und Cornucopions (das englische Wort »cornucopia« heißt »Füllhorn«).

»Das erfordert eine neue Physik auch bei schwachen Raumkrümmungen und läuft unserem Verständnis von Ursache und Wirkung entgegen«, kritisiert Steven Giddings, räumt aber ein: »Möglicherweise ist eine Revision der fundamentalen Grundlagen der Physik notwendig.«

Neben dem Zusammenbruch der Kausalität oder dem Auftreten mysteriöser Überlicht-Effekte gibt es noch weitere Schwierigkeiten. Zum einen ist unklar, wie viele Informationen in einem winzigen Rest überhaupt gespeichert werden können – es müssten wohl potenziell unendlich viele sein, aber wie ist das möglich? Zum anderen wurde eingewendet, dass der Rest entweder ein Schwarzes Loch ist, was das Problem nicht löst, oder keines ist, was jedoch fraglich macht, wieso die Informationen dann darin stecken und nicht beim Verdampfen des Schwarzen Lochs zermalmt werden. Und schließlich wäre das Universum ein gefährlicher Ort, wenn Relikte von Schwarzen Löchern übrig blieben, denn diese würden sich dann den Gesetzen der Quantenphysik zufolge auch von selber bilden. »Wenn man seinen Mikrowellen-Ofen anschaltet, könnte er einer katastrophalen Explosion eines solchen Rests zum Opfer fallen«, malt sich Giddings eine der bizarren Konsequenzen aus.

Was die Relikt-Hypothese ursprünglich attraktiv machte, war ihr Beharren auf den ehrenvollen Prinzipien der Energieerhaltung, Lokalität und Kausalität sowie Stabilität. Doch mindestens eins dieser Prinzipien wird von der Relikt-Hypothese verletzt, wenn man sie genauer durchdenkt, argumentiert Giddings. Denn in Schwarze Löcher lassen sich beliebig viele Informationen versenken. Deshalb müsste das zentrale Relikt beliebig viele Zustände haben können (die es, wenn überhaupt, nur sehr langsam und mit langwelligen Photonen wieder loswerden könnte, um nicht im Widerspruch mit den Beobachtungen zu stehen). Potenziell unendlich viele Zustände bedeutet aber eine potenziell unendlich große Bildungsrate Schwarzer Minilöcher selbst bei einer minimalen Wahrscheinlichkeit einer solchen spontanen Entstehung aus dem Vakuum. »Das Universum wäre instabil, und sein Vakuum müsste augenblicklich in die Relikte zerfallen«, schlussfolgert Giddings. Doch das steht im Widerspruch zu den Beobachtungen. Das Universum würde völlig anders aussehen, wenn Minilöcher in diesem Ausmaß permanent ins Dasein treten könnten. Also muss, wenn man die Relikt-Hypothese retten wollte, doch eines der Prinzipien aufgegeben werden, was durch die Relikt-Hypothese gerade verhindert werden sollte – eine missliche Situation.

Auch Gerard 't Hooft ist kein Freund der Relikt-Hypothese: »Ich finde solche Theorien sehr hässlich. Diese Reste wären fundamental verschieden von der bekannten Materie und thermodynamisch instabil.«

Informationen in der Hawking-Strahlung?

Leonard Susskind lehnt die Reste-Hypothese ebenfalls entschieden ab: »Nein, nein, nein. Tausendmal nein. Die Entropie eines Systems ist ein Maß für die Kapazität seiner Informationsspeicherung. Wenn das Schwarze Loch verdampft, verliert es graduell Entropie und muss daher seine Information graduell abgeben. Dies geschieht während der Verdampfung, nicht lange danach. Es gibt keine winzigen Informationskristalle. Wenn das Schwarze Loch sehr klein ist, kann es nur noch sehr wenige Informationen enthalten.«

Zusammen mit Gerard 't Hooft ist Susskind seit langem der wackerste Streiter gegen den Informationsverlust. Die beiden Physiker gehen davon aus, dass die Informationen der eingestürzten Materie und Energie – von außen betrachtet – gleichsam plattgepresst, bewegungslos und rotverschoben am Ereignishorizont verharren und für subtile Änderungen in der Hawking-Strahlung sorgen. Demnach wäre diese also nicht vollkommen thermisch, sondern kann die Informationen wieder abgeben, so dass sie im Prinzip rekonstruierbar wären.

»Ähnliche Schwankungen der thermischen Strahlung gibt es auch in irdischen Systemen«, erklärt Susskind. »Nimmt man ein Stück sehr kalter Kohle und bestrahlt es mit dem Laser, wird es sich aufheizen und Schwarzkörper-Strahlung abgeben. Kodiert man den Laserstrahl, etwa mit Morse-Zeichen, wird diese Botschaft in der letzten Schwarzkörper-Strahlung wieder aufscheinen, wenn sich die Kohle auf ihren ursprünglichen Zustand abkühlt. Das wissen wir sicher, weil die Quantentheorie keinen Informationsverlust erlaubt. Freilich ist die

Botschaft so zerhackt, dass es irrsinnig schwierig wäre, sie wiederherzustellen.«

Wenn Susskind Recht hat, wären die Informationen also doch nicht unwiderruflich in Schwarzen Löchern verschwunden, sondern in einem Nachbild auf dem Ereignishorizont im Prinzip immer noch sichtbar. Gerard 't Hooft vergleicht das mit einem Hologramm, bei dem Informationen dreidimensionaler Objekte auch auf zweidimensionalen Oberflächen gespeichert werden können.

Wie die Informationsspeicherung auch immer aussehen mag – das holografische Szenario hat eine erstaunliche Konsequenz: Die Informationen erscheinen gleichsam verdoppelt, denn sie sind dieser Hypothese zufolge sowohl innerhalb als auch außerhalb des Schwarzen Lochs zugänglich – nur nicht beides für ein und denselben Beobachter zugleich.

»In der üblichen Quantentheorie ist eine strikte Verdopplung unmöglich, aber hier haben wir keine konventionelle Quantenphysik. Es ist wahrscheinlich, dass der Quantenzustand verdoppelt wird in dem Sinn, dass der einfallende Beobachter den Quantenzustand hinter dem Ereignishorizont sieht, bis sie und er in der Singularität zermalmt werden, während der äußere Beobachter eine exakte Kopie der Information in der Hawking-Strahlung encodiert sieht«, sagt Gerard 't Hooft.

Saiten am Horizont

Leonard Susskind hat sogar einen Vorschlag über die Natur der Informationsträger von Schwarzen Löchern: Es könnte sich um winzige Saiten oder Schleifen handeln, den so genannten Strings. Die Stringtheorie, zu deren Vätern Susskind zählt, wird zurzeit als Erfolg versprechendster Kandidat einer Theorie der Quantengravitation gehandelt – also einer Vereinigung von Quanten- und Relativitätstheorie. Strings sind so klein und zahlreich, dass sie die gesamte Information speichern könnten, die jemals in ein Schwarzes Loch gefallen ist. Für ein Bit wäre eine String-Länge von nur etwa 10^{-33} Zentimetern nötig. Susskind zufolge flottieren die Nachbilder der in Schwarze Löcher gestürzten Objekte eingraviert in einer heißen, stark verschmierten String-Schicht am Ereignishorizont.

Unabhängig von Gerard 't Hooft haben auch Susskind und seine Mitarbeiter Lárus Thorlacius und John Uglum die holografische Idee ausgearbeitet. »Dadurch wird der klassische Realismus von Newtons

Universum weiter erodiert. Die Spezielle Relativitätstheorie zerstörte die Invarianz der Gleichzeitigkeit. Sie ließ aber die Invarianz eines Ereignisses intakt, das an einer wohldefinierten Raumzeit-Stelle geschieht. Nun bleibt nicht einmal das mehr erhalten«, sagt Susskind. Die falsche Grundannahme war also, dass wir eine Art Gottesstandpunkt einnehmen können und dachten, die Informationen zugleich sowohl innerhalb als auch außerhalb des Schwarzen Lochs betrachten zu können. Dies ist jedoch unmöglich. In der Extremsituation der Schwarzen Löcher sind nicht einmal mehr die Ereignisse strikt raumzeitlich lokalisiert. »Sowohl in der Relativitätstheorie als auch in der Quantenfeldtheorie ist die Raumzeit-Lokalisation eines Ereignisses invariant, also unabhängig vom Beobachter. Nichts in den beiden Theorien hat uns auf diese Seltsamkeit vorbereitet.«

Trotzdem handelt es sich nicht um einen völligen Widerspruch. Susskind spricht lieber von Komplementarität – wie früher schon Niels Bohr, um die verrückte Quantenwelt zu beschreiben, in der Licht je nach Experiment entweder als Teilchen oder als Welle erscheint. »Es ist egal, ob wir von Informationsverdopplung am Horizont sprechen oder nur sagen, es gäbe komplementäre Beschreibungen«, sagt Susskind, denn dies habe keine beobachtbaren Konsequenzen. »Kein Beobachter sieht eine Verletzung der Gesetze der Physik.«

Eine tiefere Grundlage der Physik?

»Wenn Informationen wirklich verloren gingen, würden sich Schwarze Löcher fundamental von allen anderen Formen der Materie unterscheiden. Wir können uns keine widerspruchsfreie Theorie vorstellen, wo Schwarze Löcher von den Gesetzen der Quantenfeldtheorie befreit sind«, wird Gerard 't Hooft nicht müde zu betonen. Bei einer Umfrage auf einer Konferenz 1993 votierten 32 Prozent der anwesenden Experten für einen Informationsverlust bei Schwarzen Löchern, 51 Prozent dafür, dass die Information mit der Hawking-Strahlung wieder entweicht, 9 für einen Informationsverbleib in einem Relikt und 8 Prozent für etwas anderes. »Ich würde die 9, 8 und 32 Prozent addieren, da dies auf dasselbe hinausläuft«, kommentiert 't Hooft und diagnostiziert sicherlich mit Recht einen Stimmungsumschwung seither. »Inzwischen sind alle Stringtheoretiker auf meiner Seite und glauben, dass die Information in der Hawking-Strahlung enthalten ist. Daher nimmt heute wohl eine größere Mehrheit an, dass die Information wieder herauskommt.«

Für 't Hooft ist das Problem damit aber noch nicht gelöst. »Meine Position ist mittlerweile etwas subtiler geworden: Ja, die Information entweicht im quantenphysikalischen Sinn wieder, aber es könnte eine tiefere deterministische Theorie geben, wo Information verschwinden könnte. Meiner Hypothese zufolge bezieht sich die Quantenphysik nur auf die Aspekte der Information, die für Beobachter in der fernen Zukunft zugänglich bleiben. Anders gesagt: Quantenphysik ist, was man erhält, wenn man sich auf Informationen beschränkt, die man wiedergewinnen kann. Die quantenphysikalische Beschreibung Schwarzer Löcher stellt die Informationen per definitionem wieder her – aber nur in einer formalen Weise. In der Praxis wird es unmöglich sein, die Informationen zu bergen.«

Für 't Hooft liegt die Wurzel des Problems tiefer, als viele annehmen. Und er denkt bereits über eine grundlegende Revision der Physik nach. »Meiner Meinung nach ist es die Quantenphysik selbst, die die Schwierigkeiten verursacht. Wir werden die lokale Natur der Gesetze der Physik nur verstehen können, wenn wir über die Quantenphysik hinausgehen. Ich komme mehr und mehr zur Auffassung, dass die wesentlichen, lokalen Informationsträger vollständig deterministisch sind, nicht quantenphysikalisch. Aber es ist gut denkbar, dass ihre exakte Natur noch für eine lange Zeit verborgen bleibt.«

Eine Überwindung der Quantenphysik durch einen neuen Determinismus würde bedeuten, dass alles kausal festgelegt wäre und Zufälle streng genommen genauso wenig existieren wie ein freier Wille – genau das also, wovon sich schon Einstein nicht abbringen lassen wollte. 't Hooft sieht das Problem ganz ähnlich. »Wenn meine Ideen über die Informationserhaltung bei Schwarzen Löchern falsch wären, gäbe es eine Art von Gesetzlosigkeit in unserem Universum, die ich schwer zu akzeptieren fände – schwieriger sogar als die Tatsache, dass Atome und Moleküle durch die Quantenphysik beschrieben werden. Ich denke, dass die Quantenphysik in einem formalen Sinn richtig bleibt, aber dass man deterministische Modelle finden muss, wenn man die lokale und logische Natur der physikalischen Gesetze finden möchte. Die Beziehung zwischen diesem Determinismus und unserem quantenphysikalischen Weltbild könnte eine sehr subtile sein – und ich sehe es als meine Aufgabe an herauszufinden, wie eine solche Beziehung formuliert werden kann. Ich glaube fest daran, dass man die üblichen Argumente dafür, dass solche Beziehungen unmöglich sind, umgehen kann. Die Natur ist klüger als wir bis jetzt.«

4.
Hawkings Revision

Die verlorene Wette

Die Überzeugungsarbeiten von 't Hooft und Susskind haben viele Forscher zu einem Meinungsumschwung bewogen. »Die wissenschaftliche Community hat die Idee des Informationsverlusts aufgegeben«, ist Susskinds Einschätzung. »Leute, die ihn früher verteidigten, glauben nicht länger daran. Freilich gibt es immer noch welche, die Probleme damit haben, dass die Erde nicht flach ist.«

Stephen Hawking wollte wohl auf Dauer ebenfalls nicht zu den hartnäckigen Informationsverweigerern zählen. Er ließ sich jedoch auch nicht einfach bekehren, sondern suchte nach einer eigenen Lösung. Mitte 2004 fand er einen Ansatz und reichte für GR17, die 17. Internationale Konferenz über Allgemeine Relativitätstheorie und Gravitation, noch kurz vor Konferenzbeginn einen Vortrag ein – weit nach dem offiziellen Einsendeschluss, aber wer würde ihn nicht sprechen lassen? »Ich bin jetzt bereit, die Wette verloren zu geben, auch wenn Kip Thorne noch nicht überzeugt ist«, erklärte Hawking in Dublin.

Schon im Vorfeld hatten die kryptischen Andeutungen in seiner Vortragsankündigung für Aufregung gesorgt. Im Internet wurde kräftig spekuliert. Dutzende von Journalisten aus aller Welt reisten nach Irland. »Hawking ist ein Medien-Superstar. Als die Reporter von seinem Vortrag erfuhren, überschattete das Spektakel alles andere auf der Konferenz«, erzählt John Baez, ein mathemathischer Physiker von der University of California in Riverside. Die Veranstalter mussten 4000 Pfund für eine Public-Relations-Firma ausgeben, um die Journalisten im Zaum und all die selbst ernannten Welterklärer von der Konferenz fern zu halten. Obwohl der Vortrag sogar für Physiker eine harte Nuss und für Laien fast völlig unverständlich war, wurde er in den Medien ein Riesenerfolg. Sogar die deutschen *Tagesthemen* sendeten abends dreieinhalb Minuten lang über das Spektakel – das Schwarze Loch stopfte das Sommerloch.

»Ich möchte darüber berichten, dass ich denke, ein großes Problem der Theoretischen Physik gelöst zu haben, das uns beschäftigt, seit ich vor 30 Jahren entdecke habe, dass Schwarze Löcher Strahlung abgeben. Die Frage lautet: Geht Information bei der Verdampfung Schwarzer Löcher verloren?« begann Hawking seinen Vortrag, den er am 21. Juli 2004 mit Hilfe des Sprachprogramms seines Computers hielt. Es folgte ein halbstündiger Ausflug durch entlegene Gebiete der Mathematik, Quantenphysik und Stringtheorie, bei dem Hawking vorübergehend selbst die meisten anwesenden Experten abhängte. Er versuchte zu zeigen, dass die Informationen doch nicht für immer verschwinden, wie er ursprünglich dachte. »Es ist großartig, ein Problem zu lösen, das mich fast 30 Jahre lang beunruhigt hat, auch wenn die Antwort weniger aufregend ist als die Alternative, die ich vorgeschlagen hatte«, schloss er den technischen Teil seinen Vortrags. Was dann folgte, war – mit den Worten von Urs Schreiber, einem Theoretischen Physiker an der Universität Essen – »ein Paradebeispiel, Theoretische Physik zu vermarkten«:

»Ich werde John Preskill die Enzyklopädie überreichen, um die er gebeten hatte«, kündigte Hawking an. »John ist ein ganzer Amerikaner, deshalb wollte er natürlich eine Baseball-Enzyklopädie. Ich hatte große Schwierigkeiten, hier eine zu finden. Deshalb bot ich ihm als Alternative eine über Cricket an, aber John war von der Überlegenheit dieser Sportart nicht zu überzeugen. Glücklicherweise konnte mein Assistent, Andrew Dunn, den Verlag Sportclassic Books überzeugen, eine Ausgabe von *Total Baseball. The Ultimate Baseball Encyclopedia* nach Dublin fliegen zu lassen. Ich überreiche John die Enzyklopädie jetzt. Kip kann mich auszahlen, wenn er die Wette später ebenfalls als verloren anerkennt.«

Breit grinsend ließ Hawking dem ebenfalls grinsenden Quantenphysiker das sieben Kilogramm schwere Buch geben. In ironischer Parodie von Pokalsieger-Posen hielt es Preskill über seinen Kopf. »Ich habe immer gehofft, dass Zeugen anwesend sein würden, wenn Stephen sich geschlagen gibt. Aber dies hier übertrifft alle meine Erwartungen«, sagte er. Und gab zu: »Ich will ehrlich sein: Ich habe den Vortrag nicht verstanden. Aber das brauche ich auch nicht. Die Vereinbarung lautete, dass der Gewinner die Enzyklopädie erhält, wenn die andere Partei aufgibt. Ich muss nicht damit einverstanden sein.«

Hawkings Vorschlag

Hawkings Argument ist diffizil und in seinem Vortrag teilweise mehr skizziert als ausgeführt. Dies ist ein Grund, warum viele seiner Kollegen noch skeptisch sind und auf eine ausführlichere Publikation warten, während andere große Verständnisschwierigkeiten haben.

Hawkings Ansatz basiert auf der Analogie mit einem Streuexperiment, wie es oft in der Teilchenphysik gemacht wird. Dabei werden Partikel auf andere geschossen und man beobachtet, was dabei geschieht – also beispielsweise wie die Teilchen abgelenkt wurden oder welche Kollisionsprodukte entstanden sind. In Hawkings Gedankenexperiment werden die Partikel gleichsam so geschossen, dass sie ein Schwarzes Loch bilden, das dann wieder verdampft. Der Beobachter misst, was wieder herauskommt (überwiegend sind es Photonen) – und zwar in einer großen Entfernung vom Schwarzen Loch. Auf diese Weise lassen sich die extremen Bedingungen bei einem Schwarzen Loch – die starken Felder und die Fluktuationen der Raumzeit – umgehen. Denn für deren Beschreibung ist eine Quantentheorie der Gravitation nötig, die im Augenblick noch in den Sternen steht und deren Ansätze bislang nur Näherungsrechnungen erlauben. Hawkings Idee ermöglicht es also, die Hauptschwierigkeit auszublenden und trotzdem sinnvolle Schlüsse zu ziehen.

»Die Bildung und Verdampfung eines Schwarzen Lochs kann als Streuexperiment gedacht werden. Man schickt Teilchen und Strahlung aus der Unendlichkeit und misst, was in der Unendlichkeit ankommt. Alle Messungen finden im Unendlichen statt, wo die Felder schwach sind, so dass man die starken Felder in der Mitte nicht berücksichtigen muss. Deshalb kann man nicht sicher sein, dass sich ein Schwarzes Loch gebildet hat, so gewiss das in der klassischen Theorie auch sein mag«, sagte Hawking in Dublin. »Diese Möglichkeit erlaubt es, dass die Information erhalten bleibt und in die Unendlichkeit zurückgelangt.«

Wegen der Unschärferelation in der Quantenphysik ist es also – im Gegensatz zur klassischen Physik – notwendigerweise unklar, ob sich in dem gedanklichen Streuexperiment entlang des Wegs ein Schwarzes Loch gebildet hat oder nicht. Die quantenmechanische Unbestimmtheit erlaubt nur Wahrscheinlichkeitssaussagen, aber keine Sicherheit im klassischen Sinn. Mit Hawkings Worten: »Die einzigen beobachtbaren Größen in der Quantengravitation sind die Werte des Felds im Unendlichen. Man kann das Feld nicht an einem bestimmten Punkt in der Mitte definieren aufgrund der quantenphysikalischen Unschärferelation.«

Hier setzte Hawking ein in der Quantenphysik etabliertes Verfahren ein: die von dem Nobelpreisträger Richard Feynman entwickelte Pfadintegral-Methode. Damit wird gleichsam über alle Wege – oder

Möglichkeiten – aufsummiert. Denn in der Quantenphysik gibt es beispielsweise keinen einzigartigen, sicher bestimmbaren Weg eines Teilchens zwischen zwei Punkten A und B. Stattdessen existieren viele Pfade, und mit den Pfadintegralen werden gleichsam alle von ihnen auf einmal beschrieben – wobei die meisten nur eine sehr geringe Wahrscheinlichkeit und somit Gewichtung haben. Der »klassische« Weg (beispielsweise die kürzeste Verbindung von A nach B) ist in der Regel auch der wahrscheinlichste.

Im Gegensatz zur herkömmlichen Quantenphysik wird bei Hawkings Fragestellung jedoch nicht über die Pfade, sondern über die Geometrien und Topologien integriert – sozusagen über die Form und Gestalt des Raums selbst. Das ist notwendig, denn ein Schwarzes Loch verändert mit seiner Gravitation den Raum beziehungsweise stellt selbst eine solche Veränderung dar. Somit ist eine Pfadintegral-Methode im Rahmen der Quantengravitation nötig – ein sehr spekulatives und mathematisch vermintes Gelände.

Hawking verwendete die so genannten Euklidischen Pfadintegrale. Dies sei »die einzige gesunde Weise, Quantengravitation ohne Störungsrechnungen zu betreiben«, sagte er in Dublin mit einem Grinsen – wohl wissend, dass es sich um eine sehr umstrittene Methode handelt. Mit einigem Aufwand – ein Kritiker sprach von »mathematischer Gymnastik« – und mehreren ebenfalls kontrovers diskutierten Annahmen gelangte Hawking dann zu dem Ergebnis, dass die Informationen in verdampfenden Schwarzen Löchern nicht verloren gehen.

»So hat zu guter Letzt jeder auf gewisse Weise recht: Information verschwindet in topologisch nichttrivialen Metriken wie bei einem ewigen Schwarzen Loch. Aber andererseits bleibt sie erhalten in topologisch trivialen Metriken«, fasste Hawking sein Ergebnis zusammen. »Die Verwirrung und das Paradoxon sind entstanden, weil man klassisch dachte – bezogen auf eine einzige Topologie der Raumzeit: entweder die vierdimensionale Raumzeit oder ein Schwarzes Loch. Aber die Feynmansche Summation erlaubt es, dass beides gleichzeitig der Fall ist. Man kann genauso wenig sagen, welche Topologie zur Beobachtung beiträgt, wie man nicht sagen kann, durch welchen Spalt das Elektron beim Doppelspalt-Experiment in der Quantenphysik geht. Das Einzige, was ein Beobachter im Unendlichen feststellen kann, ist, dass die Information nicht verloren geht.«

So weit Hawkings Schlussfolgerung. Schwarze Löcher sind demnach keine irreversiblen Informationsfallen. Und das bedeutet, dass die Informationen auch nicht vom Zentrum eines Schwarzen Lochs aus in ein anderes Universum entweichen. »Es zweigt sich kein Baby-

Universum ab, wie ich einst gedacht habe. Die Information bleibt fest in unserem Universum«, sagte Hawking in Dublin und fügte schmunzelnd hinzu: »Es tut mir leid, Science-Fiction-Fans enttäuschen zu müssen. Aber wenn die Informationen erhalten bleiben, gibt es keine Möglichkeit, mit Hilfe Schwarzer Löcher in andere Universen zu reisen. Wenn man in ein Schwarzes Loch springt, wird – allerdings verstümmelt – die Masse und Energie in unser Universum zurückkehren, die die Informationen darüber enthält, was man war, wenn auch in einem nicht wiedererkennbaren Zustand.«

Nach Hawkings Vortrag wurde es unruhig im Saal. Pressevertreter und Wissenschaftler äußerten ihr starkes Informationsbedürfnis über die nun angeblich doch frei werdenden Informationen. Die meisten Fragen beantwortete Hawkings Student Christophe Galfard, der an dem Vortrag mitgearbeitet hatte – kein Zuckerschlecken vor 800 gestandenen Physikern und der Weltpresse. Wenn Schwarze Löcher ewig existierten, betonte Galfard erneut, wären die Informationen in ihnen tatsächlich verloren.

Hawking brachte noch einmal die Bedeutung seines Ergebnisses zum Ausdruck: »Schwarze Löcher scheinen alles zu verschlingen. Doch später öffnen sie sich wieder und entlassen Informationen. Das hilft uns, die Vergangenheit zu verstehen und die Zukunft vorauszusagen.« Und von einem BBC-Reporter befragt, worin denn nun die Signifikanz dieser Aussage für »das Leben, das Universum und den ganzen Rest« läge, antwortete Hawking: »Das Ergebnis zeigt, dass alles im Universum von den Gesetzen der Physik regiert wird.«

Auf entlegenen Pfaden

Für alle, die es genauer wissen wollen, werden im folgenden Hawkings Argumentation und dessen Voraussetzungen detaillierter betrachtet. Alle anderen blättern am besten rasch weiter, denn ein Seiltanz über schwindelnde Höhen der Abstraktion ist dabei unvermeidlich – mitsamt einer womöglich verstörenden neuen Weltsicht. (Jawohl, das ist eine Warnung!)

Hawkings Rechenmethode basiert auf den umstrittenen Euklidischen Pfadintegralen. Dabei wird die Zeitvariable t durch it ersetzt (die imaginäre Zahl i ist definiert als $i^2 = -1$). Dann führt man die Rechnungen aus und ersetzt anschließend it durch eine neue Zeitvariable T (eine als Wick-Rotation bekannte Operation). Das heißt, die vierdimensionale Raumzeit wird auf geradezu magische Weise in einen vierdimensionalen Raum umgewandelt, in dem die physikalischen Antworten als Integrale über alle möglichen vierdimensionalen Geometrien und Topologien gesucht werden. (Auf ähnliche Weise hat Hawking 1983 zusammen mit Jim Hartle und 1998 mit Neil Turok versucht, die Urknall-Singularität zu eliminieren und den Anfang des Universums mit einer imaginären Zeit zu erklären.)

Allerdings weiß niemand, wie sich diese Euklidischen Integrale exakt definieren lassen. Deshalb ist bislang nur eine semiklassische Approximation möglich. Das heißt, man kann nicht über alle Geometrien integrieren, sondern nur über jene, die nahe an den Lösungen der klassischen Gleichungen der Allgemeinen Relativitätstheorie liegen. Und man muss gleichsam mit gekreuzten Fingern hoffen, dass die partiellen Antworten, die man auf diese Weise erhält, hinreichend genau mit der Gesamtantwort übereinstimmen. »Wer sich durch diese Prozedur beleidigt fühlt, sollte zu etwas Einfacherem übergehen, etwa zur Mathematik«, kommentiert John Baez lakonisch.

Hawking betrachtete der Einfachheit halber nur zwei Arten von klassischen Lösungen: solche mit einem ewigen Schwarzen Loch und solche, die keines enthalten. Dann summierte er über beide. Dabei fand er, dass das Ergebnis dasselbe ist, unabhängig davon, ob es kein Schwarzes Loch gibt oder ob man nicht weiß, ob es eines gibt. Die Quantengravitation bleibt unitär – das heißt, Informationen gehen nicht verloren, es sei denn, es wäre ein ewiges Schwarzes Loch »im Weg«. Somit verhält es sich in Hawkings neuem Ansatz gerade umgekehrt wie ursprünglich gedacht.

Dieses Ergebnis – für das Hawking freilich noch keinen Beweis vorgelegt hat – ist allerdings nur unter bestimmten Voraussetzungen möglich. Denn das Euklidische Pfadintegral ist, wie Physiker sagen, infrarot-divergent: Es läuft bei der Rechnung auf großen Skalen und bei kleinen Energien quasi unkontrollierbar auf und davon. Um es überhaupt anwenden zu können, muss die Infrarot-Divergenz gleichsam gebändigt werden. Das ist möglich, wenn man eine negative Kosmologische Konstante einführt – eine von der Allgemeinen Relativitätstheorie erlaubte anziehende Eigenschaft des Raumes, die die Divergenz verhindert. »Das ist nicht bloß ein technisches Detail«, kommentiert Jacques Distler von der University of Texas in Austin. »Kein Schritt der nachfolgenden Argumentation hat ohne es einen Sinn.«

Eng damit zusammen hängt eine zweite Voraussetzung für Hawkings Rechnungen. Sie hat sich zwar zu einer regelrechten Modeströmung unter Theoretischen Physikern entwickelt, ist jedoch bei aller mathematischen Eleganz keineswegs gesichert: die so genannte AdS/CFT-Korrespondenz der Stringtheorie. Aus der Perspektive des Alltagslebens handelt es sich um eine entlegene, spekulative Hypothese. Doch die Stringtheorie ist der gegenwärtig populärste – wenn auch keineswegs alleinige und unumstrittene – Kandidat für eine Quantentheorie der Gravitation. Sie fasst die Elementarteilchen als Anregungsformen winziger schwingender eindimensionaler Saiten auf und kann alle Naturkräfte einheitlich beschreiben. Dies gelingt freilich nur unter der Annahme, dass es nicht drei, sondern in Wirklichkeit neun oder zehn Raum-Dimensionen gibt, wobei die überschüssigen sechs oder sieben komprimiert sind – das heißt, gleichsam aufgerollt und somit winzig klein sind. Streng genommen gibt es fünf verschiedene Stringtheorien, aber sie haben sich alle als mathematisch äquivalent erwiesen und sind gleichsam als Zipfel einer viel umfassenderen, noch kaum ausgeloteten Theorie zu betrachten: der eingangs erwähnten M-Theorie. In ihr spielt auch das Holographische Prinzip von Susskind eine wichtige Rolle.

Vor diesem Hintergrund machte 1997 der argentinische Physiker Juan Maldacena, auf den Hawking sich auch mehrmals explizit berief, eine überraschende Entdeckung (sein 1998 erschienener Artikel ist inzwischen weit über 3000-mal zitiert worden). Maldacena, der heute am Institute of Advanced Study in Princeton forscht, fand heraus, dass es in der Stringtheorie eine Dualität – einen speziellen Zusammenhang – von fünfdimensionalen Supergravitationstheorien innerhalb eines bestimmten kosmologischen Modells (AdS) mit einer bestimmten Klasse von vierdimensionalen konformen Quantenfeldtheorien (CFT) gibt: Sie sind mathematisch betrachtet äquivalent, daher AdS/CFT-Korrespondenz. »Das war ein enormer theoretischer Durchbruch, mit dem erstmals zwei Klassen scheinbar völlig verschiedener Theorien in Verbindung gebracht wurden«, sagt der Stringtheoretiker Urs Schreibervon der Universität Essen. »Freilich ist die AdS/CFT-Korrespondenz nur der einfachste Spezialfall einer allgemeineren Dualität von String- und Eichtheorien, wobei nichtkonforme Varianten der letzteren freilich viel schwerer zu handhaben sind.«

Die konformen Feldtheorien sind supersymmetrische Eichtheorien, die alle Kräfte beschreiben, auch die Gravitation. Supersymmetrisch sind sie, weil sie zwei Partikel-Klassen miteinander in Verbindung bringen – sich gleichsam als zwei Seiten derselben Medaille erweisen –, die im etablierten Standardmodell der Elementarteilchen getrennt sind. Diese beiden Partikel-Klassen sind einerseits die bosonischen Teilchen (mit halbzahligem Eigendrehimpuls), die als Kraftüberträger fungieren (etwa Photonen und Gluonen), und andererseits die fermionischen Teilchen (mit ganzzahligem Spin), die Bausteine der Materie (Quarks und Elektronen). »Konform« bedeutet symmetrisch nicht nur in Bezug auf Drehungen und Verschiebungen, sondern auch hinsichtlich der Skaleninvarianz: Die Theorie verhält sich auf allen Längenskalen vollständig gleich und ist winkeltreu. Solche CFTs sind nicht unbedingt realistisch, aber als gut verstandene Grenzfälle wichtige Zwischenschritte für den Wunschtraum der Teilchenphysiker: eine vereinheitlichte Beschreibung aller Partikel und Kräfte.

Umso erstaunlicher ist es, dass diese vierdimensionalen konformen Feldtheorien mathematisch in bestimmte zehndimensionale Superstringtheorien überführt werden können (oder kurz Stringtheorien – das »super« steht wieder für supersymmetrisch). Diese Stringtheorien gelten nicht in der uns vertrauten vierdimensionalen Raumzeit, sondern in einem Anti-de-Sitter-Raum (AdS), der vier Raum-Dimensionen besitzt (und die Dimension der Zeit). Genauer: In dem Produktraum von $AdS_5 \times S^5$, was gewissermaßen der Kombination eines fünfdimensionalen Kegels mit einer fünfdimensionalen Kugel (S^5) entspricht, wobei die fünf S^5-Raum-Dimensionen nur winzig klein sind. Der unendlich große AdS-Raum ist durch eine negative Kosmologische Konstante gekennzeichnet, die ihn innerlich negativ krümmt – und das ist die Verbindung zur Behebung der erwähnten Infrarot-Divergenz. (Der niederländische Kosmologe Willem de Sitter hatte 1917 eine kosmologische Lösung von Einsteins Feldgleichungen mit positiver Kosmologischer Konstante gefunden, ein symmetrischer, materiefreier, positiv gekrümmter, ewiger und künftig unendlich expandierender Raum – AdS ist gleichsam ein Antipode zu diesem de-Sitter-Raum.)

Das Bemerkenswerte an der AdS/CFT-Korrespondenz ist, dass sich – wenn auch vielleicht nur in einem artifiziellen Kontext – ein Zusammenhang zwischen einer Quantentheorie und der Allgemeinen Relativitätstheorie und somit der Welt des ganz Kleinen und des ganz Großen herstellen ließ. Identische physikalische Beobachtungsgrößen können hier auf zwei unterschiedliche Weisen berechnet werden, weil beide Theorien dasselbe Phänomen beschreiben. Es ist, als würde Maldacena mit einem Zaubertrick ein Kaninchen in eine Taube verwandeln – und wieder zurück. Zuerst reagierten Physiker ungläubig, alsbald jedoch enthusiastisch, sangen sogar augenzwinkernd zur Melodie des einstigen Sommerhits *Macarena*: »Aaaaah, Maldacena!« Der junge Wissenschaftler bekam Stellenangebote von den renommiertesten amerikanischen Universitäten.

Der AdS/CFT-Korrespondenz zufolge liegt unser vierdimensionales Universum auf einem Rand des fünfdimensionalen AdS-Raums – ähnlich wie beim Globus eine zweidimensionale Karte der Erde auf einer dreidimensionalen Kugel. Unsere Alltagswelt wäre dann gleichsam eine Art Hologramm, erzeugt von einer höheren Dimension. Tatsächlich propagieren Gerard 't Hooft und Leonard Susskind, einer der Heroen der Stringtheorie, diese exotische Vorstellung schon seit längerem – und meinen genau damit auch das Informationsverlust-Paradoxon Schwarzer Löcher auflösen zu können. (Ihr Holographisches Prinzip stand übrigens auch bei Michael Petris Holosternen Pate, der dabei auch von einer Art AdS/CFT-Korrespondenz ausgeht.)

Es hagelt Kritik

Susskind ist dennoch – oder gerade deshalb – vorsichtig in der Bewertung von Hawkings Vortrag. »Stephens Frage nach dem Schicksal der Information in Schwarzen Löchern von 1976 ist von enormer Bedeutung. Sie hat andere, mich eingeschlossen, zu einem völlig neuen Paradigma von Raum, Zeit und Information geführt. Obwohl Stephens einstige Antwort auf seine Frage falsch war, würden wir ohne seine Oppositionsführung und seine hartnäckige Sturheit heute viel weniger wissen«, würdigt er Hawkings Leistung, aber fährt dann fort: »Im Zentrum unseres neuen Paradigmas stehen revolutionäre Begriffe wie die Komplementarität Schwarzer Löcher, das Holographische Prinzip und ein seltsames Wechselspiel zwischen dem ganz Großen und dem ganz Kleinen, das wir heute als ›Infrarot/Ultraviolett‹-Verbindung bezeichnen. Die Stringtheorie hat überzeugende Bestätigungen dieser Ideen geliefert. Stephens neuer Ansatz muss mit diesen Ideen eine Schnittstelle haben, wenn er relevant sein soll. Aber noch ist eine solche Verbindung unklar.«

Auch andere Stringtheoretiker sind nicht überzeugt. Jacques Distler erkennt in Hawkings Vorschlag nicht einmal etwas wesentlich Neues: »Das Informationsparadoxon Schwarzer Löcher ist im AdS gelöst, und zwar schon lange. Allerdings gibt es noch Zweifel, ob dies auch im flachen Raum ohne negative Kosmologische Konstante der Fall ist. Über diese heikle Sache sagt Hawking nichts.« Urs Schreiber spricht sogar von einer »Luftblase« und bemängelt: »Wenn dieses Resultat wirklich so viel Aufmerksamkeit verdient, dann müsste doch eigentlich Juan Maldacenas Artikel die Öffentlichkeit beschäftigen. Statt ihn zu interviewen, wird aber fotografiert, wie Hawking eine

Baseball-Enzyklopädie übergibt. Seine Person und Wetten sind eben medienwirksamer.«

Schreiber hat auch technische Bedenken: »Eine Wick-Rotation in einem Szenario ohne Hintergrundmetrik ist ein Mysterium. Niemand weiß, ob der mathematische Trick einen physikalischen Sinn hat.« Andererseits sei nicht klar, ob Hawking das vollständige Euklidische Pfadintegral für seine Argumentation überhaupt benötigt. »Letztlich betrachtet er ja nur zwei spezielle Metriken, und für diese haben Maldacena und andere die Wick-Rotation bereits erfolgreich eingesetzt.«

John Baez betont, wie viele andere Physiker, dass die entscheidende Berechnung noch fehle: »Mysteriös ist, warum die Geometrien in der Nähe der klassischen Lösungen, wo es ein Schwarzes Loch gibt, nicht zum Informationsverlust beitragen, obwohl sie zu anderen Dingen beitragen, etwa zur Hawking-Strahlung. Hier möchte ich eine genaue Rechnung sehen«, kritisiert er. »Der schwierige Teil ist, warum ein Schwarzes Loch die Dinge nicht durcheinanderbringt. Das Problem ist daher weniger Hawkings Fachjargon als der Mangel an Details, den man mit eigenen Vorstellungen ausfüllen muss.«

Fazit: Hawkings Argument ist also in mehrfacher Hinsicht problematisch.

▸ Es basiert auf einer umstrittenen Methode (den Euklidischen Pfadintegralen).

▸ Es benutzt Vereinfachungen (die Approximation der Summation), die im Augenblick noch unklar und nicht im Detail ausgeführt sind.

▸ Es beruht auf einer spekulativen Annahme (der AdS/CFT-Korrespondenz im Rahmen der Stringtheorie) und somit auch auf einem kosmologischen Modell (Anti-de-Sitter-Raum mit negativer Kosmologischer Konstante), für das es, gelinde gesagt, keine empirische Stütze gibt. (In unserem Universum ist die Kosmologische Konstante, wenn sie existiert, sogar positiv.)

▸ Und es ist eigentlich ein zwar subtiles, aber doch indirektes Argument, weil es das Problem gleichsam aus unendlicher Ferne betrachtet, ohne den detaillierten Mechanismus beschreiben zu können (zum Beispiel, ob die Informationen in der Hawking-Strahlung wieder zum Vorschein kommen und wie das geschieht).

Die Reaktionen auf Hawkings Vortrag waren und sind also außerordentlich gemischt.

»Er hat alles widerrufen. Aber ich glaube, das ist falsch«, war der erste Eindruck von Roger Penrose. Er ist mit Hawking nicht nur befreundet, sondern hat mit ihm auch Ende der sechziger Jahre die Urknall-Singularität im Rahmen der Allgemeinen Relativitätstheorie bewiesen und 1994 eine viel beachtete öffentliche Debatte über die Natur von Raum und Zeit geführt. »Hawking hat seine frühere Überzeugung komplett revidiert, dass ausgelöscht wird, was in ein Schwarzes Loch gelangt. Nun glaubt er, dass alles, was von einem Schwarzen Loch abgestrahlt wird, zu seiner Quelle zurückverfolgt werden kann. Er rennt weg von dem, was wir noch immer für wahr halten«, meinte auch Robert Wald von der University of Chicago, einer der führenden Experten auf dem Gebiet der Allgemeinen Relativitätstheorie. »Es sieht für mich nicht überzeugend aus«, haut John Friedman von der University of Wisconsin, Milwaukee, in dieselbe Kerbe. Und Gerard 't Hooft klagt: »Ich bin sehr enttäuscht über diese ›Letzterklärung‹. Die überraschende Wendung, die Hawking der ganzen Geschichte zu geben scheint, ist, dass sich Schwarze Löcher eigentlich niemals vollständig bilden. Dies ermöglicht es ihnen, wieder zu verschwinden und die Quanteninformation, die – vorübergehend – absorbiert war, zurückzustrahlen. Viele Fragen bleiben völlig unbeantwortet. Wir müssen die Forschung schlichtweg fortsetzen.«

Ganz anders dagegen Leonard Susskind: »Stephen war bis zu seiner Umkehr der Einzige, der noch falsch lag.« Auch Claus Kiefer war in Dublin und hat Hawkings Vortrag gehört. »Meine Auffassung deckt sich im Endergebnis damit, aber aus anderen Gründen. Ich argumentiere im Rahmen der konventionellen und unumstrittenen Physik offener Quantensysteme, während die Stringtheoretiker viele zusätzliche Annahmen machen, die noch nicht gesichert oder sogar problematisch sind, etwa die von Hawking benötigte AdS/CFT-Korrespondenz und das Euklidische Pfadintegral oder das Holographische Prinzip von Susskind und 't Hooft.« Kiefer ist aber vorsichtig und will erst warten, bis Hawking seine Argumentation und Rechnungen in einer ausführlichen Publikation darlegt. Kip Thorne, der mit Hawking gegen Preskill gewettet hatte, zögert ebenfalls noch: »Hawking hat vermutlich Recht. Es sieht wie ein treffendes Argument aus. Aber ich möchte noch mehr Details sehen.«

Ein weiteres Problem ist die Frage der Hintergrund-Abhängigkeit. Streng genommen sollte die Raumzeit nicht absolut gesetzt werden, sondern muss auch aus Strings aufgebaut sein. Hawkings semiklassische Vereinfachung – er betrachtet die Raumzeit noch nicht unter dem vollständigen Regime der Quantentheorie – ist deshalb womöglich zu stark. Dies ist auch ein Kritikpunkt von Abhay Ashtekar und anderen Vertretern der Quantengeometrie, die als erfolgreichster Rivale der Stringtheorie gilt.

5.
Das Gewebe der Raumzeit

Quantengeometrie

Schwarze Löcher sind neben der Kosmologie gegenwärtig das zentrale Test- und Anwendungsgebiet der Quantengravitation. Aber nicht nur der Stringtheorie, denn diese hat mit der Quantengeometrie (auch Loop- oder Schleifen-Quantengravitation genannt) einen ernsthaften Konkurrenten bekommen. Entwickelt wurde sie von Abhay Ashtekar, Ted Jacobson, Jurek Lewandowski, Carlo Rovelli, Lee Smolin, Thomas Thiemann und anderen Physikern.

Mit der Quantengeometrie steht ein hoch entwickeltes Werkzeug zur Verfügung, die schmerzliche Lücke der Singularitäten in der Relativitätstheorie vielleicht doch noch zu schließen – beziehungsweise mit einer neuen Weltsicht zu stopfen. Denn in der Quantengeometrie sind Raum und Zeit nicht kontinuierlich fließend, wie in der Relativitätstheorie (und auch in der Quantentheorie), sondern körnig und portioniert.

»Der Raum ist nicht kontinuierlich, sondern ähnelt Atomen«, fasst Lee Smolin die zentrale Idee der Quantengeometrie zusammen. Demnach hat der Raum eine diskrete Struktur, charakterisierbar durch die Planck-Länge (10^{-33} Zentimeter). »Das kleinste mögliche Volumen ist ungefähr eine Kubik-Planck-Länge groß, 10^{-99} Kubikzentimeter. Die Theorie sagt also rund 10^{99} Volumen-Atome in jedem Kubikzentimeter des Raums voraus. Dieses Quantenvolumen ist so winzig, dass es mehr Raumquanten in einem Kubikzentimeter gibt als Kubikzentimeter im beobachtbaren Universum (10^{85}).«

Dieser Raumzeit-»Staub« wird in der Quantengeometrie Spin-Netzwerk oder Spin-Schaum genannt – das submikroskopische Gewebe der Welt. Der Begriff geht auf Roger Penrose zurück, der schon in den siebziger Jahren ähnliche Ansätze verfolgte (Spin heißt der Eigendrehimpuls von Teilchen, dessen mathematische Eigenschaften mit denen der Netzwerk-Verbindungen vergleichbar sind). Die Spin-Netzwerke – mathematisch gesprochen handelt es sich um so genannte Graphen – ähneln einem Geflecht aus polymerartigen eindimensionalen Fäden. Könnte man die Natur mit maximal möglicher Vergrößerung betrachten, würden sich Raum und Zeit auflösen und das Spin-Netzwerk käme zum Vorschein – genauer gesagt: die quantenphysikalische Überlagerung aller möglichen Zustände davon. Zwischen diesen Graphen existiert »nichts«. Die Dinge ruhen sozusagen nur auf ihresgleichen. Dass der Raum uns dennoch homogen erscheint, ist kein Wunder. Denn das Auflösungsvermögen unserer Wahrnehmung ist beschränkt – ähnlich wie beim Betrachten eines Fotos, dessen einzelne Bildpunkte wir aus der Distanz auch nicht erkennen können. Mit dem »kleinen« Unterschied, dass es sage und schreibe 10^{68} Quantenfäden sind, die das Papier dieser Seite durchziehen. Smolin: »Könnten wir ein detailliertes Bild des Quantenzustands unseres Universums zeichnen, wäre es ein riesiges Spin-Netzwerk mit einer unvorstellbaren Komplexität und ungefähr 10^{184} Verbindungspunkten.«

Einsteinsche Alchemie

Ashtekar, Physik-Professor an der Pennsylvania State University, hat sich um die Erforschung der Schwarzen Löcher auch im Rahmen der Allgemeinen Relativitätstheorie sehr verdient gemacht und erstmals genau beschrieben, wie sie wachsen. Doch die Quantengeometrie kann mehr – nämlich erklären, wie sie durch die Hawking-Strahlung wieder schrumpfen. »Noch haben wir diesen Hawking-Prozess nicht aus ersten Prinzipien abgeleitet«, sagt Ashtekar. »Aber es ist möglich, auch wenn das einige Vorarbeiten erfordert. Und damit sind wir gerade beschäftigt.«

Albert Einstein hat hier ebenfalls den weiten Weg gewiesen. »Zu Beginn des 20. Jahrhunderts entdeckte man, dass Strahlung und Materie nicht distinkt sind, sondern sich ineinander umwandeln können. Letztlich sind Strahlungs- und Materiequanten dasselbe«, resümiert der in Indien geborene Ashtekar. »Aber wir haben von Einstein auch gelernt, dass die Geometrie eine physikalische Entität ist wie Materie. Also sollte man erwarten, dass Quanten der Geometrie in solche der Strahlung oder Materie umgewandelt werden können und umgekehrt.«

Dass und wie dies der Fall ist, kann die Quantengeometrie nun zeigen. Ihre zentrale Aussage lautet, dass es Quanten der Geometrie gibt. Und genau dies ist das Puzzlestück, das Hawking noch gefehlt hat. Denn seine Rechnungen setzen die klassische Raumzeit der Allgemeinen Relativitätstheorie voraus. Ashtekar: »Hawking hat Einsteins

Vision nicht vollendet. Nur die Materie und Energie hat er quantenmechanisch behandelt.« In der Quantengeometrie ist jedoch auch die
Raumzeit und somit der Ereignishorizont quantisiert. Dessen Fläche
kann man sich gleichsam als Elementarzellen von Nullen und Einsen
aufgebaut denken. Jede dieser winzigen Parzellen entspricht einem
»Faden« des Spin-Netzwerks, der die Horizontfläche durchschneidet.
Unvorstellbare 10^{77} Fäden sind es im Fall eines Schwarzen Lochs von
einer Sonnenmasse (und somit $10^{10^{77}}$ – 10 hoch 10 hoch 77 – verschiedene Quantenzustände, die die riesige Entropie eines Schwarzen
Lochs ausmachen). Die speziellen lokalen Eigenschaften des Netz-
werks definieren den Horizont.

Wenn ein Schwarzes Loch verdampft, verliert es diese Fäden – ähnlich wie beim Haarausfall der Kopf immer kahler wird, nur dass er im
Gegensatz zum Ereignishorizont dabei nicht schrumpft. Bei der Hawking-Strahlung werden also im Grunde Flächenquanten in Materie-
und Energiequanten umgewandelt. »Das ist, was Einstein uns gelehrt
hat: Geometrie ist physikalisch. Sie ist der Materie sogar so ähnlich,
dass sie sich in diese verwandeln kann«, sagt Ashtekar und nennt diesen Prozess deshalb Einsteinsche Alchemie. Der Auflösungsprozess
geschieht nicht graduell, sondern schrittweise, also gequantelt – ähnlich wie einem ja auch nur ein Haar nach dem anderen ausfallen kann.
»Somit schrumpft ein Schwarzes Loch nicht kontinuierlich, sondern
verhält sich wie ein angeregtes Atom, das seine Energie mit den
berühmten Quantensprüngen abgibt.«

Die Zeit vor dem Urknall

Die Quantengeometrie hat noch eine weitere Tragweite, die Ashtekar
und seine Mitarbeiter eben erst auszuloten beginnen. Ihr zufolge existiert im Zentrum Schwarzer Löcher gar keine Singularität. Sie ist nur
ein mathematisches Artefakt der Allgemeinen Relativitätstheorie, die
bei diesen extremen Dichten, Drücken und Energien ihre Gültigkeit
verliert. Hier kann nur eine Theorie der Quantengravitation weiterhelfen, die die Allgemeine Relativitätstheorie gewissermaßen als Spe-
zial- oder Grenzfall enthält. Und die Quantengeometrie ist zusammen
mit der Stringtheorie gegenwärtig der vielversprechendste Kandidat
für eine solche Theorie der Quantengravitation.

Im Rahmen der Quantengeometrie gibt es also keine Singularitäten. Die Allgemeine Relativitätstheorie verliert zwar ihre Gültigkeit in
den Zentren Schwarzer Löcher, doch alles geht dort nach wie vor mit

rechten Dingen zu. Und es erübrigt sich die Frage, ob die Singularität beim vollständigen Verdampfen Schwarzer Löcher übrig bleibt oder verschwindet. »Die Singularität wird durch die Effekte der Quantengeometrie vermieden«, sagt Ashtekar. »Es gibt keine klassische Raumzeit-Beschreibung an diesem Punkt, aber die quantenphysikalischen Verhältnisse sind dort dennoch wohldefiniert. Und alles ist mathematisch präzise formulierbar.«

Ashtekar verdeutlicht das mit einer Analogie zum Magnetismus: Angenommen, man hat einen großen Magneten bei Zimmertemperatur. Er ist im ferromagnetischen Zustand. Doch wenn ein winziger Bereich im Zentrum über die Curie-Temperatur erhitzt wäre, befände sich dieser im paramagnetischen Zustand (das heißt, er verliert ohne ein äußeres Magnetfeld seine magnetischen Eigenschaften, weil die »Mini-Magneten« nicht mehr einheitlich ausgerichtet, sondern gleichsam durcheinander sind). Während nun der große Magnet bei Zimmertemperatur mit der Theorie des Elektromagnetismus glänzend charakterisiert werden kann, erfordert die winzige heiße Zentralregion notwendigerweise eine quantenphysikalische Beschreibung. Analog dazu die Schwarzen Löcher: Für die makroskopische Charakterisierung reichen die Allgemeine Relativitätstheorie und die semiklassischen Quantisierungen aus; für eine angemessene Beschreibung der Zentralregion bedarf es aber einer vollständigeren Theorie der Quantengravitation. Und die Quantengeometrie ist nicht nur ein sehr Erfolg versprechender Kandidat dafür, sondern sie hat sich bereits als Rahmen bewährt, das Singularitätsproblem aus der Welt zu schaffen.

Wie diese Lösung aussehen könnte, hat Martin Bojowald mit sehr vereinfachenden Annahmen in der Kosmologie gezeigt. Er war Postdoc bei Ashtekar und forscht jetzt am Max-Planck-Institut für Gravitationsphysik (Albert-Einstein-Institut) in Potsdam. Bojowald ist es gelungen, die ominöse Urknall-Singularität zu vermeiden und zu zeigen, dass das Gewebe des Spin-Netzwerks auch hier kein Loch hatte. Wenn die Zeit nicht kontinuierlich fließt, sondern gleichsam »getaktet« voranschreitet – in winzigen, nur 10^{-43} Sekunden währenden Einheiten, der Planck-Zeit, die man mit einem Wort aus Stanley G. Weinbaums 1935 erschiener SF-Story *The Ideal* auch »Chronon« nennen könnte –, dann ist der Urknall nicht der Anfang von allem, sondern nur ein Übergang: das Ende eines in sich zusammengestürzten Universums und zugleich der Beginn der Ausdehnung eines neuen.

Aus der Perspektive der Quantengeometrie gab es keine klassische Raumzeit, als unser heute beobachtbares Universum nur 10^{-29} Zentimeter groß war. Damit soll der Urknall nicht verharmlost werden. Die

Krümmung der Raumzeit war in diesem Moment auch im Rahmen der Quantengeometrie-Kosmologie ungeheuer groß – »etwa 10^{77}-mal so groß wie am Horizont eines Schwarzen Lochs mit einer Sonnenmasse«, hat Ashtekar berechnet. »Aber sie war nicht unendlich und braucht auch keine unwahrscheinliche Feinabstimmung der Materie oder eine Verletzung der Energiebedingungen. Der Quantenzustand des Universums ist wohldefiniert. Man kann ihn berechnen und somit die Anfangsbedingungen des Urknalls studieren. Die klassische Raumzeit löst sich im Urknall auf, aber das Spin-Netzwerk ist noch da.« Es ist gewissermaßen ewig. »Es gab also keine Entstehung des Universums aus dem Nichts, weil das Nichts schlichtweg nicht existierte. Es gab immer schon etwas.«

Auf diese Weise hat die Quantengeometrie den philosophischen Vorteil, scheinbar unlösbare Fragen einfach loszuwerden. Hier macht sich ihre Stärke, unabhängig von einer Hintergrundmetrik der Raumzeit zu sein, besonders bemerkbar. Ashtekar: »Materie und Geometrie sollten beide quantenmechanisch ins Dasein treten.«

Rückprall im Schwarzen Zentrum

So wie der Urknall nicht aus einer Singularität entsprang, sollte auch im Zentrum eines Schwarzen Lochs kein solches unphysikalisches Monstrum stecken. Möglicherweise liefert die Quantengeometrie deshalb sogar eine Lösung des Informationsparadoxons. Und genau dafür argumentieren Ashtekar und Bojowald jetzt auch. Ihre Forschungen stehen zwar erst am Anfang (und waren noch nicht einmal veröffentlicht, als dieses Buch abgeschlossen wurde). Doch schon jetzt sind die Ergebnisse so vielversprechend, dass man sie als Durchbruch ansehen kann – und dies auch in einem ganz konkreten Sinn: Denn entweder dringen die Informationen in ein anderes Universum durch, oder sie schaffen den Durchbruch zurück in unser eigenes.

»Definitiv können wir das leider noch nicht beantworten, da wir noch keine komplette Lösung für eine solche Raumzeit haben, sondern nur Teile davon«, sagt Martin Bojowald. »Streng genommen gibt es also immer noch beide Möglichkeiten. Man kann jedoch bereits einiges über die Gesamtsituation aussagen. Und das meiste spricht dafür, dass die Seite jenseits dessen, was einst für eine Singularität gehalten wurde, ein Teil unseres Universums ist. Statt der Singularität existiert einfach ein Bereich in der Raumzeit, in dem die Krümmung sehr hoch ist – zu hoch für die Allgemeine Relativitätstheorie. Das ist die entscheidende Stelle, bei der nun die Quantengeometrie beschreiben kann, wie sich die Raumzeit verhält.«

Bojowald erläutert das Resultat seiner Berechnungen so: »Der Bereich hoher Krümmung – um die ursprünglich angenommene klassische Singularität herum – entspricht dem maximalen Kollaps. Danach federt die Materie gleichsam etwas zurück.« Dieses Verhalten ist ähnlich wie in der Kosmologie ein »Bounce« (Umschwung, Zurückprallen), der anstatt der Singularität auftritt. Da aber durch Gravitationswellen und später die Hawking-Strahlung schon Energie abgestrahlt wurde, bläht sich die Materie nicht wieder zu ihrer vorherigen Ausdehnung auf, sondern bleibt ein kompaktes Objekt, in dem physikalisch noch extremere Verhältnisse herrschen als in einem Neutronenstern. »Der Unterschied zum Urknall-Modell ist, dass im Schwarzen Loch nicht die gesamte Raumzeit kollabiert, sondern nur ein kleiner Bereich.« Deshalb kann Energie daraus abgestrahlt werden – es ist ja genug Platz ringsum, was beim Kollaps eines ganzen Universums nicht der Fall ist.

»Viele Details dabei sind noch unklar«, betont Bojowald. »Aber unser Szenario sieht konsistent aus und zeigt, dass und wie die Vermeidung von Singularitäten in der Kosmologie und bei Schwarzen Löchern auf den gleichen Prinzipien beruhen.«

Mehr noch: Im Rahmen der Quantengeometrie kann man gleichsam durch die vermeintliche Singularität hindurchrechnen. Das Zentrum Schwarzer Löcher ist nicht länger ein unhintergehbares Fragezeichen der Physik, sondern wird plötzlich zugänglich für das durchdringende Erkenntnisstreben der Wissenschaftler. Wo die Natur sich in prinzipielles Schweigen zu hüllen schien, tut sie in Wirklichkeit doch geflüsterte Nachrichten kund – vorausgesetzt, man versteht ihre Sprache. Das bedeutet auch, dass sie nicht unwiderruflich solche Nachrichten aus der Welt verschwinden lässt.

Ashtekar drückt es nüchterner, aber dafür wesentlich präziser aus: »Es gibt keinen Informationsverlust, wenn die semiklassischen Näherungen von Hawking und anderen in einiger Entfernung von der Singularität korrekt sind und wenn der Quantenzustand jenseits der vermeintlichen Singularität wieder semiklassisch wird – wenn also eine raumzeitliche Beschreibung sinnvoll ist. Dann ist die Entwicklung des Quantenzustands in der Zukunft wieder rein. Somit gehen – im Gegensatz zu Hawkings Schlussfolgerungen – reine Quantenzustände nicht in gemischte über. Weil es keine genuine Singularität in der vollständigen Quantentheorie gibt, bleiben die Zustände immer rein.« Mit anderen Worten: Es gibt keinen Informationsverlust – Hawkings Paradoxon war ein scheinbares, aber kein echtes. »Hawking und Penrose vernachlässigten die Quantennatur der Geometrie nahe der klassischen Singularität, und diese ›kleinen‹ Effekte kehren die Schlussfolgerung über den Informationsverlust um«, bringt Ashtekar die neuen Erkenntnisse auf den Punkt. »Das augenscheinliche Paradoxon entstand, weil man darauf insistierte, die klassischen Raumzeit-Begriffe bis hin zur Singularität anzuwenden. Das ist ein bisschen so, als wolle man in der Quantenmechanik die klassischen Elektronenbahnen ernsthaft im Atom verfolgen.«

Ashtekar und Bojowald argumentieren aber nicht nur aus der metatheoretischen Vogelperspektive oder mit indirekten Indizien. Im Gegensatz zu Hawkings Revision in Dublin können sie – und zwar mit sehr viel weniger künstlichen und weniger spekulativen Annahmen – die Erhaltung der Information nicht nur postulieren, sondern auch anschaulich machen, wie und warum dies der Fall ist. Neben den quantenkosmologischen Erkenntnissen zur Singularitätsvermeidung spielen dabei auch die Erkenntnisse zur zeitlichen Entwicklung Schwarzer Löcher eine Rolle, die Ashtekar zusammen mit seinem Mitarbeiter Badri Krishnan gewonnen und als dynamische Horizonte in der Allgemeinen Relativitätstheorie beschrieben hatte.

Dynamische Horizonte

Das Wort »Horizonterweiterung« besitzt für Abhay Ashtekar eine umfassendere Bedeutung als für andere Menschen – er hat sie sogar in einem sehr präzisen physikalischen Sinn verstanden. In den Jahren 2002 bis 2004 veröffentlichte er zusammen mit Badri Krishnan mathematische Lösungen, nach der Wissenschaftler seit Jahrzehnten vergeblich Ausschau gehalten haben. »Nun können wir realistisch betrachten, wie Schwarze Löcher kollidieren und verschmelzen«, freut sich Ashtekar. »Denn die Eigenschaften von isolierten Schwarzen Löchern sind zwar seit langem verstanden, doch in der Natur befinden sich Schwarze Löcher selten im Gleichgewicht. Sie wachsen, indem sie Sterne und galaktische Gas- und Staubwolken verschlingen sowie elektromagnetische und gravitative Strahlung absorbieren.«

Für solche dynamischen Schwarzen Löcher existierte im Rahmen der Allgemeinen Relativitätstheorie bislang nur ein Theorem, das Stephen Hawking bereits 1971 publiziert hatte. Es ist eine Ungleichung, die besagt, dass der Ereignishorizont eines Schwarzen Lochs niemals schrumpft. Er kann nur wachsen – wenn nämlich das Schwarze Loch etwas in sich aufnimmt.

Hawkings Theorem, das einer der Gründe für sein großes Ansehen in Fachkreisen ist, gab aber kein quantitatives Maß. »Man wusste also nicht, wie groß die Veränderung war«, kommentiert Ashtekar. »Jetzt können wir dagegen exakt sagen, wie die Oberfläche zunimmt, abhängig vom Einfall von Materie und gravitativer Strahlung.«

Waren bislang nur kleine Änderungen zwischen statischen Zuständen Schwarzer Löcher beschreibbar, hat die Arbeit von Ashtekar und Krishnan endlich die drei einzigen Eigenschaften dynamischer Schwarzer Löcher – Masse, Drehimpuls und elektrische Ladung – mit dem Einfall von Materie und Strahlung in Verbindung gebracht. Das geschah im Rahmen der vollständigen nichtlinearen Allgemeinen Relativitätstheorie, also ohne irgendwelche Näherungsverfahren – eine Leistung, die Experten erstaunt, weil die Komplexität von Albert Einsteins Feldgleichungen so atemberaubend ist, dass nur sehr wenige exakte Lösungen existieren.

Ashtekar und Krishnan gelang noch ein weiterer theoretischer Durchbruch. Sie beschrieben den »Rand« eines Schwarzen Lochs nicht wie bislang als Ereignishorizont, sondern als dynamischen Horizont. Der Unterschied zwischen beiden ist wenig bekannt, aber fundamental – und war der Schlüssel zum Erfolg. Ein Ereignishorizont lässt sich streng genommen nämlich nur teleologisch, das heißt von einem übergeordneten Standpunkt – einer Art Gottesperspektive – oder am Ende der Zeit erkennen. »Dynamische Horizonte können dagegen lokal beschrieben werden, das heißt, man muss nur die Raumzeit-Geometrie an einem Ort heute kennen und nicht als Ganzes«, sagt Ashtekar. »Es kann durchaus sein, dass sich dort, wo ich sitze, einmal ein Ereignishorizont bildet, weil sich in dieser Region der Milchstraße in einer Milliarde Jahren ein Gravitationskollaps ereignet. Würden wir ihn zurückverfolgen, kämen wir auch in diesem Zimmer an« – aber das können wir jetzt eben noch nicht wissen. Wenn irgendwo ein dynamischer Horizont existiert, dann gibt es auch einen Ereignishorizont – aber nicht umgekehrt. »Daher entsprechen die dynamischen Horizonte besser unserer intuitiven Vorstellung von Schwarzen Löchern und sind enger damit verbunden, was Astronomen wirklich sehen – oder eben gerade nicht sehen –, wenn sie von der Entdeckung Schwarzer Löcher berichten.«

Informationsbunker

Das Konzept der dynamischen Horizonte erwies sich auch für das Studium der Quantengravitation Schwarzer Löcher als essenziell, das Ashtekar mit Martin Bojowald vorantreibt. »In unserer Analyse gibt es keinen Ereignishorizont der Raumzeit, weil ›Ereignishorizont‹ ein globales Konzept ist und die klassische Raumzeit nicht global existiert«, sagt Ashtekar. Die klassische Raumzeit existiert deswegen nicht global – also überall gleichermaßen im Universum – weil sie unter den extremen Bedingungen im Zentrum Schwarzer Löcher zusammenbricht. Im tiefen Planck-Regime ist eine klassische Beschreibung nicht einmal näherungsweise möglich. Deshalb versagt hier auch das globale Konzept eines Ereignishorizonts. Es verdampft gleichsam mit der Verdampfung der Schwarzen Löcher durch den Hawking-Prozess, merkt Ashtekar schmunzelnd an. »Aber es gibt einen dynamischen Horizont, der sich zunächst ausdehnt, wenn das Schwarze Loch durch die Akkretion von Materie wächst, und dann wieder schrumpft, wenn es verdampft.«

Informationen gehen auch durch diesen dynamischen Horizont verloren – aber nur vorübergehend, das ist die entscheidende Erkenntnis. Die Informationen werden bei der Horizontüberschreitung dem umgebenden Universum lediglich temporär entzogen. Und sie werden auch nicht in der Singularität vernichtet, denn diese existiert im Rahmen der Quantentheorie ja gar nicht.

»Aus der fundamentalen Perspektive der Quantengravitation sind die Informationen nicht verloren«, führt Ashtekar dies näher aus. »Aber für einen altmodischen furchtsamen Beobachter, der in der Raumzeitregion bleibt, die nicht beeinträchtigt wird von dem, was in der wahrhaften quantenphysikalischen, nichtklassischen Region geschieht, sind die Informationen verschwunden, wenn sie den Horizont überschreiten. Doch dies ist nur so, weil der Beobachter entschieden hat, lediglich einen Teil des Systems zu betrachten und nicht hinter den Horizont zu blicken. Das wahre Quantenregime der Raumzeit ist ihm nicht zugänglich. Freilich scheinen selbst in Laborsituationen Informationen verloren zu sein, wenn man nur Teile eines Systems beobachtet. Das ist also kein Unterschied.« Und damit kann selbstverständlich jeder Physiker gut leben, denn dadurch werden keine Erhaltungssätze verletzt. Die Situation ist ähnlich wie die bei einer Bibliothek zur Ferienzeit: Man kommt an die Informationsschätze nicht heran, weil das Gebäude verschlossen ist, aber es gibt keinen Grund zur Befürchtung, dass sie sich in der Zwischenzeit aufgelöst haben – und wenn der Hausmeister wieder aufschließt, ist tatsächlich auch alles noch da. Freilich haben die Informationen im Inneren der Schwarzen Löcher wesentlich länger Ferien – und freundliche Hausmeister gibt es hier auch nicht. Ashtekar: »Ein makroskopisches Schwarzes Loch braucht eine sehr, sehr lange Zeit, um zu verdampfen. Insofern sind für externe Beobachter Informationen in dieser Raumzeit-Region verloren – es sei denn, sie sind sehr, sehr geduldig.«

Blick ins Schwarze Loch

Aus Hawkings einstiger Sicht verletzten Schwarze Löcher grundlegende Erhaltungssätze, etwa die Baryonen- und Leptonenzahl. Baryonen sind Teilchen aus drei Quarks, etwa Protonen und Neutronen; Leptonen sind die Elektronen und ihre schwereren Geschwister (Myonen, Tauonen) und die mit ihnen verwandten Neutrinos. Baryonen und Leptonen wird die Baryonen- beziehungsweise Leptonenzahl +1 zugeordnet, den Antibaryonen und Antileptonen die Zahl -1 (Mesonen haben die Zahl 0). Somit »vergisst« das Schwarze Loch gleichsam, von außen betrachtet, ob es aus Materie oder Antimaterie entstanden ist. (Dass die Baryonen- und Leptonenzahlen auch im frühen Universum kurz nach dem Urknall verletzt gewesen sein könnten, weswegen es heute fast keine Antimaterie mehr zu geben scheint, ist ein anderes, wenn auch nicht minder spannendes Thema.) Wenn man das Schwarze Loch als ein Objekt ansieht, müssen aufgrund des Keine-Haare-Theorems diese Quantenzahlen also null sein. Auch darin zeigt sich der befürchtete Informationsverlust. Und die Hawking-Strahlung wäre hier auch keine Rettung. Denn sie ist symmetrisch bezüglich Materie und Antimaterie. Wenn sich das Schwarze Loch praktisch ausschließlich aus Materie gebildet hat – was bei den stellaren Schwarzen Löchern in unserer Milchstraße ohne Zweifel der Fall ist –, werden bei den Quantenprozessen am Horizont trotzdem gleich viele Teilchen wie Antiteilchen freigesetzt. Insofern wäre dem Universum in der Gesamtsumme auf ominöse Weise Materie zugunsten von Antimaterie abhanden gekommen. Und das stellt grundsätzliche physikalische Annahmen in Frage, was konservative – also um Erhaltung bemühte – Physiker ganz und gar nicht zu akzeptieren bereit sind.

»Nun ist das Schwarze Loch streng genommen aber gar kein Objekt – weder in der Allgemeinen Relativitätstheorie noch in der Quantengeometrie«, widerspricht Bojowald. »Es ist vielmehr ein Bereich der

Raumzeit, der von Horizonten eingegrenzt wird. Und so ein Bereich besitzt keine Erhaltungsgrößen wie die Baryonenzahl – unabhängig davon, was sich in ihm befindet. Um Baryonenzahl-Konservierung zu gewährleisten, muss man einfach die Materie im Schwarzen Loch mitberücksichtigen. Aus der Perspektive der klassischen Physik widerstrebt einem das vielleicht, da man ja von außen keinen direkten Zugang zu diesen Informationen hat. Aber in der Quantengeometrie ist es möglich, weil am Ende alles wieder auftaucht.«

Damit ist nicht gemeint, dass diese Informationen in die Hawking-Strahlung transformiert würden. Sie ist in der Quantengeometrie nur insofern von Bedeutung, als sie den Ereignishorizont schrumpfen und zuletzt verschwinden lässt, so dass schließlich alle ins Schwarze Loch gefallenen Teilchen und Wellen wieder zum Vorschein kommen – und somit auch die mit ihnen verbundenen Informationen.

»Streng genommen gibt es also gar keinen Ereignishorizont, denn der wäre ewig und kann nicht abnehmen«, sagt Bojowald. »Was tatsächlich geschieht, ist, dass zunächst Materie unter ihrer eigenen Anziehung kollabiert. Dabei werden immer höhere Dichten erreicht.« Vorübergehend dringt keine Information mehr nach außen. Insofern gibt es temporäre, dynamische Horizonte, die erst wachsen und irgendwann wieder schrumpfen, wenn das Schwarze Loch weitestgehend oder vollständig isoliert ist. Dann speckt das Schwarze Loch gleichsam ab: Als Kalorienverbrenner dient die Hawking-Strahlung, die stärker und stärker wird. »Schließlich sieht man einen finalen Blitz dieser Strahlung, die gewissermaßen die überschüssige Gravitationsenergie davonträgt, die beim Kollaps frei wurde. Danach könnte man wieder auf die hochverdichtete, kompakte Materie blicken.«

Was in Hawkings physikalischer SOS-Situation eine Not war, wird bei Ashtekar und Bojowald eine Tugend. Der Hawking-Prozess hat nicht die Funktion des Totengräbers physikalischer Informationen inne, sondern eine Schlüsselrolle bei ihrer Wiederbelebung – ohne freilich, wie andere Forscher dachten, selbst zum Lebenselixier zu werden.

»Für uns ist nur das Verdampfen des Schwarzen Lochs wichtig«, stellt Bojowald klar. »Ob die Hawking-Strahlung thermisch ist oder nicht, spielt keine Rolle. Sie hat nichts mit den hineingefallenen Objekten zu tun. Das war nur eine Spekulation, um den Informationsverlust vermeiden zu können«, sagt Bojowald und widerspricht damit den Überlegungen von Lenny Susskind und anderen, die denken, in der Hawking-Strahlung die ansonsten als verloren geglaubten Botschaften von jenseits des Ereignishorizonts zu vernehmen. Wenn

Ashtekar und Bojowald recht haben, leitet die Hawking-Strahlung somit nichts nach außen. Und sie entsteht ja auch nicht innerhalb, sondern außerhalb des Horizonts aufgrund der Eigenschaften der dort enorm gekrümmten Raumzeit. »Entscheidend ist also nur, dass die Hawking-Strahlung dazu führt, dass die Objekte im Schwarzen Loch nach einer endlichen Zeit wieder von außen zugänglich werden«, betont Bojowald noch einmal. »Ohne Hawking-Strahlung gäbe es nur die Möglichkeit eines Übergangs in ein anderes Universum. Diese Möglichkeit besteht auch mit Hawking-Strahlung, wogegen aber andere Argumente zur Struktur der Raumzeit sprechen: Nicht nur in Schwarzen Löchern, sondern womöglich überall auf der Planck-Skala müsste man dann im Quantenschaum förmlich versinken.«

Aus der Perspektive der Quantengeometrie verschwinden Materie und Energie also nicht in der Singularität oder werden zur Hawking-Strahlung transformiert, sondern bleiben in einem dicht zusammengeklumpten »Haufen« erhalten. Doch in seinem Mittelpunkt ist die Dichte nicht unendlich hoch – das verbieten die Gesetze der Quantengeometrie. Die Materie ist völlig entartet und durch die große Raumzeit-Krümmung deformiert. Aber die grundlegenden physikalischen Eigenschaften sind noch da und kommen mit all ihren Ladungen und Quantenzahlen und so weiter irgendwann wieder zum Vorschein. Und wenn das Schwarze Loch – oder Pseudo-Loch – rotierte oder elektrisch geladen war, dann rotiert der kompakte Materiehaufen noch immer und strahlt weiterhin Drehimpuls in Form von Gravitationswellen ab beziehungsweise bleibt elektrisch geladen und hört nicht auf, elektromagnetische Strahlung in die Ferne zu schicken.

Über den genauen Zustand der zerquetschten Materie können Physiker keine Aussagen machen, denn für die extremen Verhältnisse gibt es noch keine gute Theorie. Aber es muss sich um physikalische Zustände handeln, wie sie auch weniger als eine milliardstel Sekunde nach dem Urknall geherrscht haben. Die Zustandsgrößen sind für die Quantengeometrie allerdings nicht entscheidend – sie können gleichsam als Variable behandelt werden, die man mit fortschreitenden Erkenntnissen in den Gleichungen spezifizieren kann, ohne dass sich prinzipiell etwas ändert.

»Auf die Details der Materie-Eigenschaften kommt es für die allgemeinen Aussagen unseres Modells nicht an«, freut sich Bojowald (was Kritiker, insbesondere aus der Perspektive der Stringtheorie, allerdings anders sehen).

»Freilich sind noch keine kompletten Lösungen der physikalischen Gleichungen bekannt, die sowohl die kollabierende Materie als auch die Hawking-Strahlung beschreiben«, schränkt Bojowald ein. »Die üblichen Bilder beruhen auf Kombinationen von vereinfachten Situationen, die all diese Prozesse isoliert betrachten. Das ist bislang in sämtlichen Lösungsansätzen der Fall, auch im Rahmen der Quantengeometrie.« Immerhin ist dieser Ansatz der Quantengravitation vielversprechend, und die weiteren Forschungen werden sicherlich noch mehr Licht ins Dunkel bringen – oder aus dem Dunkeln hervor. Bojowald nimmt diese Metapher sogar wörtlich: »Je nach der hineingefallenen Materie kann dann auch wieder etwas aus diesem Objekt herauskommen. Wenn zum Beispiel vor dem Kollaps ein Lichtstrahl in diese Materie eingedrungen ist, braucht er nicht unbedingt gebunden oder absorbiert sein, sondern verlässt das Objekt wieder. Auf diese Weise könnte man das Objekt untersuchen und einen Teil seiner Information ablesen. Oder man fliegt nach dem Blitz der letzten Hawking-Strahlung an das Objekt heran, um es zu erkunden. Es ist ja dann frei zugänglich und nicht von einem Horizont verborgen.« Dabei muss man selbstverständlich aufpassen, nicht zu viel Masse an den zerquetschten Trümmerhaufen heranzubringen. Denn sonst würde sich womöglich ein neuer Horizont ausbilden, wenn die kritische Masse wieder überschritten wäre. Und falls irgendwann genug weitere Materie auf den Haufen stürzt, wäre das auch der Fall.

Im Prinzip könnte eine technisch sehr weit fortgeschrittene Zivilisation sogar die Entstehung, das Wachstum und die Auflösung eines Schwarzen Lochs im Detail und gleichsam von innen heraus verfolgen – hinreichend Geduld und Know-how vorausgesetzt. Bojowald: »Eine Sonde, die ins Schwarze Loch fiele, bliebe lange darin und käme später, nachdem das Schwarze Loch genügend verdampft ist, wieder heraus – natürlich nur, wenn sie der hohen Krümmung standhalten kann.«

Das sind abenteuerliche Aussichten. Sie zeigen jedoch, wie vielversprechend die Fortschritte in der Quantengravitation bereits sind, auch wenn zwischen Stringtheorie und Quantengeometrie noch keine Einigkeit herrscht. Doch am Horizont glimmt schwach schon das nächste Problem: Der Rand unseres beobachtbaren Universums gleicht aufgrund der raschen Expansion des Weltraums nämlich ebenfalls einem Ereignishorizont, der Hawking-Strahlung abgibt. Wir sind gewissermaßen von einer Art Schwarzem Loch umgeben oder leben darin. Somit dürfte das Universum selbst eine Obergrenze der Information und Komplexität besitzen, was letztlich jegliche Lebensgrundlage zerstören wird. Die Erforschung der Schwarzen Löcher muss zeigen, ob diese Grenze überschritten werden kann – zumindest mit unserem Verstand.

6.
Schwarze Spiegel

Reflexionen am Schwarzen Loch

»Lasst jede Hoffnung, wenn ihr eingetreten«, steht in Dantes *Göttlicher Komödie* (3. Gesang, Vers 9) über dem Tor zur Hölle. Das heißt: Von hier gibt es kein Entrinnen mehr. In der Natur ist ein solcher Ort ohne Wiederkehr der Horizont – die äußere Grenze – eines Schwarzen Lochs. Nichts, nicht einmal Licht, kann ihm gemäß der Allgemeinen Relativitätstheorie entkommen, und alles, was dem düsteren Rand zu nahe tritt, wird von der Schwerkraftfalle unweigerlich verschlungen. Doch was in wissenschaftlicher wie populärer Hinsicht längst ein Allgemeinplatz ist, stimmt streng genommen womöglich gar nicht. Schwarze Löcher können ganz schön abweisend sein – und scheinen sogar Schlupflöcher zu haben, durch die ein Teil der Materie den Ort der Verdammnis zu verlassen vermag. Jedenfalls in der bahnbrechenden Vorstellung mancher Physiker.

»Schwarze Löcher verhalten sich nicht wie Löcher, sondern wie Spiegel.« Diese Aussage ist die wohl größte Überraschung in der jüngsten Phase der Erforschung der bizarren Raumzeit-Schlünde. Nicht minder überraschend ist, dass sich diese Erkenntnis noch kaum herumgesprochen hat. Zu seltsam erscheint vielen Wissenschaftlern dieser Effekt. Dazu kommt, dass ihn ein relativer Außenseiter der Forscherszene entdeckt hat. Dabei ist Michael Kuchiev ein renommierter Physiker und keineswegs ein Spinner oder Märchenonkel – die sich ja gerade in den Extrembereichen der Physik mit teils fanatischem Eifer tummeln, wie Forschungsinstitute, Zeitschriften-Redaktionen und Planetarien aus leidvoller Erfahrung berichten können. Und er hat seine Ergebnisse in anerkannten Fachzeitschriften publiziert – was freilich ihre Richtigkeit nicht garantiert.

»Ich war völlig verdutzt, geradezu schockiert«, erinnert sich Kuchiev, der 2003 auf den seltsamen Reflexions-Effekt stieß – beinahe zufällig, als er mit seinem Freund Victor Flambaum über die Beziehung zwischen Hawking-Strahlung und winzigen Schwarzen Löchern kurz nach dem Urknall nachzudenken begann. Stephen Hawking hatte schon Anfang der siebziger Jahre spekuliert, ob solche primordialen Black Holes durch extreme Dichteschwankungen entstanden waren – und vielleicht infolge quantenphysikalischer Prozesse bereits wieder verdampft sind. Denn sie setzen aufgrund von Quantenprozessen am Ereignishorizont die so genannte Hawking-Strahlung frei.

Während Flambaum schon mit allerlei kühnen Überlegungen für Aufsehen gesorgt hat – darunter der Idee, dass Atome mit winzigen geladenen Schwarzen Minilöchern als Kern oder »Elektronen« sogar in uns allen stecken könnten –, hatte Kuchiev nie zuvor über Schwarze Löcher geforscht. Er arbeitete früher am renommierten Ioffe-Institut der russischen Akademie der Wissenschaften in Sankt Petersburg auf dem Gebiet der Atomphysik und kam 1993 zu Flambaum an die University of New South Wales in Sidney.

»Meine Unkenntnis in diesem Gebiet motivierte mich, etwas herumzubohren«, erinnert sich Kuchiev. »Ich habe die schreckliche Angewohnheit, Ideen, die neu für mich sind, mir dadurch anzueignen, dass ich alles selbst ableite. Das ist weit weniger effektiv als sie durch Lehrbücher, Übersichtsartikel oder Originalarbeiten zu lernen, aber es erlaubt einem zuweilen, einen unvoreingenommenen Blickwinkel einzunehmen. Und zu meiner Überraschung endete dies in der Entdeckung eines absolut neuen Effekts, der nicht von der Hawking-Strahlung verursacht wird. Das war erschreckend, weil das Forschungsfeld eigentlich gut beackert ist.«

Auf den ersten Blick ist Kuchievs Entdeckung tatsächlich irritierend: Schwarze Löcher, die unersättlichen Schwerkraftfallen, denen angeblich nichts entkommen kann, sollen wie ein Spiegel wirken und Partikel oder Strahlung förmlich abprallen lassen? Genau das hat Kuchiev errechnet: Teilchen und Wellen können vom Ereignishorizont reflektiert werden, wenn sie wenig Energie besitzen. Aus der Perspektive der Gesetze der klassischen Physik – also auch der Allgemeinen Relativitätstheorie – ist das nicht möglich. Doch was klassisch unmöglich ist, ist quantenphysikalisch lediglich unwahrscheinlich – und insofern also möglich und sogar wirklich. »Die Quanten-Gleichungen geben einen Hinweis, dass etwas Unerwartetes am Horizont geschieht«, sagt Kuchiev.

Zwar haben Schwarze Löcher keinen Rand im alltäglichen Sinn des Wortes, also auch keine Oberfläche wie ein Teich, der beispielsweise Licht – und sogar flach geworfene Steine – abprallen lässt. Aber der Ereignishorizont ist nicht nur eine Abstraktion, die allein als mathematische Definition existiert. Er hat auch physikalische Auswirkungen – und zwar ziemlich unerquickliche, wenn man unfreiwillig durch diese Falltür ohne Wiederkehr stürzt. »Das Gravitationsfeld ist etwas, dem man mit Respekt begegnen muss«, warnt Kuchiev. »Man kann nicht sagen, dass da einfach bloß ein Loch ist.«

Überschreitet die Krümmung der Raumzeit einen bestimmten Schwellenwert, bildet sich ein Horizont aus. Er wirkt wie eine Grenze, die die Regionen außerhalb und innerhalb von ihm trennt. Dies entspricht einem unterschiedlichen Refraktionsindex über und unter dem Horizont. Die beiden Regionen verhalten sich daher verschieden. »Das Gravitationsfeld erzeugt eine Art von Medium, und der Refraktionsindex außerhalb des Horizonts ist anders als innerhalb davon. Das macht den Horizont zu einer Grenze zwischen zwei verschiedenen ›Medien‹«, erklärt Kuchiev. Das ist ähnlich wie bei Luft und Wasser, was auf eine Brechung oder Reflexion analog zu der zwischen Luft und Wasser schließen lässt (andernfalls könnten wir Wasseroberflächen gar nicht sehen). Deshalb müssen energiearme Partikel – oder Strahlen mit großen Wellenlängen, was aus der Sicht der Quantenphysik dasselbe ist – an der Grenze reflektiert werden. Die niedrigen Energien sind wichtig, weil nur bei ihnen der Effekt ausgeprägt ist.

Wenn Kuchievs Schlussfolgerung stimmt, dann zeigt dieser Effekt auch, dass diese Grenze nicht nur eine mathematische Abstraktion, sondern sehr real ist – man kann sie im Prinzip sogar sehen, wenn sie ins rechte Licht gesetzt wird. Kuchiev veranschaulicht dies so: »Man nehme eine starke ›Taschenlampe‹ mit Strahlung ausreichender Wellenlänge. Man mache sie so stark wie man will – oder, besser, so stark wie man kann. Dann sieht man die Reflexion. Je stärker die Beleuchtung ist, desto besser ist auch das Bild. Das Schwarze Loch kann wie ein Filmstar scheinen, wenn das Setting richtig ist.«

Der Physiker gibt noch ein Beispiel für die Realität des Effekts: »Angenommen, ein Computer speichert seine Daten in Form von sehr langwelliger Strahlung mit Hilfe eines weit entfernten Senders. Dass dies kein besonders praktisches Verfahren ist, spielt bei diesem Gedankenexperiment keine Rolle. Wenn der Computer nun kühn in die Raumregion hinter den Horizont vorstößt, wird diese langwellige Strahlung reflektiert, kann dem Rechner also nicht folgen. Somit ist der Computer nicht mehr derselbe – ein Teil seiner Informationen fehlt.« Insofern ließe sich der reflexionsbedingte Informationsverlust sogar online registrieren.

Im Prinzip kann alles reflektiert werden, auch Materie. Einzige Bedingung: Die Compton-Wellenlänge des Teilchens muss größer sein als der Gravitationsradius des Schwarzen Lochs.

Die Compton-Wellenlänge ist nach dem amerikanischen Physiker Arthur Holly Compton benannt, der 1922 die Streuung von Röntgenstrahlung an Elektronen erforscht und quantenphysikalisch erklärt hat (Compton-Effekt) und dafür 1927 den Nobelpreis für Physik erhielt. Die Compton-Wellenlänge eines Teilchens ist eine Konsequenz des berüchtigten Welle-Teilchen-Dualismus in der Quantenphysik, wonach Wellen und Teilchen nur zwei Seiten derselben Medaille sind. Daher lässt sich Licht nicht nur als (elektromagnetische) Welle betrachten – was Phänomene wie Brechung, Beugung und Interferenz erklärt –, sondern auch als Teilchen (Photonen). Klar wurde das spätestens 1905 mit Albert Einsteins Erklärung des Photo-Effekts – der Freisetzung von Elektronen aus Metalloberflächen durch energiereiche elektromagnetische Strahlung. Die Entdeckung des Compton-Effekts hat es dann bestätigt. Umgekehrt besitzt Materie auch Welleneigenschaften. Das hat der spätere Physik-Nobelpreisträger Victor de Broglie 1924 in der Theorie erkannt, und Beugungs-Experimente demonstrierten es wenige Jahre später. Die Compton-Wellenlänge λ ist definiert als $\lambda = 2\pi\hbar/mc$, wobei π die Kreiszahl (3,1415...), $\hbar$ das Plancksche Wirkungsquantum, m die Masse des Teilchens und c die Lichtgeschwindigkeit bedeuten. Je größer die Masse, desto kleiner also die Wellenlänge. Ein Elektron hat beispielsweise eine Compton-Wellenlänge von nur $0,4 \times 10^{-10}$ Zentimeter.

Bei stellaren Schwarzen Löchern ist der Gravitationsradius mehrere Kilometer groß. »Daher können hier nur masselose Partikel reflektiert werden: Photonen und Gravitonen, die Wellenlängen von mehreren Kilometern besitzen«, folgert Kuchiev. »Für Schwarze Löcher, die kleiner sind als ein Atomkern, sind Reflexionen großer Frequenzbereiche möglich – von Radiowellen über das sichtbare Licht bis zur UV- und Röntgenstrahlung. Aber auch Elektronen und Positronen werden zurückgespiegelt. Je kleiner ein Schwarzes Loch ist, desto wählerischer nimmt es seine Nahrung auf. Kleine Schwarze Löcher sind wunderbare Spiegel – die besten Spiegel der Welt.«

Dieses Phänomen – Kuchiev spricht von der »vitalsten Eigenschaft« Schwarzer Löcher, »der Fähigkeit, Materie zu absorbieren oder zurückzuweisen« – könnte sogar astrophysikalische Konsequenzen in der Frühzeit des Alls gehabt haben, falls damals winzige primordiale Schwarze Löcher entstanden sind. »Der Reflexions-Effekt führt dazu, dass das Schwarzloch-Baby auf Diät gesetzt ist. Es hungert also. Es kann nicht wachsen. Und das Schicksal des Universums nimmt einen anderen Weg als das eines Universums, in dem jedes Schwarze Loch alles verspeisen kann.« Wenn Kuchiev Recht hat, ist es also noch unwahrscheinlicher als bislang angenommen, dass die großen Schwarzen Löcher aus primordialen Keimen entstanden sind.

Für Neugierige, die es genauer wissen möchten: Der von Kuchiev gefundene Zusammenhang lautet $\psi = \psi_1 + R\psi_2$. Psi (ψ) steht für die Wellenfunktion eines Teilchens – also unser gesamtes mögliches Wissen über dieses. Sie ist die Summe eines einfallenden Partikels (ψ_1) und eines vom Rand eines Schwarzen Lochs reflektierten (ψ_2). Kuchiev entdeckte, dass diese Spiegelung möglich ist, weil Quantenprozesse dafür sorgen, dass der Reflexions-Koeffizient R nicht Null, sondern positiv ist. Er errechnet sich folgendermaßen: $R = \exp(-2\pi\varepsilon R_s/\hbar c)$, also aus dem Exponent (exp) von der Eulerschen Zahl e (2,7182818...) hoch minus 2 mal der Kreiszahl Pi mal Epsilon mal dem Schwarzschild-Radius des Schwarzen Lochs geteilt durch das Plancksche Wirkungsquantum $\hbar$ und die Lichtgeschwindigkeit c. Epsilon (ε) steht für die Gesamtenergie des Teilchens (wozu bei Teilchen mit Ruhemasse m auch diese gemäß $E = mc^2$ eingeht). Nur bei sehr geringen Energien (das heißt großen Wellenlängen) und somit Epsilon-Werten weit kleiner als 1 ist R groß – und das Schwarze Loch verhält sich wie ein effizienter Spiegel.

Das Reflexionsvermögen Schwarzer Löcher ist von Physikern noch nicht genug reflektiert worden, um schon allgemein anerkannt zu sein. Aber Kuchiev und Flambaum haben mehrere unabhängige theoretische Argumente zur Demonstration des Effekts vorgelegt. Tatsächlich hätte man schon früher auf die Idee kommen können. So hat der 1997 gestorbene Physiker Vladimir Naumovich Gribov vom Petersburger Institut für Kernphysik bereits Anfang der siebziger Jahre überlegt, was mit Strahlung geschieht, deren Wellenlänge viel zu groß ist, um in ein Schwarzes Loch zu passen. Aber eine Reflexion dieser Strahlung hat er nicht erwogen – oder zumindest nie etwas darüber publiziert. »Die Argumentation, die sich nur auf die eine Tatsache der großen Wellenlängen stützte, ist freilich so einfach, dass niemand sie ohne eine detaillierte Studie geglaubt hätte«, kommentiert Kuchiev.

Einen Einwand gegen seine Hypothese konnte Kuchiev Ende 2004 entkräften. Seine ursprüngliche Argumentation basierte auf den Kruskal-Diagrammen für ewige Schwarze Löcher – ein bewährtes Instrumentarium bei theoretischen Analysen der Raumzeit-Schlünde. Doch ewige Schwarze Löcher existieren nicht in der Natur, bemängelten Kritiker. Womöglich ist der Reflexions-Effekt also nur eine Vorspiegelung falscher Tatsachen aufgrund einer unrealistischen Voraussetzung? Das hat auch Kuchiev beunruhigt. »Doch jetzt geht es mir wieder besser«, freut er sich. Seine neuesten Rechnungen zeigen, dass »natürliche« Schwarze Löcher, die durch den Kollaps eines ausgebrannten Sterns entstehen, ebenfalls als Spiegel wirken können. »Ich fand dasselbe Ergebnis auch ohne Kruskal-Koordinaten. Das wird selbstverständlich nicht alle Kritiker überzeugen. Aber es war eine technisch sehr anspruchsvolle Aufgabe. Und jetzt kann ich wieder ruhiger schlafen.«

Teilchen aus dem Schwarzen Loch

Schwarze Löcher als perfekte Spiegel – seltsam genug. Wenige Monate nach seiner Entdeckung ist Kuchiev noch auf eine weitere Überraschung am Ereignishorizont gestoßen: Schwarze Löcher können Teilchen nicht nur reflektieren, sie können sie sogar aus ihrem Inneren entweichen lassen! Das hat Kuchiev 2004 in der renommierten Fachzeitschrift *Physical Review* veröffentlicht und inzwischen mit Victor Flambaum in einem anderen Artikel weiter ausgearbeitet. Wenn Schwarze Löcher einst als die sichersten Gefängnisse der Natur galten, dann haben die beiden Wissenschaftler nun also ein Schlupfloch für Ausbrecher gefunden. »Die quantenphysikalische Beschreibung zeigt, dass jedes gefangene Partikel eine kleine Chance hat, in die Außenwelt zu entkommen«, kommentiert Kuchiev. »Die Gefangenschaft ist nicht absolut. Das ist höchst erstaunlich.«

Dies ist ein erneuter Schlag ins Gesicht der klassischen Physik, derzufolge nichts, aber auch gar nichts aus dem Schwerefeld eines Schwarzen Lochs entrinnen kann. Zwar gibt es auch klassisch zwei unabhängige Mengen von Trajektorien (Teilchenbahnen): Die für ein- und die für ausgehende Partikel (letztere wurden im Zusammenhang mit Weißen Löchern diskutiert). Doch das »Auslauf-Modell« wurde als unphysikalisch verworfen.

Wiederum macht die Quantenphysik den entscheidenden Unterschied – auf eine quantitativ zwar unbedeutende, qualitativ aber gewichtige Weise. »Hier partizipieren die Partikel an beiden Typen der Bewegung zugleich. Ein einfallendes Teilchen ist zu einem kleinen Teil auch ein Ausbrecher«, sagt Kuchiev.

Das ist schwer vorstellbar, obwohl es auch im Alltag ähnlich verwirrende Effekte gibt. Hört man beispielsweise Musik aus seinem Kofferradio und empfängt einen sehr langwelligen Sender, dann können die Radiowellen – angenommen, die Zimmerwand absorbiert sie völlig – gleichzeitig durch mehrere Fenster in den Raum kommen und interferieren dann miteinander. Wie beim Doppelspalt-Experiment in der Quantenphysik kann man nicht sagen, durch welches Fenster sie gekommen sind.

»Dieser Effekt überschreitet einfach jegliches Vorstellungsvermögen«, sagt Kuchiev, der noch immer aus dem Staunen nicht herauskommt. »Natürlich kann man sich allerlei Fantasien hingeben. Aber es ist eine Sache, sich Fantasien zu erträumen und eine andere, solche fantastischen Dinge aus den Gleichungen abzuleiten.«

Der Entweich-Effekt darf nicht mit der Hawking-Strahlung verwechselt werden. Diese wird, zumindest nach herkömmlicher Auffassung, strikt von der Temperatur beherrscht. Insofern kann es durch sie keinen Informationstransfer nach außen geben, zumal sie am Rand des Ereignishorizonts entsteht, nicht hinter ihm. Entweichen jedoch Teilchen aus dem Schwarzen Loch, ist dieses unergründliche Jenseits der diesseitigen Welt doch zugänglich – zumindest ein bisschen. Und das könnte weitreichende Konsequenzen auch für das Informationsparadoxon Schwarzer Löcher haben.

Angenommen, ein Schwarzes Loch hat Partikel von einem bestimmten Typ verschluckt, aber nicht von einem anderen – beispielsweise Elektronen, aber keine Positronen. Ein externer Beobachter kann das dem Schwarzen Loch nicht ansehen. Er weiß nicht, was sich im Inneren eines Schwarzen Lochs befindet und woraus es gebildet wurde, weil Schwarze Löcher nur drei Eigenschaften besitzen: Masse, Drehimpuls und elektrische Ladung. Auch die Hawking-Strahlung – wenn sie ein thermisches Spektrum hat, also zufällig ist – hilft hier nicht weiter. Denn sie besteht aus einer statistischen Verteilung aller möglichen Partikel. Und das bedeutet, dass sie gleich viele Elektronen und Positronen enthält.

Wenn Kuchiev und Flambaum Recht haben und Teilchen tatsächlich aus dem Schwarzen Loch entkommen, dann können externe Beobachter doch partiell herausfinden, was hinter dem Ereignishorizont steckt. Sind dort Elektronen, dann werden Elektronen der Schwerkraftfalle entrinnen – nicht aber Positronen, wenn sich das Schwarze Loch keinen signifikanten Anteil dieser Partikel einverleibt hat. Dieser neue Effekt bedeutet also, dass zumindest einige Informationen wieder aus einem Schwarzen Loch herauskommen – und zwar ohne dass die spekulativen Annahmen der Stringtheorie oder Quantengeometrie hierfür notwendig wären – die zugrunde liegenden Gleichungen basieren auf der gut etablierten so genannten semiklassischen Näherung, bei der Materie, Strahlung und Felder, aber nicht die Raumzeit quantenphysikalisch beschrieben werden.

Vielleicht ist die Hawking-Strahlung sogar nur ein Spezialfall dieses Effekts. Denn auch wenn die thermodynamischen Argumente für das Phänomen der Hawking-Strahlung ziemlich plausibel sind –

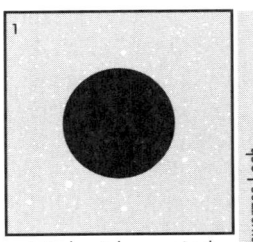

statisches Schwarzes Loch

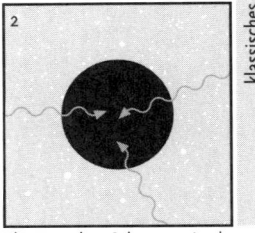

dynamisches Schwarzes Loch

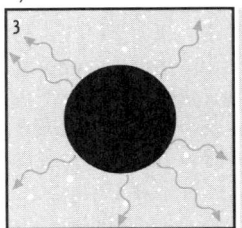

Hawking-Strahlung

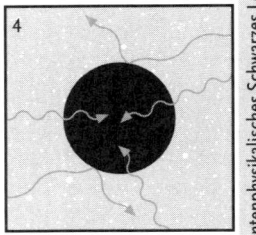

Reflexions-Effekt

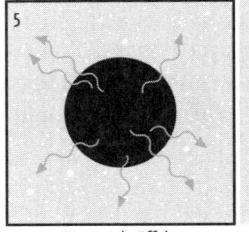

Entweich-Effekt

klassisches Schwarzes Loch

quantenphysikalisches Schwarzes Loch

Schwarze Löcher haben eine Temperatur, und Körper mit einer Temperatur müssen notwendigerweise Strahlung abgeben –, ist der Entstehungsmechanismus dieser Strahlung einigermaßen rätselhaft. Letztlich läuft es darauf hinaus, dass negative Energie in das Schwarze Loch fließt. Aber obwohl »negative Energie« kein physikalisch unsinniger Begriff ist und sogar messbare Wirkungen hat, ist ihre Bedeutung umstritten – und zwar insbesondere im Hinblick auf ihre Entstehung am Ereignishorizont. Kuchiev ist sehr unzufrieden mit den gängigen Erklärungsmustern: »Mir bereiten Partikel mit negativer Energie Kopfzerbrechen. Energie ist Energie. Und in physikalischen

Schwarze Löcher sind auch nicht mehr das, was sie einmal waren: Im Rahmen der klassischen Physik, gemäß der Gesetze von Albert Einsteins Allgemeiner Relativitätstheorie, verhalten sich Schwarze Löcher als irreversible Schwerkraftfallen, die alles in sich verschlucken und nichts mehr entkommen lassen, nicht einmal Licht. Ein statisches Schwarzes Loch (1) ist von seiner Umgebung völlig isoliert und im Gleichgewicht. Ein dynamisches Schwarzes Loch (2) verleibt sich Strahlung und Materie ein und wird dabei immer größer. Quantenphysikalische Effekte machen das Bild jedoch komplizierter. Stephen Hawking hat entdeckt, dass Schwarze Löcher eine Temperatur haben und deshalb Energie und Teilchen abgeben können. Diese Hawking-Strahlung (3) entsteht am Ereignishorizont, dem »Rand« des Raumzeit-Schlunds, und führt in ferner Zukunft zum Schrumpfen und Verdampfen aller Schwarzen Löcher. Kürzlich hat Michael Kuchiev zwei weitere, noch verblüffendere Quanteneffekte entdeckt: Zum einen können Schwarze Löcher sehr langwellige Strahlung wie ein Spiegel reflektieren (4), zum anderen entweichen sogar geringe Mengen an Masse und Energie aus der Region innerhalb des Ereignishorizonts (5). Somit sind Schwarze Löcher doch keine totalen Einbahnstraßen im All.

Anwendungen ist sie immer positiv. Jeder, der Stromrechnungen bezahlen muss, weiß das. Die Elektrizitätswerke rücken niemals Geld gegen negative Energie heraus«, insistiert der Physiker. »Wenn man über negative Energien diskutieren muss, stimmt irgendetwas nicht. Zumindest deutet es darauf hin, dass die gängige Erklärung der Hawking-Strahlung nicht so einfach ist, wie Wissenschaftler meist annehmen.«

Kuchiev betont, dass er die Hawking-Strahlung nicht anzweifelt – nur sei die übliche Erklärung mit Hilfe der Teilchen-Paarerzeugung am Ereignishorizont »nicht so kristallklar, wie die Leute gewöhnlich denken. Der Punkt ist, dass der Entweich-Effekt keine solchen Schwierigkeiten macht. Was seine Existenz selbstverständlich noch nicht beweist.« Doch möglicherweise tröpfeln wirklich Informationen aus den Raumzeit-Schlünden, und die Natur sendet uns Botschaften, die dazu beitragen, eines ihrer größten Rätsel zu lösen – das Geschehen im Zentrum eines Schwarzen Lochs. Man muss sie nur lesen lernen.

II

Mit Überlichtgeschwindigkeit zu den Sternen

Wurmlöcher, Warp-Antrieb und Tachyonen

Als Kind habe ich mir, wenn ich nachts im Bett lag, oft vorgestellt, was ich mit meinem Leben anfangen würde, ob ich dies oder jenes werden würde, und das Köstliche daran waren die unbegrenzten Möglichkeiten, die Jahre, die in ihrer Unvorhersagbarkeit schimmernd vor mir lagen.
ALAN LIGHTMAN, Physiker (1996)

... wir haben unsere Lust daran, uns in die Nacht des Unbekannten, in die kalte Fremde irgendeiner andern Welt zu stürzen, und, wär es möglich, wir verließen der Sonne Gebiet und stürmten über des Irrsterns Grenzen hinaus.
FRIEDRICH HÖLDERLIN, Dichter (1797)

7.
Zu neuen Ufern

Motivationen für den Flug zu den Sternen

»Beim Anblick der Sterne verfalle ich ins Träumen, genauso wie ich bei den schwarzen Punkten ins Träumen komme, die auf einer Landkarte Städte und Dörfer markieren«, hat der Maler Vincent van Gogh vor über hundert Jahren einmal gestanden. »Warum, frage ich mich, sollten die leuchtenden Punkte am Himmel nicht genauso erreichbar sein wie die schwarzen Punkte auf der Landkarte von Frankreich.« Und von dem amerikanischen Poeten Ralph Waldo Emerson stammt das Dichterwort »zum Himmelreich hinan/in einem Sprunge dann«.

Doch zu den Sternen ist es weit! Proxima Centauri, das nächstgelegene Gestirn, ist bereits 40,5 Billionen Kilometer von der Sonne entfernt – über 270.000-mal weiter als die Erde. Selbst das Licht mit seiner ungeheueren Geschwindigkeit von 299.792,458 Kilometern pro Sekunde braucht für diese Strecke 4,3 Jahre. Eine Saturn V-Rakete, mit der die Apollo-Astronauten 1969 bis 1972 zum Mond geflogen sind, wäre dafür über 800.000 Jahre unterwegs – und dann wäre der Stern aufgrund seiner Eigenbewegung gar nicht mehr dort, wo er heute steht. Das sind keine guten Aussichten, wenn wir noch zu Lebzeiten einen anderen Sonnenschein genießen wollen. Doch in der Phantasie der Science-Fiction und neuerdings auch der harten Physik gibt es durchaus Möglichkeiten einer superluminalen, das heißt überlichtschnellen Fortbewegung.

»Der moderne Mensch hat ein neues Laster erfunden: die Schnelligkeit«, schrieb der britische Schriftsteller Aldous Huxley. Doch sehr zum Ärger der Science-Fiction-Freunde scheint es in der Natur eine Barriere für die Geschwindigkeit von Informationstransfer und Fortbewegung zu geben: die Lichtmauer. Aber das ist nicht das letzte Wort, denn die Naturgesetze könnten Schlupflöcher enthalten oder gar die Existenz überlichtschneller Teilchen erfordern. Tatsächlich sind Warp-Blasen und Wurmlöcher nicht nur im Science-Fiction-Genre »All-täglich«, sondern im Prinzip auch von der Physik erlaubt. Das heißt, überlichtschnelle Fortbewegungen und Informationsverbreitungen sind auf der Basis der bekannten Naturgesetze und ihrer spekulativen Erweiterungen inzwischen keineswegs reine Science-Fiction mehr – obwohl sich Physiker teilweise davon inspirieren ließen und so wiederum SF-Autoren Anregungen gegeben haben.

Dass überlichtschnelle Signale und Raumflüge ein riesiger Fortschritt wären, braucht man keinem SF-Leser zu erklären. Und Motivationen für interstellare Weltraumflüge gibt es genug: Schon der Forscherdrang ist ein hinreichender Grund. Mit Hilfe der Überlichtgeschwindigkeit wäre die Erkundung anderer Sterne und Planeten innerhalb einer kurzen Zeit möglich – auch mit automatischen Sonden. Gibt es anderswo intelligentes Leben, wären kulturelle Anstöße nicht abschätzbarer Art die Folge.

Und wenn die Menschheit längerfristig überleben will, hat sie nur eine Chance: Sie muss die Erde verlassen. Bereits mittelfristig, um der Überbevölkerung zu entgehen. Und langfristig, weil die Sonne immer heißer wird und sich schließlich aufbläht und die Erde versengen oder gar verschlucken wird. Doch es gibt andere Sterne, und noch in 100 Billionen Jahren – falls das Universum bis dahin nicht längst in sich zusammengestürzt und in einem Endknall vergangen ist – wird menschenähnliches Leben in ihrer Umgebung möglich sein, sogar eine galaktische oder intergalaktische Kolonisierung.

Zwar ist eine terrestrische Auswanderung auch auf der Basis von Generationenraumschiffen denkbar. Doch überlichtschnelle Reisen wären effektiver, wären die einzige Möglichkeit des stetigen Kontakts zwischen den vielen Kolonien – und sogar für einen Kurzurlaub unter fremden Sonnen interessant.

Noch ein weiterer Grund für die Erforschung möglicher Überlichtgeschwindigkeiten darf nicht unterschätzt werden: Damit können Physiker die Tragweite, Gültigkeit und Struktur ihrer Theorien ausloten. Selbst wenn die Wissenschaft eines Tages unumstößlich nachweisen könnte, dass und warum Überlichtgeschwindigkeit eine Illusion ist, wäre das ein Erkenntnisfortschritt. Insofern ist dieser Forschungszweig, so spekulativ er teilweise auch sein mag, in jedem Fall ein lohnendes Unternehmen – gleichermaßen eine geistige Herausforderung und ein Erkunden unserer gegenwärtigen physikalischen Wissensgrenzen.

Angriff auf die Lichtmauer

Bisher können wir Menschen unsere kosmische Isolation lediglich in der Phantasie überwinden und zu den Sternen nur in Gedanken fliegen. Selbst wenn es möglich wäre, Generationenraumschiffe zu bauen und als interstellare Archen auf Reisen zu schicken, oder wagemutige Raumfahrer über Jahrtausende hinweg einzufrieren und erst am Ziel wieder aufzuwecken, könnten diese Ausflüge in unsere unmittelbare kosmische Nachbarschaft nur im Schneckentempo vorangehen.

Das schnellste jemals von Menschen geschaffene Objekt ist die im September 1977 gestartete Raumsonde Voyager 1, die gegenwärtig mit 62.000 Kilometern pro Stunde unser Sonnensystem verlässt. So beeindruckend diese Geschwindigkeit erscheint – verglichen mit der Vakuum-Lichtgeschwindigkeit c ist dies ein Schneckentempo und beträgt nicht einmal 0,006 Prozent der Lichtgeschwindigkeit. Protonen, die positiv geladenen Atomkern-Bausteine, wurden am Fermilab in Batavia, Illinois, immerhin schon auf 99,999946 Prozent von c beschleunigt.

Aber selbst ambitionierteste Antriebstechnologien wie Ionen-, Kernfusions- oder Antimaterie-Triebwerke könnten die »Mauer« der Lichtgeschwindigkeit aufgrund der Gesetze der Speziellen Relativitätstheorie niemals erreichen, da hierfür unendliche Energiemengen notwendig sind.

»Wenn ein Elektron mit dem 0,99999999999999999999999 99999999999999999999999999999999999fachen der Lichtgeschwindigkeit fliegt, so würde es einen mit der gleichen Wucht treffen wie ein Lastwagen, der mit normaler Geschwindigkeit fährt«, erklärt Lawrence M. Krauss, Physik-Professor an der Case Western University in Cleveland, Ohio. »Gewöhnliche Materie kann die Lichtgeschwindigkeit niemals erreichen.« Daran lässt sich nicht rütteln, und so hat schon mancher Physiklehrer begeisterten Raumfahrt-Enthusiasten und Science-Fiction-Lesern den Spaß verdorben.

Albert Einsteins Allgemeine Relativitätstheorie jedoch gestattet einige Schlupflöcher – sogar im Wortsinn – für scheinbar überlichtschnelle Reisen. Mit einer fortgeschrittenen Technologie könnte der Traum von einer unbeschwerlichen Raumfahrt zu den Sternen also vielleicht doch Wirklichkeit werden. Ähnlich wie Raumschiff Enterprise könnten die Weltraumkreuzer der Zukunft über die Raumzeit surfen oder förmlich durch die Dimensionen tunneln. Allerdings braucht man dafür exotische Materie oder höhere Dimensionen.

Einstein und die Überlichtgeschwindigkeit

Die Lichtgeschwindigkeit ist nach Albert Einsteins Spezieller Relativitätstheorie nicht nur eine universelle Naturkonstante, sondern auch die Grenzgeschwindigkeit für Materie. Denn man bräuchte unendlich viel Energie, um eine Masse auf c zu beschleunigen. Dennoch gibt es Schlupflöcher und Ausnahmen:

Erstens: Die Relativitätstheorie verbietet nicht die Existenz überlichtschneller Teilchen, den so genannten Tachyonen.

Zweitens: Sie ist auch vereinbar mit Quanteneffekten. So können sich Quantenzustände instantan, also in Nullzeit, ausbreiten (Nichtlokalität) – was beim »Beamen« ausgenützt wird. Dies darf jedoch nicht mit dem überlichtschnellen Transport von Materie wie bei *Star Trek* verwechselt werden, sondern ist eher mit einem Fax-Gerät vergleichbar, wo ein Zustand von einem Träger auf einen anderen übermittelt wird – nämlich die gefaxte Schrift, nicht aber das Papier, wobei allerdings das Original gelöscht wird. Außerdem lassen sich durch Quantentunnel-Effekte scheinbar Signale mit einem Mehrfachen der Lichtgeschwindigkeit übertragen. (Es ist aber wohl nicht so, dass dies der Relativitätstheorie widerspricht, denn es gibt verschiedene Arten von Geschwindigkeit, und bei diesen Experimenten wird nur das Pulsmaximum des Wellenzugs verschoben, nicht jedoch dessen Frontgeschwindigkeit erhöht. Die Diskussion ist aber noch nicht beendet, und einige Physiker wie Günter Nimtz von der Universität Köln beharren auf überlichtschnellen Signalen bei Tunnel-Effekten: Seit 1994 jagt er Mozart-Sinfonien durch Hohlleiter und misst ein Mehrfaches der Lichtgeschwindigkeit, denn im Tunnel würde keine Zeit verstreichen.) Und weiter: In einem physikalisch angeregten Lasermedium bewegen sich Quasipartikel überlichtschnell, ähnlich wie Phononen und Polaritonen in Festkörpern. Auch dies widerlegt das Relativitätsprinzip nicht, da Informationen und kausale Wechselwirkungen sich selbst hier nicht überlichtschnell ausbreiten oder nutzen lassen.

Drittens: Nur wenn die Raumzeit »flach« – ohne Krümmung – ist, lässt sich die Spezielle Relativitätstheorie global anwenden, andernfalls bloß lokal, also über Bereiche, die annähernd flach sind. (So ist ein Quadrat als Tangente zu einer Kugel eine gute Näherung zur Geometrie der Kugeloberfläche, wenn das Quadrat sehr klein ist im Vergleich zum Radius der Kugel.) Tatsächlich können sich Objekte überlichtschnell voneinander entfernen, wenn sich der Raum zwischen ihnen ausdehnt. Das tun Galaxien an gegenüberliegenden Seiten am Himmel auch heute. Und im ersten Sekundenbruchteil nach dem

Urknall hat sich vermutlich der gesamte Weltraum überlichtschnell aufgebläht – Kosmologen sprechen von einer »Inflation«. Trotzdem gilt die Spezielle Relativitätstheorie lokal auch hier, das heißt, Teilchen mit Ruhemasse können nie einen Lichtstrahl einholen. Als Analogie stelle man sich Käfer vor, die über ein Gummituch krabbeln: Wird das Tuch auseinander gezogen, können sich die Käfer mit beliebiger Geschwindigkeit voneinander entfernen – aber nie vermag sich ein Käfer schneller als ein Lichtstrahl über das Tuch zu bewegen.

Und viertens: Künstliche Manipulationen der Raumzeit ermöglichen Schlupflöcher für überlichtschnelle Reisen. Lichtsignale lassen sich zwar in einem fairen Rennen nicht überholen, aber mit einer Abkürzung kann man sie doch überlisten. Wurmlöcher, Warp-Antriebe und Krasnikov-Röhren sind die Hoffnungen auf solche Abkürzungen.

Sprünge und Flüge durch höhere Dimensionen

Abgesehen von abstrusen Treibstoffen, magnetischen Effekten, Antigravitation oder gar Psychodrogen, die es einem Raumfahrer entgegen Einsteins Verdikt ermöglichen, die Lichtmauer ähnlich wie die Schallmauer zu durchbrechen, lassen sich im Prinzip zwei Arten von Überlicht-Fortbewegungen unterscheiden, mit denen sich Science-Fiction-Autoren auch schon lange behelfen, um in die weite Welt jenseits unseres Sonnensystems vorzustoßen: Sprünge und Flüge. Die deutsche Heftromanserie *Perry Rhodan* beispielsweise macht von beiden Techniken ausgiebigen Gebrauch, postuliert dazu aber ein höherdimensionales Kontinuum jenseits unserer vierdimensionalen Raumzeit.

Überlichtschnelle Sprünge sind Transitionen durch den Hyperraum. Diese fünfte Dimension ist bereits seit den 1940er Jahren in den amerikanischen Pulp-Magazinen *Amazing Stories* und *Astounding SF* Standard und wurde später beispielsweise auch von Isaac Asimov (*Sterne wie Staub*, 1950, sowie der *Foundation*-Saga), Robert Heinlein (*Tunnel zu den Sternen*, 1955, und *Bewohner der Milchstraße*, 1957) und John Michael Sharkey (*The Trouble with Hyperspace*, 1965 – verbunden mit einer Zeitreise in die Vergangenheit) übernommen. Der Hyperraum wird in Nullzeit überwunden, so dass es nach der Entmaterialisierung an einem Ort praktisch zeitgleich zur Rematerialisierung an einem anderen Ort kommt. Das gilt für die Hypersprünge der Raumschiffe ebenso wie für den überlichtschnellen Transport von Lebewesen oder Gegenständen durch so genannte Transmitter (verheerende Bomben durch Transformkanonen inklusive) oder die Fähigkeit der Teleportation. Auch das Beamen im *Star-Trek*-Kosmos gehört in diese Kategorie, das schon von George O. Smith in *Special Delivery* (1945) geschildert wurde. In der schnöderen Realität unserer Gegenwartsphysik sind die nichtlokalen Effekte in der Quantenphysik ein Beispiel für diese Art der Überlichtgeschwindigkeit. Einstein sprach von »spukhaften Fernwirkungen« und bezweifelte deren Existenz. Doch inzwischen sind sie genau gemessen und bilden auch die Grundlage für die Quantenteleportation, das »Beamen« von Quantenzuständen. Diese Art der Quantensprünge benötigen freilich keinen Hyperraum.

Überlichtschnelle Flüge sind keine Ent- und Rematerialisierungsvorgänge und brauchen Zeit – aber relativ zum vierdimensionalen Einstein-Kontinuum vollziehen sie sich mit einem Vielfachen der Lichtgeschwindigkeit. Die Schranken der Relativitätstheorie werden dadurch nicht eingerissen, aber in der Science-Fiction gleichsam umschifft. So gibt es in der *Perry Rhodan*-Serie höherdimensionale Medien, die mit geeigneten Triebwerken durchflogen werden können: Der Linearraum ist eine Art Niemandsland zwischen dem vier- und fünfdimensionalen Kontinuum, in dem die Lichtgeschwindigkeit unendlich ist, so dass die Bewegungen relativ zum Einstein-Raum überlichtschnell sind. An dieser Nahtstelle zum Hyperraum sind phantastische Sternenflüge möglich – sofern der Kalupsche Kompensationskonverter die Helden gut abschirmt von den Effekten der instabilen Halbraumzone. Ähnlich verhält es sich mit dem Dakkarraum, auch Hypersexta-Halbspur genannt. Diese Librationszone zwischen der fünften und sechsten Dimension kann mit dem Dimesextatriebwerk in vielbillionenfacher Lichtgeschwindigkeit durcheilt werden und erlaubt somit intergalaktische Spritztouren. Für die *Perry Rhodan*-Autoren liegt der dramaturgische Vorteil solcher Zwischendimensionen auf der Hand: Abenteuerliche Reiseberichte, überlichtschnelle Verfolgungsjagden und eine buchstäbliche Horizonterweiterung garantieren Spannung und Abwechslung. Zwar haben längst auch die Theoretischen Physiker in der weniger phantasievollen, nichtliterarischen Alltagswelt zusätzliche Dimensionen als Möglichkeit in Kosmologie und Elementarteilchenphysik entdeckt, doch konkrete Theorien für die intergalaktische Raumfahrt ergaben sich daraus noch nicht. Freilich bietet schon die vierdimensionale Welt der Relativitätstheorie überraschenderweise mehrere Ausflüchte aus den Fesseln der Lichtgeschwindigkeit.

8.
Der Warp-Antrieb

Designer-Raumzeiten

»Der Weltraum ... Unendliche Weiten ... Dies sind die neuen Abenteuer des Raumschiffs Enterprise, das viele Lichtjahre von der Erde
entfernt unterwegs ist, um fremde Welten zu entdecken, unbekannte
Lebensformen und neue Zivilisationen. Die Enterprise dringt dabei in
Galaxien vor, die nie ein Mensch zuvor gesehen hat« – aber nun Millionen anschauen können, jedenfalls auf die TV-Schirmen, über die
der ab 1966 von Gene Roddenberry geschaffene Weltraum-Epos flim-
mert. Der galaktische Frieden ist dabei immer wieder gefährdet, doch
wenigstens auf die Technik der Enterprise ist meistens Verlass – von
den Transporterstrahlen über die Photonen-Torpedos bis zum Warp-
Antrieb. Auch sonst greift die Serie – wie Science-Fiction allgemein –
tief in die Kiste der exotischen Physik: Wurmlöcher, Warp-Blasen,
überlichtschnelle Tachyonen, Beamen, Zeitreisen, Extradimensionen
und Paralleluniversen spielen immer wieder die heimliche Hauptrolle. Überraschend ist, dass all diese Begriffe auch in die physikalische
Fachliteratur Einzug gehalten haben oder dort sogar früher schon existierten.

Der Warp-Antrieb ist für hartgesottene Wissenschaftler, die sich
mit der Wirklichkeit abkämpfen müssen, freilich nicht so einfach wie
für Science-Fiction-Autoren. Denn für die Physiker gilt erst recht, was
selbst Scotty zu Captain Kirk unzählige Male gesagt hat: »Die Gesetze
der Physik kann ich nicht ändern.« Doch vielleicht kann man sie ja
ausnutzen? Lawrence Krauss lobt die Weitsicht von Roddenberry & Co.
»Durch die Allgemeine Relativitätstheorie wird die Raumzeit dynamisch und veränderbar. Das ermöglicht es, Designer-Raumzeiten zu
schaffen, in denen sich fast jede Art von Bewegung durch Raum und
Zeit realisieren lässt.«

Tatsächlich sind die Designer-Raumzeiten, die Physiker in den
letzten Jahren entworfen haben, mindestens so spannend wie viele
Science-Fiction-Filme. Als sei sie aus Teig, wird dabei die Raumzeit
manipuliert – zumindest in der Theorie. Und so erscheinen in renommierten Physik-Fachzeitschriften inzwischen sogar Arbeiten zum

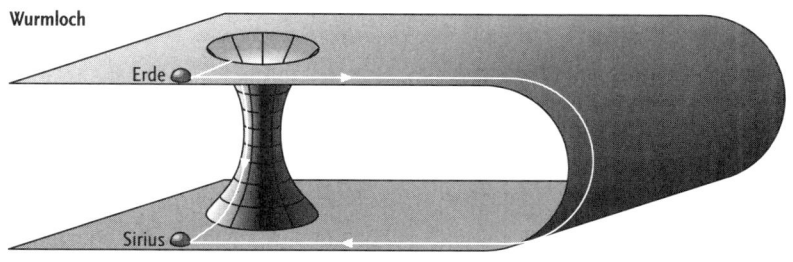

Wurmloch

Erde

Sirius

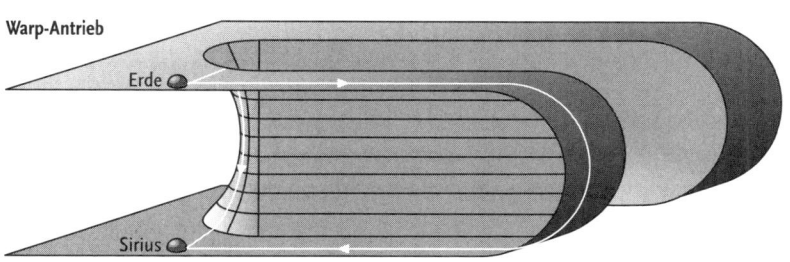

Warp-Antrieb

Erde

Sirius

Kosmische Abkürzungen: Weil der Stern Sirius 8,7 Lichtjahre von der Erde entfernt ist, wären selbst fast lichtschnelle Raumfahrer 8,7 Jahre unterwegs dorthin. Doch die Allgemeine Relativitätstheorie enthält Schlupflöcher: Mit einem Wurmloch oder dem Warp-Antrieb könnte man die Raumzeit – hier als zweidimensionale „Gummihaut" dargestellt – so manipulieren, dass die Reise durch den Wurmloch-Tunnel oder die Warp-Einkerbung viel kürzer als der normale Weg »außen herum« ist.

Warp-Antrieb. (Mit Warp-Generatoren hat Chester S. Geier bereits 1948 in *The Flight of the Starling* Schiffe über die Raumzeit surfen lassen, wobei allerdings ein Hyperraum als Grenzzone zwischen dem normalen und einem »negativen« Raum als Medium des Surfens phantasiert wurde. Wilde Verbiegungen der Raumzeit beschrieben haben schon vorher Edward L. Rementer in *The Space Bender*, 1928, sowie Nat Schachner und Arthur Leo Zagat in ihrem Roman *In 20,000 A.D.*, 1930.)

Die Warp-Blase

Begonnen hat die Warp-Euphorie 1994 mit einem Vorschlag von Miguel Alcubierre. Der 1964 geborene Physiker hatte an der Universität von Mexiko studiert und damals an der University of Wales im

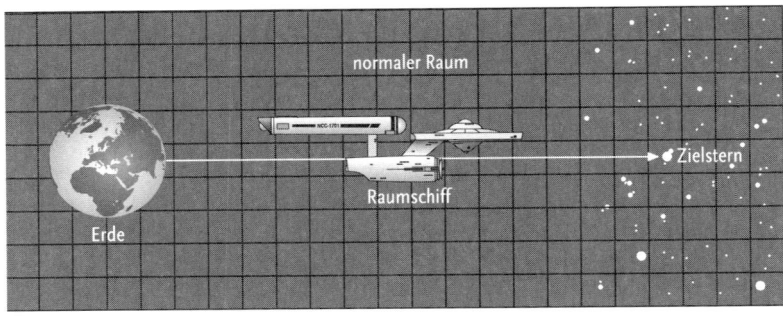

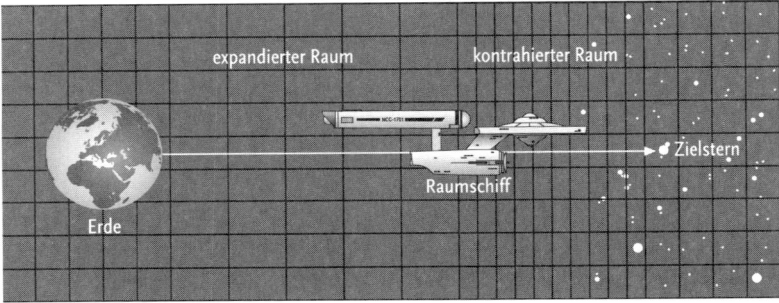

Mit Warp zu den Sternen: Überlichtgeschwindigkeiten sind schneller, als Albert Einstein erlaubt. Doch wenn der Raum vor einem Raumschiff gestaucht und hinter ihm in die Länge gezogen wird, könnte es in beliebig kurzer Zeit ans Ziel gelangen.

britischen Cardiff promoviert; inzwischen forscht er am Max-Planck-Institut für Gravitationsphysik in Potsdam. Er ließ sich weniger von seiner Phantasie als von den harten Gesetzen der Allgemeinen Relativitätstheorie leiten. Tatsächlich gibt es Lösungen von Einsteins Feldgleichungen, die das Funktionsprinzip eines Warp-Antriebs beschreiben können. Und die komplexe Mathematik dahinter lässt sich sogar in einfachen Worten anschaulich machen.

Wenn es gelänge, eine Warp-Blase zu erzeugen und gezielt zu beeinflussen, wäre die Reise zu den Sternen greifbare Realität. Denn die Blase kann sich durch die Raumzeit graben, indem sie diese so deformiert (englisch »to warp«: verzerren, krümmen), dass eine kosmische Abkürzung entsteht. Dazu muss der Raum in der Blasenwand vor dem Raumschiff gestaucht und hinter ihm gedehnt werden, während er außerhalb und innerhalb der Blase unangetastet bleibt.

»Mit einer rein lokalen Expansion der Raumzeit hinter dem Raumschiff und einer gegenüberliegenden Kontraktion vor ihm sind – von außen betrachtet – Überlichtgeschwindigkeiten möglich«, schrieb

Verzerrte Welten: Der Warp-Antrieb erlaubt theoretisch überlichtschnelle Reisen, indem er die Struktur der Raumzeit manipuliert. Das ist Zukunftsmusik, doch schon heute lassen sich die optischen Effekte von Warp-Blasen mit Hilfe der Allgemeinen Relativitätstheorie nicht nur berechnen, sondern sogar visualisieren. Die Darstellungen stammen von Daniel Weiskopf (Universität Stuttgart). Sie zeigen den Blick auf ein sich von links nach rechts bewegendes Warp-Raumschiff beim Vorbeiflug an Erde, Mars, Jupiter und Saturn mit dem 1,5-, 0,8-, 1,5- und 2,5-fachen der Lichtgeschwindigkeit. Das Bild mit der Erde im Hintergrund ist eine Tele-, das mit Saturn eine Weitwinkelaufnahme.

Alcubierre. »Das heißt nicht, dass sich die Beobachter im Schiff überlichtschnell bewegen« – denn innerhalb der Blase wird das Licht ja gleichsam mitgenommen. Aber von außen betrachtet tun sie es. »Das Raumschiff wird von der Erde weggedrückt und durch die Raumzeit selbst zu dem fernen Stern gezogen.« Es gleitet wie ein Surfer auf der Welle durch die flexibel gestaltete Raumzeit. Seine Geschwindigkeit hängt nur von der Expansion und Kontraktion der Warp-Blase ab. »Auf diese Weise vergrößert sich der Abstand zwischen dem Abflugort und dem Raumschiff ständig, während es dem Ziel immer näher kommt. Das Raumschiff selbst rührt sich dabei überhaupt nicht von der Stelle.« Es bleibt in seiner Blase mit flacher Raumzeit, so dass seine Besatzung keine Kräfte spürt. »Die effektive Beschleunigung kann also durchaus sehr hohe Werte annehmen, ohne dass sie die Astronauten auch nur ein kleines bisschen in ihre Sitze presst«, erläutert Alcubierre. »Man kann sich mit Überlichtgeschwindigkeit bewegen und dennoch stillsitzen«, bringt es Lawrence Krauss auf den Punkt. Man würde also keinerlei Beschleunigungskräfte spüren – ähnlich wie ein Surfer, der im Prinzip auf der Welle steht. Auch würde die Eigenzeit mit der am Start- und Zielort synchronisiert bleiben. »Das Raumschiff unterliegt keiner Zeitdilatation«, betont Alcubierre. Der Warp-Antrieb kann also vermeiden, dass auf der Erde viel mehr Zeit vergangen ist als im Raumschiff, wenn dieses zurückkehrt, was bei fast lichtschnellen Flügen der Fall wäre. Krauss: »Dann erlaubt uns die Allgemeine Relativitätstheorie doch, den Kuchen zu essen und ihn gleichzeitig zu behalten.«

Selbst bei äußerster Beanspruchung des Warp-Antriebs – und der tief gerunzelten Stirn des Chefingenieurs der ersten Stunde, Montgomery »Scotty« Scott – erreichte die Enterprise »nur« Warp 9,6: Die 1909fache Lichtgeschwindigkeit (Warp 10 bedeutet unendlich schnell, Warp 5 verordnet die galaktische Verkehrspolizei). Das ist immer noch lahm, verglichen mit einem nahezu unendlich schnellen Tachyonen-Triebwerk (dazu später mehr) und der harten Physik unserer Zeit.

Wenn ein Warp-Antrieb möglich wäre, könnte man damit entgegen *Star Trek* beliebig schnell durchs All kreuzen. Nur ist dieses »wenn« ein sehr großes WENN. Denn der Preis für einen Warp-Antrieb ist hoch – vielleicht sogar unbezahlbar. Für die Erzeugung der Warp-Blase ist nämlich exotische Materie mit negativer Masse beziehungsweise Energiedichte nötig, die keine anziehende, sondern eine abstoßende Gravitationswirkung hat. Niemand weiß, ob es so etwas im Universum gibt oder wie man ausreichende Mengen davon herstellen könnte. (Über »negative Masse« hat übrigens schon 1956 James Blish in seiner SF-Story *Nor Iron Bars* phantasiert und ein Raumschiff aus dem Normalraum geschleudert – allerdings ins Innere eines Atoms.) Im Labor ist es immerhin möglich, negative Energiedichten zu erzeugen und zu messen.

Negative Energie und die Kraft aus dem Vakuum

Schon vor über zweitausend Jahren hatten Aristoteles und seine Schüler behauptet, die Natur habe ein »horror vacui«, eine Furcht vor dem Leeren. Dies wurde im 17. Jahrhundert bezweifelt und im Rahmen der klassischen Mechanik widerlegt, aber die moderne Quantenphysik hat

Aristoteles Grundgedanken doch noch bestätigt: Ein vollkommenes Nichts kann es nicht geben. Im Gegenteil – das Vakuum brodelt.

Denn selbst ein perfektes Vakuum ist nicht vollkommen leer, sondern gemäß der Heisenbergschen Unschärferelation von unvermeidlich vorhandenen winzigen Quantenfluktuationen erfüllt, die sich Energie kurzfristig aus dem »Nichts« borgen können. Das ist wie im Wirtschaftsleben: Solange die Gesamtbilanz nicht gefährdet ist, darf man unbehelligt hin und wieder einige Konten überziehen. Virtuelle Photonen und Teilchen-Antiteilchen-Paare durchwabern also ständig den Raum. Sie tauchen plötzlich auf und verschwinden sofort wieder, ohne sich jemals einfangen zu lassen – eine spontane Paar-Entstehung und -Vernichtung. Selbst im Hochvakuum bei dem (nur theoretisch möglichen) absoluten Nullpunkt, einer Temperatur von minus 273,15 Grad Celsius, wenn also alle Wärmestrahlung verschwunden wäre, wird der leere Raum noch von solchen Quantenfluktuationen erfüllt: der so genannten Nullpunktstrahlung. »Was auf den ersten Blick wie totale Leere erscheinen mag, ist in Wahrheit ein Bienenstock fluktuierender Geister, die in einem nicht vorhersagbaren ausgelassenen Reigen auftauchen und verschwinden«, beschreibt es der Physiker Paul Davies.

Das ist keine waghalsige Spekulation, sondern experimentell bewiesen. So stoßen virtuelle Photonen beispielsweise Elektronen auf atomaren Kreisbahnen an, was kleine, aber messbare Unterschiede der jeweiligen Energieniveaus hervorruft. Diese als Lamb-Verschiebung oder Lamb-Shift bekannte Energieverschiebung in atomaren Spektren wurde 1947 von dem amerikanischen Physiker Willis Eugene Lamb (Nobelpreis 1955) und seinem Doktoranden Robert C. Retherford beim Wasserstoff entdeckt und lässt sich nur quantenphysikalisch erklären.

Die Nullpunktsstrahlung macht sich auch in Form des so genannten Casimir-Effekts bemerkbar: Wenn zwei verspiegelte Platten im Vakuum parallel ausgerichtet werden, so dass zwischen ihnen nur ein Bruchteil eines Millimeters Abstand bleibt, dann erfahren sie eine schwache elektromagnetische Kraft, die eine geringfügige Anziehung der Platten bewirkt. (Bei zwei parallelen, vollkommen reflektierenden Flächen von einem Quadratmeter Größe in einer Distanz von einem hundertstel Millimeter entspricht die Anziehungskraft gerade einmal der eines Teilchens mit einem millionstel Gramm Masse.) Vorausgesagt haben diesen Effekt schon 1948 der niederländische Physiker und spätere Nobelpreisträger Hendrik Casimir und Dik Polder, die beide am Philips Laboratorium in Eindhoven arbeiteten.

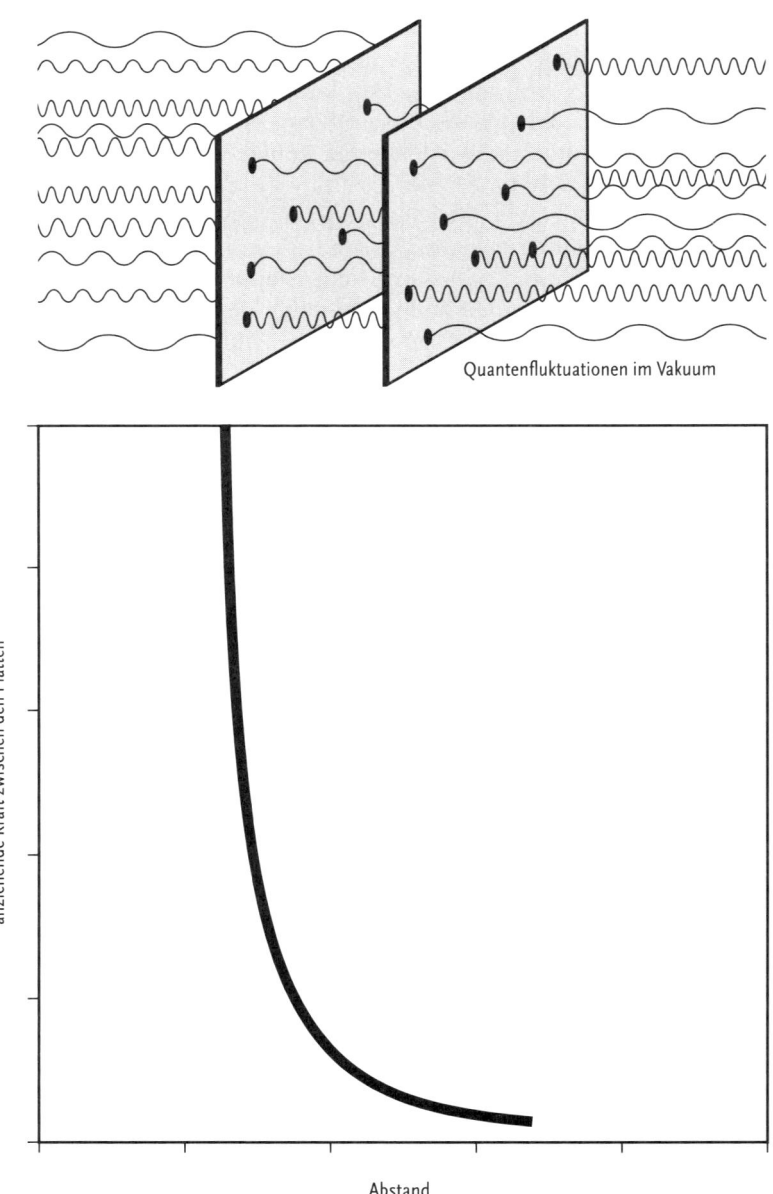

Quantenfluktuationen im Vakuum

anziehende Kraft zwischen den Platten

Abstand

Doch erst 1997 gelang es Steven K. Lamoreaux vom Los Alamos National Laboratory in New Mexiko, den Casimir-Effekt zweifelsfrei nachzuweisen. (Der einzige frühere Versuch besaß eine Ungenauigkeit von rund 100 Prozent.) Lamoreaux hatte eine der Platten durch eine goldbeschichtete Quarzkugel ersetzt und mit einer Torsionswaage die Kraft zwischen ihr und einer ebenfalls beschichteten, unbeweglichen Quarzplatte gemessen. Zwei Platten auf weniger als 1 Mikrometer (tausendstel Millimeter) Abstand parallel zu halten, wäre zu kompliziert gewesen. Das Experiment bestätigte Casimirs Voraussage mit einem Messfehler von nur 5 Prozent. Bei einem Abstand von 0,75 Mikrometer betrug die induzierte Kraft etwa 1 milliardstel Newton.

Im Jahr 2002 haben Gianni Carugno, Roberto Onofrio und ihre Kollegen von der Universität Padua den ursprünglichen Doppel-Platten-Versuch mit verbesserter Experimentaltechnik bei einem Abstand von 0,5 bis 3 tausendstel Millimeter ausgeführt. Trotz aller Schwierigkeiten bestätigten sie Casimirs Vorhersagen mit einer Genauigkeit von plus/minus 15 Prozent.

Die Ursache für den Casimir-Effekt ist das Brodeln des Vakuums. Weil gemäß des Bohrschen Komplementaritätsprinzips Teilchen zugleich auch Wellen sind, können sich in dem Raum zwischen zwei Platten nur jene Photonen aufhalten, deren Wellenlängen ein ganzzahliger Bruchteil des Abstands der Platten ist. Außerhalb der Platten existieren alle möglichen Wellenlängen und somit viel mehr virtuelle Teilchen. Dieser Überschuss übt eine winzige Kraft aus, die die Platten zusammendrückt. Deshalb ist die Energiedichte zwischen den Platten relativ zur Umgebung negativ. Somit gibt es weniger als nichts, wenn man »nichts« als ein perfektes Vakuum ohne Teilchen und Strahlung definiert. Denn die Energiedichte im Raum kann auch negativ sein, wie der Casimir-Effekt beweist. (Negative Energie darf nicht mit Antimaterie, der Kosmologischen Konstanten oder einem so genannten falschen Vakuum verwechselt werden, die positive Energiedichten haben, auch wenn ihre Ladungen umgekehrt sind beziehungsweise ihr Druck negativ ist.)

Es gibt noch mehr Beispiele für die Entstehung negativer Energie. So muss, wenn ein Schwarzes Loch langsam verdampft, seine Abgabe

Die Kraft aus dem Vakuum: Beim Casimir-Effekt bewirken Quantenfluktuationen des leeren Raums, dass sich zwei parallel ausgerichtete Platten leicht anziehen. Die Anziehungskraft nimmt mit der vierten Potenz des Abstands ab. Zwischen den Platten herrscht eine negative Energiedichte, die wie ein »Sog« wirkt. Denn dort gibt es weniger Fluktuationen als außerhalb, wo auch größere Wellenlängen möglich sind.

von Hawking-Strahlung durch die Aufnahme von negativer Energie kompensiert werden, die durch die extreme Raumzeit-Krümmung an seinem Rand entsteht.

Auch ein Spiegel, der rasch verschoben wird, kann negative Energie erzeugen, wie Paul Davies und Stephen Fulling Mitte der siebziger Jahre am King's College der University of London errechneten. »Bewegt sich ein Spiegel mit zunehmender Beschleunigung, so geht von dessen Oberfläche ein Fluss negativer Energie aus und strömt in den Raum vor dem Spiegel«, erläutert Davies. Der Energiebetrag ist freilich außerordentlich klein.

In der Quantenoptik lässt sich durch so genannte destruktive Quanteninterferenz das Quantenrauschen unterdrücken, und die Energiedichte von Lichtwellen wird vorübergehend negativ. Leitet man einen Laserstrahl durch ein zylindrisch geformtes Lithiumniobat-Kristall, dessen abgerundete Enden versilbert sind, so wird das kohärente Licht im Kristall hin und her reflektiert. Dadurch entsteht eine Art optischer Hohlraumresonator. Der Kristall bewirkt, dass sich ein Sekundärstrahl mit niedrigerer Frequenz bildet, in dem die Photonen paarweise neu angeordnet werden. Diese so genannte Kompression des Lichts führt zu Pulsen negativer Energie, die sich mit Pulsen positiver Energie abwechseln, freilich typischerweise jeweils nur 10^{-15} Sekunden andauern.

Obwohl die Quantentheorie die Existenz negativer Energie ermöglicht (was die so genannten schwache und Null-Energie-Bedingungen in der Relativitätstheorie verletzt), setzt sie ihr doch enge Grenzen in Größe und Dauer. Das wird mit Quanten-Ungleichungen beschrieben, die der Heisenbergschen Unschärferelation von Energie und Zeit ähneln und besagen, dass sich negative Energie nicht beliebig lange beliebig intensiv konzentrieren lässt: Je größer die negative Energiedichte, umso kleiner ist ihre zeitliche oder räumliche Ausdehnung, und desto größer die positive Energie als Gegenstück.

Physiker sprechen bei dem Energiedarlehen von Quantenzins: »Wie Schulden negatives Geld sind, das zurückgezahlt werden muss, so ist negative Energie ein Energiedefizit. Je größer das Darlehen, desto kleiner die maximal zulässige Darlehensdauer«, schreiben Lawrence H. Ford und Thomas A. Roman, Physik-Professoren an der Tufts University in Massachusetts und an der Central Connecticut State University. »Die Natur ist ein unerbittlicher Bankier und fordert Schulden stets zurück – Quantenschulden sogar mit Zinsaufschlag.«

Zahlreiche Studien zeigen, dass überlichtschnelle Fortbewegungen per Warp-Antrieb oder Wurmloch und Zeitreisen nur mit Hilfe von negativer Energie machbar wären.

Kosmischer Frust

Der große Rückschlag für Alcubierre und die Trekkies folgte 1996, als Larry Ford und sein Doktorand Mitchell Pfenning von der Tufts University in Medford, Massachusetts, ausrechneten, dass eine kleine Spritztour der Enterprise eine kosmische Energiekrise zur Folge hätte. Denn der Heisenbergschen Unschärferelation zufolge besteht ein Zusammenhang zwischen Energie und Zeit. Ford hatte entdeckt, wie sich dieser Quanteneffekt bei der Anwesenheit exotischer Materie niederschlägt, und mit Pfenning berechnet, welche Energien nötig sind, um eine Warp-Blase längere Zeit stabil zu halten. »Es gibt eine unüberwindbare Hürde. Für eine Warp-Reise benötigt die Enterprise etwa zehn Milliarden Mal mehr Energie, als die gesamte sichtbare Masse des Universums hat«, lautete Pfennings Fazit – und das, obwohl die Wand der Warp-Blase nur 10^{-31} Zentimeter dick zu sein braucht. »Ich denke nicht, dass es jemandem gelingt, einen Ausweg aus diesem Problem zu finden«, ergänzte Ford.

So schnell wollte Alcubierre jedoch nicht aufgeben: »Ford und Pfenning gehen von einem Raum aus, der zuvor nicht gekrümmt ist, und wir wissen noch zu wenig über die Quantengravitation – vielleicht kann die ja helfen.« Bis zu einer solchen Vereinigung von Quanten- und Relativitätstheorie ist der Weg zwar noch weit und steinig, aber das hält die Physiker nicht davon ab zu analysieren, was sich mit den vorhandenen Gleichungen machen lässt. Und tatsächlich sind unter bestimmten Voraussetzungen nur zehn Kilogramm exotische Materie für eine Warp-Blase nötig, berechnete später Sergei Krasnikov vom Pulkovo-Observatorium im russischen St. Petersburg.

Staub, Strahlung und Streuprobleme

Doch das bedeutet noch lange kein Freiflugticket. Denn die Fahrt zu den Sternen könnte buchstäblich zur Todesfalle werden. Der Weltraum ist nicht völlig leer, und bei weiten Strecken darf die Kollisionsgefahr mit kosmischem Staub oder gar kleinen Felsbrocken nicht unterschätzt werden. Schlimmer noch: Die Warp-Blase bündelt eintreffende Strahlung auf das Schiff, und die hohe Geschwindigkeit presst die Wellenlängen so extrem zusammen, dass die Blauverschiebung riesig wird. Mit anderen Worten: Die Strahlung ist dann so energiereich, dass Captain Picard und seine Mannschaft sofort geröstet würden.

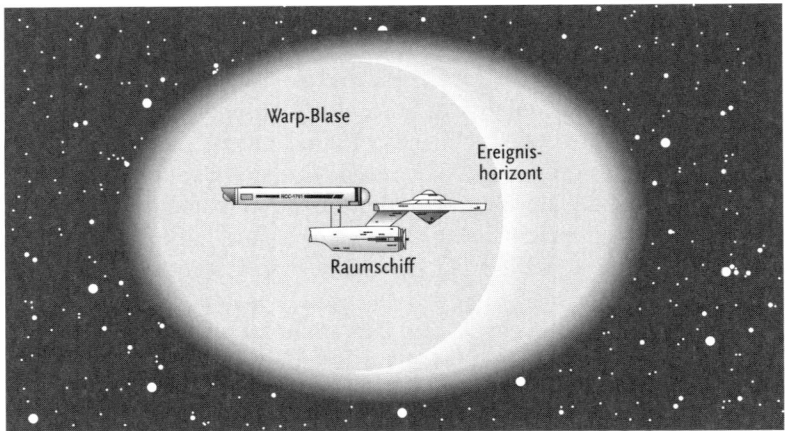

Fehler im System: Weil sich in der Warp-Blase ein Ereignishorizont ausbildet, durch den keine Signale gelangen, kann Raumschiff Enterprise die Blase gar nicht an- und ausschalten oder lenken. Dann wäre der Warp-Antrieb allenfalls von außen steuerbar.

»Wo ein Wille ist, ist auch ein Weg«, dachte sich wohl Chris Van Den Broeck von der belgischen Universität Leuwen, der inzwischen an der Penn State University im amerikanischen Bundesstaat Pennsylvania forscht. Nach einigem Grübeln kam er auf die Idee, dass eine zweite Raumkrümmung bei der Blase als Schutzschild dienen könnte – die Broeck-Metrik war entdeckt. Sie hat einen erfreulichen Nebeneffekt: Für sie sind nur noch wenige Sonnenmassen an exotischer Materie nötig. »Das heißt nicht, dass mein Vorschlag realistisch ist, denn noch immer braucht es unvernünftig hohe Energiedichten«, gibt der Physiker zu. Doch es ist ein Schritt in die richtige Richtung. Allerdings gibt es auch eine schlechte Nachricht: Die Blase erscheint von außen – nicht von innen! – mikroskopisch klein. Das Problem ist offensichtlich und viel gravierender als bei den Modellbau-Schiffen, die ihre Segel in den Flaschen blähen: Wie bekommt man ein Raumschiff in eine solche Broeck-Warp-Blase hinein und ohne Schaden auch wieder heraus, wenn deren Öffnung nur 10^{-30} Zentimeter groß ist?

Jose Natário von der Technischen Universität Lissabon hat noch mehr Salz in die Wunden der Trekkies gestreut. Zwar zeigte er, wie der Warp-Antrieb sogar ohne Expansion und Kontraktion der Raumzeit auszukommen vermag – »die Warp-Blase könnte einfach durch den Raum gleiten« –, aber der Antrieb taugt nicht für große Sprünge. »Über die technische Realisierung braucht man gar nicht mehr nachzudenken. Der Warp-Antrieb ist schon in der Theorie unmöglich.«

Das Problem ist Natário zufolge der Ereignishorizont, der durch die Überlichtgeschwindigkeit entsteht und die Warp-Blase umgibt. Er wirkt wie eine Barriere für kausale Wechselwirkungen und somit auch für jegliche Kommunikation. »Es wäre unmöglich, Signale aus der Blase herauszubekommen. Deshalb könnte man physikalische Vorgänge außerhalb der Blase nicht vom Raumschiff aus steuern.« Der Horizont verläuft sogar innerhalb der Warp-Blase, so dass die Reisenden keine Signale zu dem Teil der Blasenwand vor ihnen senden könnten. Dadurch ist es ihnen aber unmöglich, zu steuern oder zu bremsen. »Man kann die Blase nicht einmal vom Schiff aus erzeugen«, sagt Natário. Auch würde sich am Ereignishorizont alle Strahlung stauen, die von dem Raumschiff selbst abgegeben und womöglich auf eine unendliche Energiedichte zusammengequetscht wird. Unter solch extremen Bedingungen brechen die Gesetze der Physik, wie wir sie kennen, zusammen.

»Das ist der Alptraum für Ingenieure«, kommentiert Michael Pfenning, der nun an der University of York arbeitet, und hofft, dass sich die Strahlung am Horizont doch anders verhält. Wenn nicht, wäre der Warp-Antrieb immer noch nützlich für Reisen mit fast Lichtgeschwindigkeit – zu wenig zwar, um mit Kirk & Co zu konkurrieren, aber immer noch schnell genug, um andere Welten binnen weniger Jahrzehnte zu erreichen.

Vom Traum zu den Sternen

Doch vielleicht lässt sich die Warp-Blase ja auch von außen erzeugen und lenken? »Das bedeutet allerdings, dass zunächst jemand zum Reiseziel mit Unterlichtgeschwindigkeit hinfliegen müsste«, sagt Pfenning. »Damit der Raum vor einem kollabiert, muss man dafür sorgen, dass es überall dort die richtige Materieanordnung gibt. Zu diesem Zweck muss man mindestens ein Signal den ganzen Weg durch diesen Raum schicken«, ergänzt Krauss. »So könnte man zwar im Prinzip beliebig schnell reisen, wenn die Warp-Front vor einem erst einmal angefangen hat zu kollabieren, doch der Countdown zum Start würde 1000 Jahre dauern.«

Auch Miguel Alcubierre hat dieses Problem akzeptiert. »Die Vorderseite der Raumzeit-Blase, in der sich das Raumschiff befindet, ist kausal unverbunden mit dem Inneren«, gibt er seinen Kollegen Recht. »Das Raumschiff hat also keine Kontrolle über die Blase, es kann sie weder selbst aufbauen noch abschalten. Die Raumzeit-Krümmung muss daher von außerhalb erzeugt werden. Man kann sich aber durchaus eine Kette von Warp-Feldgeneratoren vorstellen, die längs des Weges zu einem anderen Stern aufgestellt sind und so synchronisiert wurden, dass sie sich jeweils einschalten, sobald ein Raumschiff den vorherigen Generator verlassen hat.«

Für unterlichtschnelle Flüge würde sich das Kontroll-Problem erledigen. Negative Masse wäre freilich trotzdem erforderlich, und schon dies wäre problematisch genug. Weil der Warp-Antrieb im Gegensatz zu allen bekannten Fortbewegungsmitteln, etwa Raketen, ein reaktionsloser Antrieb ist, verletzt er die Energiebedingungen auch bei beliebig langsamen Geschwindigkeiten, betonen Francisco S. N. Lobo von der Universität Lissabon und Matt Visser von der Victoria University im neuseeländischen Wellington. Die negative Energie in den Warp-Feldern muss deshalb einen signifikanten Bruchteil der Raumschiffsmasse betragen, die Geschwindigkeiten extreme Einschränkungen auferlegt, haben die beiden Physiker in einer 2004 veröffentlichten Studie gezeigt. Es sei deshalb »unwahrscheinlich, dass der Warp-Antrieb sich jemals als technisch praktikabel erweisen wird«, lautet ihr Resümee. Die Forschungen dazu seien jedoch »nützliche Gedankenexperimente – sie sind in erster Linie hilfreich für Theoretiker, um die Grundlage der Allgemeinen Relativitätstheorie auszuloten. Doch wir müssen nachdrücklich vor überenthusiastischen Fehleinschätzungen der technischen Erfordernisse warnen.«

Und selbst wenn die Natur zu Hilfe käme: In eine zufällig vorbeifliegende Warp-Blase einzusteigen, scheint ebenfalls nicht ratsam, auch wenn so etwas möglich wäre. Denn ein solches kosmisches Trampen zu unbekannten Gestaden – quasi per Anhalter durch die Galaxis – gewährt kein Rückflugticket.

Und einen ganzen Warp-Schlauch vom Start bis zum Ziel zu legen, würde erfordern, erst einmal mit Unterlichtgeschwindigkeit dorthin zu fliegen und überall Warp-Generatoren zu postieren. Eine solche Überlicht-Untergrundbahn – von den SF-Autoren Larry Niven und Jerry Pournelle mit ihren »Tramlinien« im Roman *Der Splitter im Auge Gottes* (*The Mote in God's Eye*, 1974) in gewisser Weise schon vorweggenommen – wäre eine Röhre aus modifizierter Raumzeit, wie sie Sergei Krasnikov vorgeschlagen hat. Doch auch eine solche Schnellbahntrasse muss wohl Utopie bleiben. Krasnikov hat nämlich ausgerechnet, dass für einen Warp-Schlauch bis zum nächsten Stern 10^{44} Sonnenmassen an negativer Masse benötigt würden. Zum Vergleich: Im sichtbaren Universum gibt es »nur« 10^{22} (positive!) Sonnenmassen Materie. Einer 2004 veröffentlichten Studie von Pierre Gravel und

Jean-Luc Plante vom Collège Militaire Royal du Canada in Kingston, Ontario, zufolge ist bei einer sparsameren Verwendung allerdings viel weniger negative Masse nötig, als Krasnikov glaubte.

Das letzte Warp-Wort ist also noch nicht gesprochen. Und die Trekkies haben das große Ziel eines ESAA-Antriebs keineswegs aufgegeben. Mit viel Einfallsreichtum basteln sie an immer neuen Designer-Raumzeiten, denken über Miniatur-Modellantriebe mit Hilfe exotischer Materiezustände wie des Bose-Einstein-Kondensats im Labor nach und hoffen, dass die Naturgesetze es doch ermöglichen, mit Quanteneffekten und raffinierten Metriken den Energieverbrauch eines Warp-Antriebs zu verringern und seine prinzipielle Praktikabilität nachzuweisen. Der Name ist Programm: Die Abkürzung ESAA steht für »Ex Somnium Ad Astra« – vom Traum zu den Sternen.

9.
Wurmlöcher

Kosmische Schlupflöcher

»Sie stürzten. Plötzlich war der Himmel voller Sterne. Ellie konnte eine gewaltige Spiralwolke aus Staub erkennen, die anscheinend in ein Schwarzes Loch von Schwindel erregenden Ausmaßen floss und aus der Strahlungsblitze schossen wie Wetterleuchten in einer Sommernacht. Wenn dies das Zentrum der Galaxis war, wie sie vermutete, musste es von Synchrotronstrahlung überflutet sein. Sie hoffte, dass die Außerirdischen daran gedacht hatten, wie empfindlich Menschen waren.«

So hat Carl Sagan die erste Reise von Menschen zu den Sternen beschrieben. Mit seinem 1985 erschienenen Roman *Contact*, 1997 erfolgreich von Robert Zemeckis verfilmt, hat der im Dezember 1996 verstorbene Professor für Astronomie und Weltraumwissenschaften an der Cornell University im US-Bundesstaat New York einen hochbezahlten Ausflug ins Genre der Science-Fiction-Literatur unternommen. Sein Thema: Die Erde empfängt eine außerirdische Funkbotschaft, die die Bauanleitung einer Maschine enthält. Diese ermöglicht es einigen Forschern, sich förmlich einen Weg durchs Weltall zu bohren.

Carl Sagan wollte die Einschränkungen der »Lichtmauer« in der Speziellen Relativitätstheorie nicht akzeptieren, die Weltraumreise aber trotzdem so schildern, dass sie nicht im Widerspruch mit den bekannten Naturgesetzen steht. Deshalb schickte er 1984 das fast fertige Manuskript seinem Freund Kip Thorne, der als Professor für Theoretische Physik am California Institute for Technology in Pasadena arbeitet, und bat ihn um Rat. Vielleicht würden Schwarze Löcher weiterhelfen, deren Zentren theoretisch mit anderen Regionen des Alls verbunden sein könnten.

»Es machte Spaß, Carls Roman zu lesen, doch gab es da tatsächlich ein Problem«, erinnert sich Thorne. »Carl, der kein Experte auf dem Gebiet der Relativitätstheorie war, kannte offenbar die Ergebnisse der Störungsrechnungen nicht: Es ist unmöglich, vom Zentrum eines Schwarzen Lochs in einen anderen Teil des Universums zu reisen.

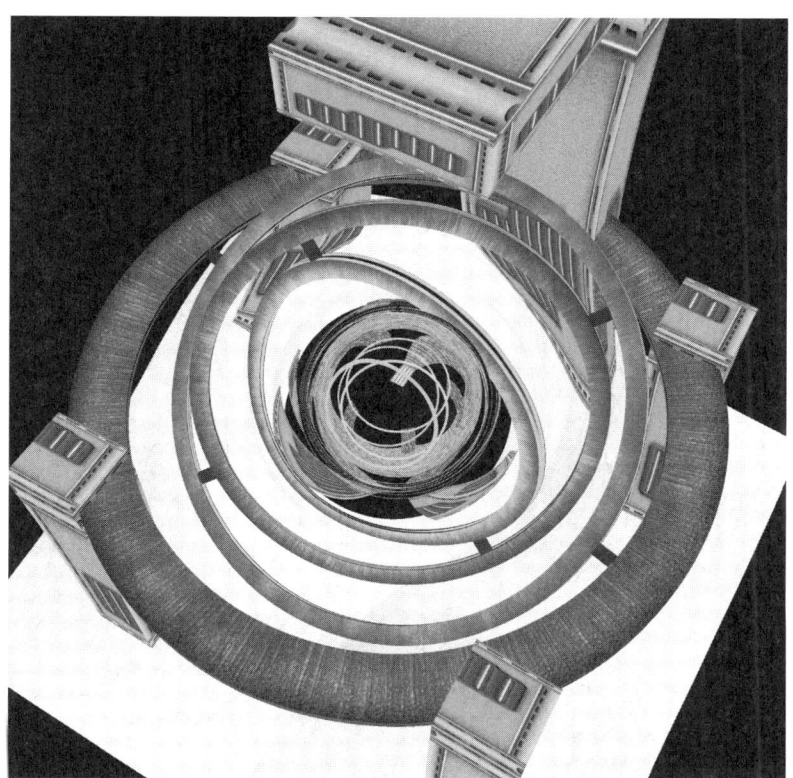

Tor zu den Sternen: Diese hypothetische Anlage zur Erzeugung eines Wurmlochs wurde jener im Film Contact nachempfunden. Die bizarre Raumzeit-Geometrie, der die Lichtstrahlen folgen müssen, ist aber kein reines Phantasie-Produkt. »Die Ringe der Maschine erscheinen verbogen, die der Apparatur auf der anderen Seite des Wurmlochs sieht man vollständig, und im Wurmloch-Hals kann man die Gebäude noch einmal verzerrt erkennen«, sagt Thomas Müller von der Abteilung für Theoretische Astrophysik der Universität Tübingen, der die Grafik mit Hilfe der Gesetze der Allgemeinen Relativitätstheorie berechnet hat. Das Modell stammt von Oliver Fechtig (Universität Stuttgart).

Jedes Schwarze Loch wird ständig von kleinen Vakuumfluktuationen und winzigen Mengen von Strahlung bombardiert. Die Berechnungen besagten eindeutig, dass jedes Raumschiff von der Strahlung zerstört würde. Carl musste seinen Roman abändern.«

Schwarze Löcher kommen auch aus anderen Gründen nicht für intergalaktische Ausflüge in Betracht. Ihre Gravitation ist so hoch,

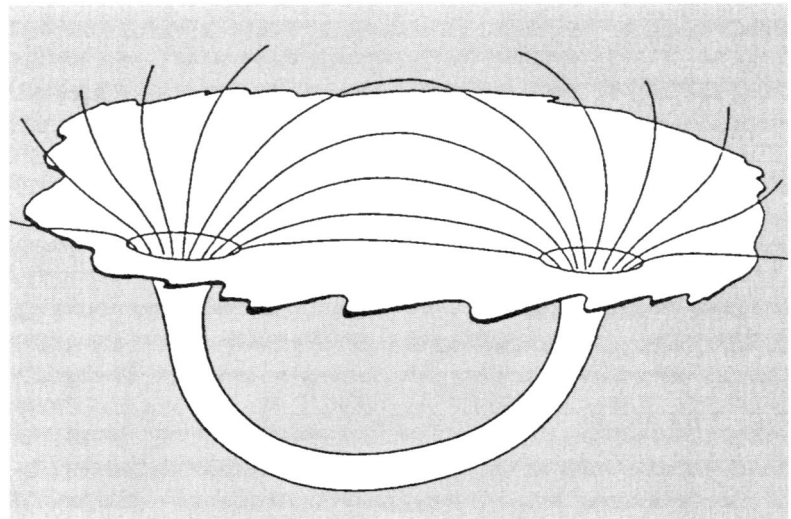

Das erste Bild eines Wurmlochs: Die Zeichnung stammt von John Archibald Wheeler, der sie 1955 veröffentlicht hat. Den Namen »Wurmloch« prägte er zwei Jahre später. Damals spekulierte er über »Ladung ohne Ladung« – vielleicht existieren gar keine elektrisch geladenen Teilchen, sondern nur Feldlinien, die sich durch ein mikroskopisches Gewebe aus Wurmlöchern ziehen, welche den Raum durchsetzen. Diese Idee funktionierte jedoch nicht.

dass einem Schwarzen Loch nichts mehr entkommen kann, was einmal seine Grenze – den Ereignishorizont – passiert hat. Selbst wenn einfallsreiche Wissenschaftler eine Möglichkeit fänden, unversehrt in ein Schwarzes Loch zu gelangen, das mit einem Schwarzen Loch irgendwo anders in Verbindung stünde, wären die Raumfahrer für alle Ewigkeit zu einem schrecklichen Nomadendasein im düsteren Niemandsland der Schwerkraftfallen verurteilt.

»Doch es käme noch schlimmer«, erklärt Matt Visser, der sich als Physik-Professor an der Washington University in Sankt Louis auf die Erforschung der Wurmlöcher spezialisierte und inzwischen zur Victoria University in Wellington, Neuseeland, gewechselt ist: »Es gibt meistens hässliche Dinge hinter Ereignishorizonten. Innere Horizonte beispielsweise sind in der Regel instabil, und Versuche, sie zu durchqueren führen im Allgemeinen dazu, dass der Reisende gekocht wird. So genannte Krümmungssingularitäten zermalmen jeden, der sie trifft. Und selbst wer sie umgeht, wird von den Gezeitenkräften in blutige Fetzen gerissen.«

Auf einer langen Autofahrt kam Kip Thorne jedoch die entscheidende Idee: Einsteins Relativitätstheorie gestattet im wahrsten Sinn des Wortes ein Schlupfloch für überlichtschnelle Reisen.

Tatsächlich gelang es Thorne später zusammen mit seinem Doktoranden Michael Morris zu beschreiben, wie zwei weit entfernte Regionen im All miteinander in Verbindung stehen könnten. Solche Raumzeit-Tunnel waren früher schon von anderen Wissenschaftlern untersucht worden. Thornes einstiger Doktorvater John Archibald Wheeler, auf den auch der Begriff »Schwarzes Loch« zurückgeht, hatte sie 1957 mit den Kanälen von Würmern in Äpfeln verglichen und als »Wurmlöcher« bezeichnet.

»Ein Wurmloch ist eine tunnelartige Verbindung durch die Einsteinsche Raumzeit, vergleichbar mit den Kanälen, die ein Wurm durch einen Newtonschen Apfel bohrt«, erklärt William A. Hiscock schmunzelnd. »Bislang sind Wurmlöcher nur theoretische Konstrukte, aber sie helfen uns, mögliche Randbedingungen der Allgemeinen Relativitätstheorie auszuloten und Effekte einer künftigen Theorie der Quantengravitation zu erschließen«, führt der Physik-Professor an der Montana State University in Bozeman weiter aus. Außerdem eignen sich Wurmlöcher sehr gut, um die Relativitätstheorie zu unterrichten und junge Studenten anzuziehen, für die die Science-Fiction-Exotik dieser Gebilde offenbar sehr attraktiv ist. Doch dies ist nicht alles: Wenn es makroskopische, stabile Wurmlöcher gäbe, würde das auch ungeahnte praktische Möglichkeiten eröffnen – Reisen in ferne Regionen unseres Universums oder gar in andere Universen. Denn Wurmlöcher sind theoretisch befahrbare kosmische Abkürzungen und bieten momentan die besten Aussichten für überlichtschnelle Fortbewegungen. Freilich ist dies in der Geschichte ihrer Erforschung erst spät entdeckt worden.

Eine kurze Geschichte der Wurmlöcher

▶ 1915/16: Albert Einstein veröffentlicht die Allgemeine Relativitätstheorie.

▶ 1916: Karl Schwarzschild entdeckt Schwarze Löcher als eine spezielle Lösung der Einsteinschen Feldgleichungen.

▶ 1916: Ludwig Flamm beschreibt sie als Wurmlöcher.

▶ 1928: Hermann Weyl spekuliert über Eigenschaften von Wurmlöchern.

► 1935: Albert Einstein und Nathan Rosen versuchen, Elementarteilchen als Tunnel durch den Raum zu beschreiben (Einstein-Rosen-Brücken); später stellt sich heraus, dass dies nur eine andere Darstellungsweise Schwarzer Löcher ist.

► 1955: John Archibald Wheeler veröffentlicht die erste Zeichnung eines Wurmlochs.

► 1957: Wheeler prägt den Namen »Wurmloch« und vermutet, solche Gebilde würden der Raumzeit auf kleinsten Skalen eine »schaumartige« Struktur verleihen.

► 1963: Roy Kerr beschreibt rotierende Schwarze Löcher. Die ringförmige Singularität in ihrem Zentrum kann als Tor zu weit entfernten Raumregionen interpretiert werden.

► 1984/85: Kip Thorne liest Carl Sagans Roman *Contact* vorab und entdeckt, wie sich Wurmlöcher im Rahmen der Relativitätstheorie als Flugschneisen durch das Universum nutzbar machen lassen.

► 1988: Thorne und Michael Morris veröffentlichen die erste wissenschaftliche Arbeit über befahrbare Wurmlöcher und lösen eine rege Forschungsaktivität aus, die bis heute anhält; seither wurden zahlreiche andere Wurmloch-Typen beschrieben und untersucht, ob sie sich auch als Zeitmaschinen verwenden lassen.

► 1988: Stephen Hawking und andere erweitern John Wheelers Hypothese von Wurmlöchern als Bestandteile des Raumzeit-Schaums.

► 1993: Thomas Roman überlegt, ob sich mikroskopische Wurmlöcher spontan während einer Inflationsphase vergrößern können.

► 1995: Claudio Maccone erforscht magnetische Wurmlöcher.

► 1995: Matt Visser veröffentlicht sein Buch *Lorentzian Wormholes* – noch immer das Standardwerk über die Physik der Wurmlöcher.

► 1997: David Hochberg, Arkadiy Popov und Sergey V. Sushkov zeigen, dass Quanteneffekte ausreichend sein könnten, um den Wurmloch-Schlund offen zu halten.

► 2001: Sergei Krasnikov meint, ein Wurmloch wäre in der Lage, exotische Materie selbst zu erzeugen.

► 2002: José Martins Salim und seine Kollegen berechnen, dass magnetische Monopole ein Wurmloch ohne exotische Materie stabilisieren könnten.

► 2002: Wolfgang Graf findet Wurmloch-Lösungen ohne exotische Materie in einer alternativen Schwerkraft-Theorie.

► 2002: Sean A. Hayward und Hisa-aki Shinkai gelingt es, die Wurmloch-Dynamik im Computer zu simulieren. Sie zeigen, dass Wurmlöcher eng mit Schwarzen Löchern verwandt sind. Wenn zu viel Materie hineinstürzt oder negative Energie sich zerstreut, kollabieren Wurmlöcher rasch zu Schwarzen Löchern, die wiederum mit Geisterstrahlung aus negativer Energie zu Wurmlöchern umgewandelt werden könnten.

▶ 2003/4: Matt Visser, Sayan Kar und Naresh Dadhich entdecken, dass die Gesamtmasse der exotischen Materie beliebig gering sein kann.

▶ 2004: Hiroko Koyama und Sean A. Hayward finden eine exakte Berechnung der Verwandtschaft von Wurmlöchern und Schwarzen Löchern und ihrer wechselseitigen Umwandelbarkeit.

Befahrbare Wurmlöcher

Wurmlöcher lassen sich theoretisch als Abkürzungen benutzen, um ferne Regionen im All zu erreichen oder sogar in andere Universen vorzustoßen (oder auch, um Energie und Materie aus Schwarzen Löchern zu holen). Dadurch könnte man die Barriere der Lichtgeschwindigkeit austricksen. In SF-Serien wie *Star Trek: Deep Space Nine*, *Stargate* und *Farscape* sind Wurmlöcher inzwischen geradezu selbstverständlich.

Für die Praxis intergalaktischer Raumflüge sind allerdings nicht x-beliebige Wurmlöcher brauchbar, sondern spezielle Voraussetzungen erforderlich, die eine sichere Durchfahrt gewährleisten:

▶ Das Wurmloch muss statisch und stabil sein, darf also nicht einstürzen.

▶ Es darf nicht von einem Ereignishorizont umhüllt werden, sonst könnte man nicht mehr herausfliegen.

▶ Die Gravitationskräfte müssen klein sein, sonst würde man durch die Gezeitenkräfte zerrissen werden.

▶ Die Reise durch das Loch sollte maximal ein Jahr dauern.

▶ Der Bau sollte in einem vertretbaren Zeitraum möglich sein und keine unendlichen Mengen an Materie und Energie verschlingen.

Tatsächlich fanden Thorne und Morris eine einfache sphärische Lösung der Einstein-Gleichungen, deren Geometrie einer Sanduhr mit zwei abgeflachten Becken und einer engen Passage dazwischen entspricht. Später zeigten Matt Visser und andere Forscher, dass es auch andere befahrbare Wurmlöcher geben könnte. Ein Modell Vissers ähnelt beispielsweise einer – allerdings vierdimensionalen – eckigen Garnspule mit einer rechteckigen Passage, die viel sicherer wäre als das Sanduhr-Modell. (Übrigens würde sie einem Raumfahrer wie

Loch durchs All: *Mit Hilfe eines Wurmlochs auf dem Tübinger Marktplatz wäre der Nachbarplanet Mars nur einen Schritt entfernt. Das Bild ist Fiktion, die Darstellung beruht aber auf den Gesetzmäßigkeiten der Allgemeinen Relativitätstheorie. Im Schlund des Wurmlochs »spiegeln« sich sowohl der Marktplatz samt Pflastersteine als auch der Sand des Roten Planeten. Die wissenschaftliche Visualisierung haben Thomas Müller und Hanns Ruder von der Abteilung für Theoretische Astrophysik an der Universität Tübingen berechnet, die virtuelle Stadtansicht stammt vom Max-Planck-Institut für Biologische Kybernetik in Tübingen. »Manchmal wünsche ich, wir könnten unsere Verwaltung mit dem Wurmloch in die Wüste schicken«, schmunzelt Ruder, wenn die Bürokratie wieder einmal unerträglich wird.*

die schwarzen Quader erscheinen, die Arthur C. Clarke 1968 in seinem Science-Fiction-Roman *2001 – Odyssee im Weltraum* als Sternentore geschildert hat.) Eine weitere Möglichkeit wurde als »chirurgisches Schwarzschild-Modell« bezeichnet. Hier muss man von einem Schwarzen Loch gleichsam Ereignishorizont und das als Singularität bezeichnete Zentrum herausschneiden wie Schale und Kernhaus bei einem Apfel. Dann werden die gegenüberliegenden Regionen mit einem Zentralschacht verbunden. Inzwischen gibt es zahlreiche »natürlichere« Wurmloch-Lösungen, die weniger artifiziell anmuten als die erste, von Morris und Thorne gleichsam – mathematisch – von Hand zusammengebastelte (die neuesten Computersimulationen zufolge übrigens trotz der exotischen Materie nicht stabil ist). Auch in

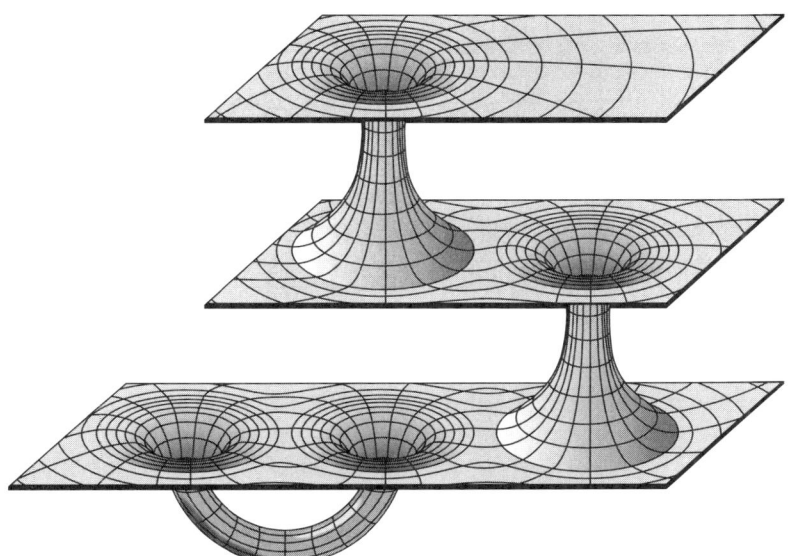

Tunnel durch die Dimensionen: *Wurmlöcher verbinden weit entlegene Raumbereiche miteinander oder sogar verschiedene Universen. Wenn sie stabil sind, kann man durch diese kosmischen U-Bahnschächte relativ zum normalen Weg mit Überlichtgeschwindigkeit fliegen und vielleicht sogar in die eigene Vergangenheit. Um die Vorstellungskraft des Betrachters nicht zu überfordern, wurden die Universen hier zweidimensional wiedergegeben.*

alternativen, das heißt von der Allgemeinen Relativitätstheorie abweichenden Gravitationstheorien (wie den Brans-Dicke-, Einstein-Gauss-Bonnet-, höherdimensionalen String- oder Branen-Szenarien) wurden Wurmloch-Lösungen gefunden.

Das alles klingt selbst für hartgesottene Wissenschaftler ziemlich abenteuerlich – und zwar völlig zu Recht. »Wurmlöcher sind spekulative Physik«, betont Matt Visser. »Es gibt keinen einzigen experimentellen Hinweis, dass sie existieren. Aber sie sind eine Erweiterung der bekannten Physik, ohne dass neue physikalische Prinzipien oder fundamental neue Theorien erforderlich wären.« Deshalb empfiehlt Visser die Wurmloch-Physik fortgeschrittenen Studenten, um daran ihre Fertigkeiten im Umgang mit dem mathematischen Handwerkszeug der Relativitätstheorie zu üben. »Das trägt dazu bei, die Einsteinsche Physik besser zu verstehen«, stimmt Hanns Ruder zu. Der Professor für Theoretische Astrophysik an der Universität Tübingen gehört zu den wenigen Wissenschaftlern in Deutschland, die sich mit Wurmlöchern beschäftigt haben. »Es gibt aber auch Leute, die vor Schrecken ihre Hände über dem Kopf zusammenschlagen angesichts solcher Verrücktheiten«, räumt Visser ein.

Die Faszination überwiegt jedoch – das beweist bereits die große Zahl wissenschaftlicher Veröffentlichungen zum Thema. Inzwischen sind einige hundert Artikel in renommierten Fachzeitschriften erschienen. »Dieser Forschungszweig ist enorm gewachsen und beinahe außer Kontrolle«, schrieben José P. S. Lemos vom Centro Multidisciplinar de Astrofísica im portugiesischen Lissabon und seine Kollegen in einem 2003 erschienenen Überblicksartikel.

In jedem Fall sind Wurmlöcher eine abenteuerliche Möglichkeit, die Tragweite der Allgemeinen Relativitätstheorie auszuloten. Auch könnten sie zu Problemen mit der Kausalität (Prinzip von Ursache und Wirkung) und zu Zeitparadoxien führen. Und das ist wiederum für ein Verständnis der Grundlagen der Physik von enormer Bedeutung. Überhaupt würde die Vorhersagbarkeit – wie schon im quantenmechanischen Indeterminismus – durch überlichtschnelle Kommunikation oder Fortbewegung auf eine fundamentale Weise eingeschränkt. Doch das sind momentan noch eher philosophische Aspekte. Für eine praktische Nutzung stellen Wurmlöcher Wissenschaft und Technik freilich ebenfalls vor große Herausforderungen. Was wäre zu tun?

Anleitungen für Ingenieure

Verschiedene Möglichkeiten sind für angehende Wurmloch-Tiefbauämter denkbar:
▸ bestehende kosmische Wurmlöcher aufspüren und nutzen,
▸ oder Wurmlöcher aus dem Raumzeit-Schaum hervorholen und vergrößern,
▸ oder ein Schwarzes Loch in ein passierbares Wurmloch umwandeln,
▸ oder die Raumzeit verformen, aufschneiden und die offenen Ränder zu einem Wurmloch verbinden,
▸ oder die Raumzeit sogar ohne Risse zu einem Wurmloch verknoten.

»Am besten ist es wohl, ein Wurmloch zu finden, das bereits mit dem Urknall in die Struktur der Raumzeit verwoben wurde, und es dann so zu modifizieren, dass es für eine Reise tauglich wird. Das würde freilich die Nützlichkeit eines solchen Wurmlochs stark einschränken, da es sich kaum kontrollieren ließe, wohin es führt«, überlegt Matt Visser schmunzelnd. »Außerdem erinnert mich diese Strategie an das Rezept für einen Drachenbraten: Zunächst nehme man einen Drachen ... «

Eine Hauptschwierigkeit ist die Stabilisierung des Schlundes. »Die einzige Möglichkeit, ein Wurmloch offen zu halten, besteht darin, es mit einem Material zu durchsetzen, das durch seine Gravitation die Wände auseinander drückt«, erklärt Thorne. Ein solches Material ist exotische Materie mit negativer Energiedichte beziehungsweise negativer Masse. Dadurch entsteht eine gravitative Abstoßung. Ohne sie würde schon die geringste Störung, beispielsweise ein herannahendes Raumschiff, das Wurmloch zum Einsturz bringen. Um das zu verhindern, muss mit Hilfe der exotischen Materie ein gewaltiger negativer Druck aufgebaut werden, der sich als hohe mechanische Spannung bemerkbar macht.

Für eine Öffnung von sechs Kilometer Durchmesser sind Drücke von 10^{32} Kilogramm pro Quadratzentimeter notwendig. Das entspricht etwa den Verhältnissen im Inneren eines Neutronensterns. Bei einer hundert Meter weiten Passage ist der Wert noch zehntausendmal höher. Daraus folgt, dass die Spannung, die das Wurmloch am Einsturz hindern soll, mindestens 10^{17}-mal größer sein muss als die Dichte der Substanz, mit der das Wurmloch gebaut wird. Ein solches Material ist bislang unbekannt. Ein Stahlstab hat zum Beispiel eine Zugfestigkeit von etwa 10.000 Kilogramm pro Quadratzentimeter – das ist nur ein Hundertmilliardstel des erforderlichen Wertes. Für ein Morris-Thorne-Wurmloch mit einem Meter Durchmesser bräuchte man bereits exotische Materie von der Masse des Riesenplaneten Jupiter.

Die Antischwerkraft der exotischen Materie könnte also den Raumzeit-Tunnel offen halten. Das ließe sich übrigens daran erkennen, dass ein Lichtstrahlenbündel, das in das Wurmloch fällt, sich zunächst zusammenzieht und nach dem Durchdringen des Tunnels wieder auffächert. Hier wirkt das Wurmloch folglich wie eine Zerstreuungslinse.

Diese bizarre Eigenschaft hat immerhin den Vorteil, dass sich kosmische Wurmlöcher über weite Entfernungen hin bemerkbar machen würden. Astronomen sprechen schon von »exotischen Sternen« oder von GNACHOs (Gravitationally Negative Anomalous Compact Halo Objects). Die negative Masse am Wurmloch-Schlund erzeugt einen charakteristischen Gravitationslinsen-Effekt, das hat Igor Novikov berechnet. Der Effekt würde zu so genannten Kaustiken führen, die sich als Helligkeitsanstieg, -abfall und erneuten -anstieg eines Sterns

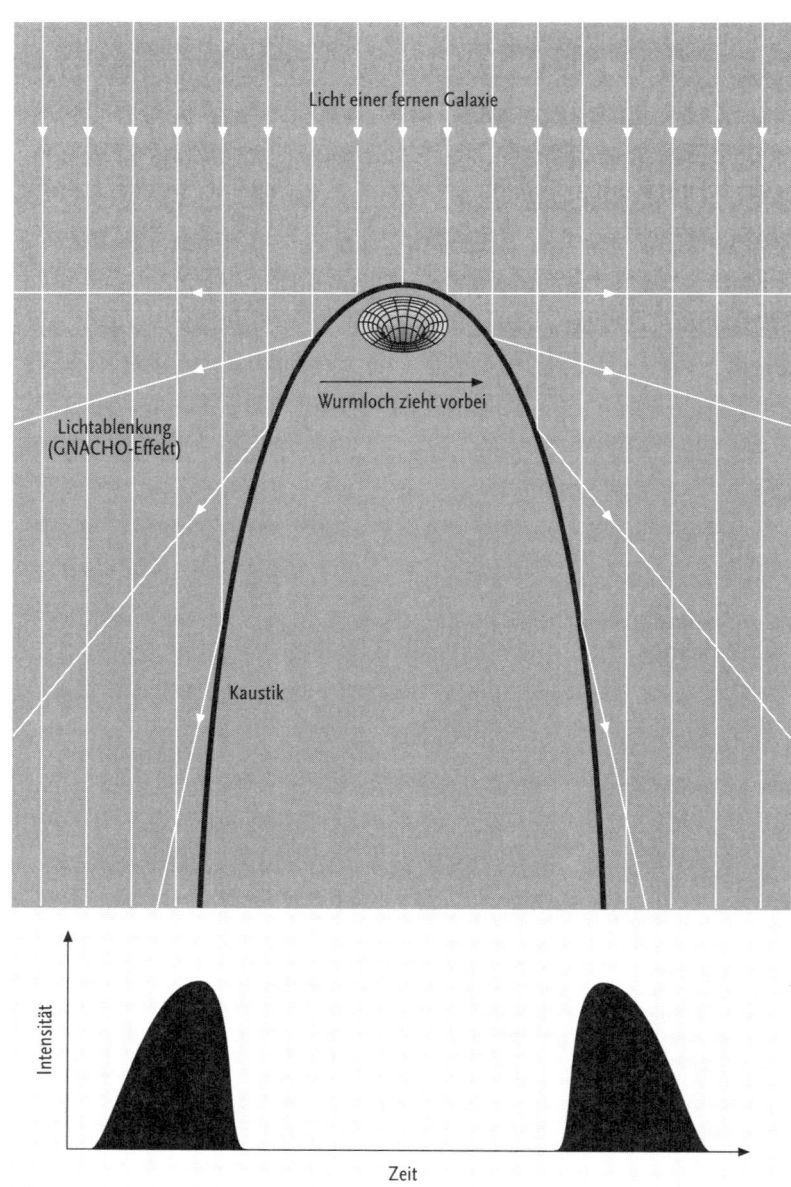

Verräterische Zeichen: *Wurmlöcher im Weltall machen sich durch einen Gravitationslinsen-Effekt bemerkbar, der die Helligkeit der Strahlung einer Hintergrundgalaxie in charakteristischer Weise verändert.*

bemerkbar machen müssten, wenn das Wurmloch zufällig vor diesem Hintergrundstern vorbeizieht. »Gewöhnliche Masse verursacht durch ihre Lichtablenkung eines weiter entfernten Sterns einen einzigen Helligkeitsanstieg wie bei einer Sammellinse«, sagt Gregory Benford, Physik-Professor an der University of California in Irvine. »Negative Masse wirkt dagegen wie eine Zerstreuungslinse, die die Lichtquelle selbst verdunkelt, aber ihre Ränder aufhellt.« Diese Signatur ist einzigartig und sollte bei den Suchprogrammen nach MACHOs berücksichtigt werden. Das hat Benford zusammen mit seinen Kollegen John G. Cramer, Geoffrey A. Landis, Robert Forward, Matt Visser und Michael Morris bereits 1995 vorgeschlagen. MACHOs (Massive Compact Halo Objects) tragen zu einem – allerdings nicht überwiegenden – Teil an der ominösen Dunklen Materie bei, die die Milchstraße und andere Galaxien umgibt, und lassen sich mit aufwendigen Suchprogrammen nach Gravitationslinsen-Effekten nachweisen. Zu den MACHOs gehören lichtschwache Rote und Braune Zwergsterne, isolierte Planeten und Schwarze Löcher. »Weil Wurmlöcher mit ihrer negativen Masse so exotisch erscheinen, wird niemand eine Suche nach ihnen finanzieren. Aber die Chance, sie in den Daten der MACHO-Projekte aufzuspüren, ist verlockend«, sagt Benford. Freilich wurde bislang keine GNACHO-Signatur im Halo der Milchstraße gefunden. »Wurmlöcher sind instabil«, schränkt Geoffrey Landis vom Lewis Research Center der NASA in Cleveland, Ohio, ein. »Aber kurz nach dem Urknall könnten sie von Schleifen negativer Masse stabilisiert worden sein, Kosmischen Strings.« Das sind hypothetische Diskontinuitäten oder Verwerfungen in der Raumzeit: superdünne Fäden aus dem »falschem Vakuum« der Urzeit. »Dann wären die Wurmlöcher womöglich heute noch da.«

Doch darauf sollte man sich lieber nicht verlassen. »Wenn beim Urknall keine Wurmlöcher entstanden wären, könnte man versuchen, sie auf zweierlei Art zu erzeugen«, überlegt Kip Thorne: »Auf einem quantenmechanischen Weg – Wurmlöcher werden aus dem Raumzeit-Schaum hervorgeholt. Und auf einem klassischen Weg – die Raumzeit wird ohne Risse verformt.«

Der klassische Weg wäre, die Raumzeit wie Knetmasse zu biegen. Dabei könnte theoretisch direkt ein Wurmloch in sie hineingeknotet werden, wie es Robert Geroch 1967 als Student von John Wheeler in Princeton beschrieb. Dies hat allerdings einen hohen Preis, denn es gelingt ohne Risse und Schnitte nur, wenn dabei gleichzeitig die Zeit in allen Bezugssystemen verzerrt wird. Das hört sich einfach an, hätte aber eine extreme Konsequenz: Bei dieser Prozedur müsste es möglich sein, sich sowohl rückwärts als auch vorwärts in der Zeit zu bewegen. Die Bauanleitung müsste es also für einen Augenblick möglich machen, spätere Ereignisse bei der Wurmloch-Erzeugung in frühere Zeitpunkte zu versetzen – dies wäre eine Zeitmaschine. Wenn man von den dabei vielleicht auftretenden Paradoxien zurückschreckt oder ein Naturgesetz eine solche Ingenieurskunst unmöglich macht, bliebe nur die brutale Alternative, die Raumzeit buchstäblich aufzuschneiden. Denn so wie man aus einer Knetkugel keinen Kringel formen kann, ohne einen Riss zu machen (der Kringel hat nämlich eine andere topologische Eigenschaft), lässt sich auch kein Wurmloch ohne einen solchen Gewaltakt durch räumliche Kneterei erschaffen. (Man darf nicht vergessen, dass ein Wurmloch kein wirkliches Loch durch etwas ist, sondern aus Raum besteht!) Doch wenn man den Raum aufschneidet, hätte er, bis man ihn wieder zusammenklebt, einen offenen Rand. »Ein freigelegter Rand dieser Art, der zur Herstellung eines passierbaren Wurmlochs erforderlich ist, wäre eine nackte Singularität«, bringt Paul Davies die Problematik auf den unerquicklichen Punkt. »Und diese würde in der Natur möglicherweise verheerenden Schaden anrichten.« Ein solcher Gewaltakt wäre allenfalls die letzte Maßnahme. Und auch hier bräuchte man immer noch exotische Materie, um den Tunnel aufrechterhalten zu können.

Der quantenmechanische Weg erscheint vielversprechender, weil er Singularitäten oder Zeitschleifen vermeidet und auch das Problem der negativen Energiedichte lösen könnte. Hierfür ist es aber nötig, eine Theorie der Quantengravitation zu finden, die die Allgemeine Relativitätstheorie und die Quantentheorie vereinigt. Dazu gibt es bislang nur einige unvollkommene Ansätze. Sie zeigen immerhin, dass die Raumzeit auf der so genannten Planck-Skala – das heißt bei Längen um 10^{-33} Zentimeter und Zeiten um 10^{-43} Sekunden – eine schaumartige, körnige Form annimmt. John Wheeler beschrieb das submikroskopische Vakuum als ein brodelndes Meer von geometrischen Möglichkeiten, das mit winzigen Wurmlöchern durchsetzt ist und davon geradezu wimmelt. Sie entstehen und vergehen ständig auf dieser kleinsten Skala der Natur aufgrund quantenphysikalischer Ereignisse, glauben Stephen Hawking und andere Physiker. Vielleicht lässt sich ein Weg finden, ein solches Gebilde zu einem befahrbaren Wurmloch aufzublasen, also irgendwie drastisch zu vergrößern und gleichzeitig zu stabilisieren. Mit dem Mechanismus der Inflation – einer überlichtschnellen Raumausdehnung, die einen Sekundenbruchteil nach dem Urknall unser Universum groß gemacht haben soll – wäre das denkbar. Eine solche Inflation kann sogar natürlicher-

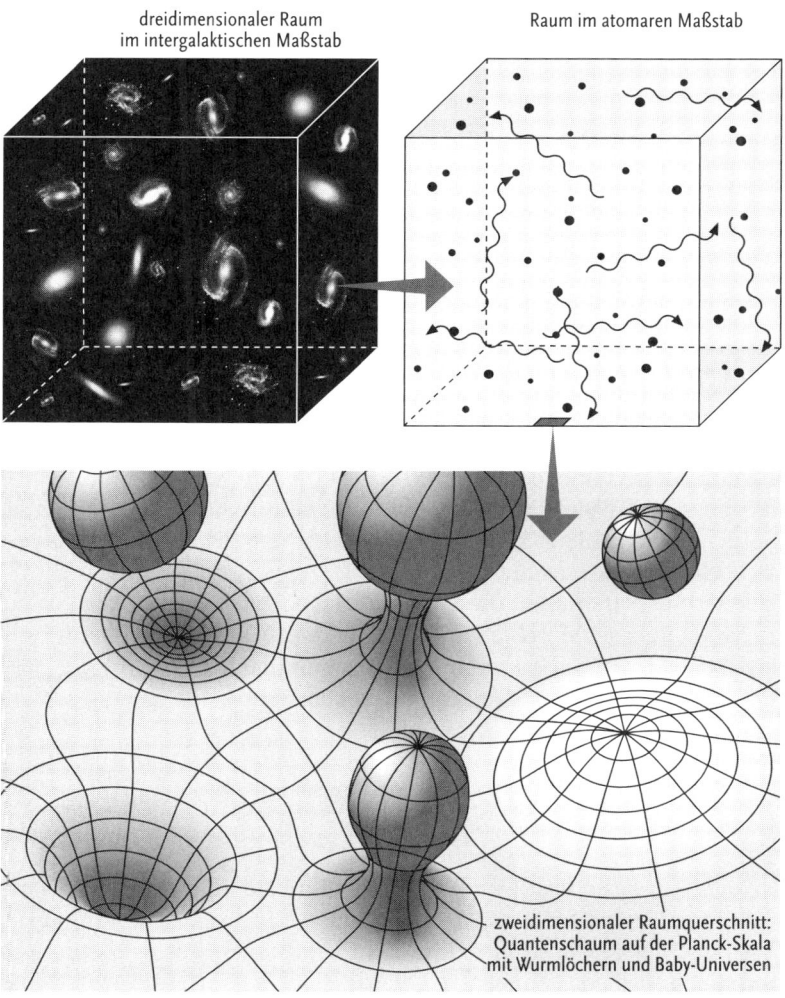

dreidimensionaler Raum
im intergalaktischen Maßstab

Raum im atomaren Maßstab

zweidimensionaler Raumquerschnitt:
Quantenschaum auf der Planck-Skala
mit Wurmlöchern und Baby-Universen

Urgrund allen Seins: Auf der kleinsten physikalisch möglichen Skala sind Raum und Zeit nicht mehr kontinuierlich und homogen, sondern fluktuieren in wilden Geometrien. Dieser so genannte Quantenschaum könnte submikroskopische Wurmlöcher enthalten. Vielleicht lassen sie sich »aufblasen« und als Tunnel durch die Dimensionen nützen. Zu den Größenordnungen: Typische Galaxien haben einen Durchmesser von 10^{21} Metern (100.000 Lichtjahre), Atome von 10^{-9} Metern (ein Milliardstel Meter), und der Quantenschaum wird erst bei der kleinstmöglichen physikalischen Länge »sichtbar«, der Planck-Länge (10^{-35} Meter).

weise geschehen. Die Schwierigkeit wäre dann nur, sie rechtzeitig zu stoppen. Matt Visser hat zudem vorgeschlagen, das Wurmloch mit einem Kosmischen String offen zu halten, wenn es aus dem Quantenschaum expandiert. Ein solches schleifenartiges Gebilde aus dem »falschen Vakuum« kurz nach dem Urknall müsste man freilich auch erst einmal finden. Außerdem hat bislang kein Wissenschaftler ausreichend Vorstellungskraft entwickelt, um sich eine Anleitung für ein solches Unternehmen auszudenken. Auch Carl Sagan zog sich in seinem Roman *Contact* raffiniert aus der Affäre, indem er für den Bau der Weltraum-U-Bahnen eine uralte, enorm fortgeschrittene und längst verschwundene Zivilisation verantwortlich machte.

Bislang tappen die Theoretiker also noch weitgehend im Dunkeln. Das hindert sie freilich nicht daran, über Anwendungsmöglichkeiten von Wurmlöchern zu spekulieren. Solche Raumzeit-Verbindungen würden sich nicht nur dazu eignen, um recht schnell weite Strecken zurückzulegen und damit ausgedehnte Forschungsreisen durchzuführen, ferne Welten zu besiedeln und andere Völker der Galaxis zu besuchen. Wurmloch-Passagen lassen sich vielleicht auch in Schwarze Löcher legen. Damit wäre es möglich, Ausflüge in die Schwerkraftfallen zu unternehmen, diese zu erkunden und wohlbehalten wieder zurückzukehren. Vor allem aber könnte man Materie und Energie aus den Schwarzen Löchern heraussaugen und über die Wurmloch-Pipelines direkt an die Verbrauchsorte transportieren. Alle Energieprobleme wären für lange Zeit gelöst.

Alternativen zur exotischen Materie

»Wurmlöcher sind im Detail von Experten studiert worden und würden, wenn sie existierten, so ähnlich aussehen wie das Wurmloch in *Star Trek: Deep Space Nine*«, sagt Matt Visser. »Aber man sollte nicht vergessen, dass die Filme zur Unterhaltung da sind und man keine konkreten Lehren für die Physik daraus ziehen kann.« Immerhin sind Wurmlöcher die bislang besten Kandidaten für überlichtschnelle Fortbewegungen. Visser: »Die gute Nachricht nach zwanzig Jahren harter Forschungsarbeit ist, dass man nicht beweisen kann, dass sie nicht existieren. Die schlechte Nachricht ist, dass sie, wenn sie überhaupt existieren, riesige Mengen an negativer Energie brauchen, damit sie offen und befahrbar bleiben. Obwohl wir im Labor geringe Mengen erzeugen können, erscheint es hoffnungslos, mit gegenwärtigen Technologien ein großes Wurmloch offen zu halten.«

Um beispielsweise den Schlund eines Wurmlochs mit nur einem Meter Radius zu stabilisieren, braucht man ein negatives Energieband, das nur 10^{-21} Meter dick sein darf – ein Millionstel des Durchmessers eines Protons. Dazu wäre jedoch alle Energie nötig, die zehn Milliarden Sterne in einem Jahr erzeugen. Und das Hundertfache davon wäre für die Stabilisierung eines hundertmal größeren Schlunds erforderlich.

Doch in den letzten Jahren haben Theoretiker beachtliche Fortschritte erzielt. So zeigte Sergei Krasnikov, wie ein Wurmloch die exotische Materie selbst erzeugen könnte, »und zwar in ausreichender Menge, um es für Reisen hinreichend groß zu machen«. Und Matt Visser hat mit den indischen Physikern Sayan Kar und Naresh Dadhich errechnet, dass die Gesamtmasse der exotischen Materie beliebig gering ausfallen kann, wenn eine geeignete Wurmloch-Geometrie gewählt wird.

Vielleicht geht es sogar ganz ohne exotische Materie. Claudio Maccone von der italienischen Weltraumtechnologie-Firma Alenia Spazio favorisiert magnetische Wurmlöcher. Er stützt sich dabei auf Arbeiten von Tullio Levi-Civita aus dem Jahr 1918. Dieser fand damals eine exakte Lösung der Allgemeinen Relativitätstheorie für die Magnetogravitation: Magnetfelder, die etwa entlang einer zylinderförmigen Metallspule entstehen, können den Raum krümmen. Für die Stabilisierung eines ein Meter großen Wurmlochs im Labor wären freilich schon Feldstärken in der Größenordnung von 10^{18} Tesla nötig – 100.000 Tesla ist das technisch mögliche Maximum heute. Vielleicht lassen sich Magnetfelder an der Oberfläche eines Neutronensterns verwenden, doch auch sie erreichen maximal eine Milliarde (also 10^9) Tesla. Visser zufolge hat Maccones Vorschlag noch eine prinzipiellere Schwierigkeit: Er beschreibt ein sphärisches, geschlossenes Wurmloch, aus dem man nur hinaus kann, wenn man es an den Polen aufschneidet. Doch dann müsse sich der Raum um sich selbst falten, und dazwischen wären wiederum Anteile von exotischer Materie nötig.

Aber der Magnetismus könnte dennoch einen Ausweg bieten. Ein brasilianisches Physiker-Team in Rio de Janeiro um José Martins Salim fand, dass unter gewissen, umstrittenen Annahmen auch magnetische Monopole ein Wurmloch stabilisieren könnten. Solche isolierten Süd- und Nordpole sind vermutlich kurz nach dem Urknall entstanden. »Mit einem Monopol ließe sich der negative Druck für ein Wurmloch erzeugen«, sagt Salim. »Und ein befahrbares Wurmloch ließe sich allein mit einem Magnetfeld aufrecht erhalten.« Dazu wäre negative Energie nicht notwendig.

Vielleicht könnte sich das Problem auch erübrigen, wenn eine erweiterte Theorie der Schwerkraft richtig wäre. Denn die Allgemeine Relativitätstheorie – mit der Quantentheorie die erfolgreichste physikalische Theorie überhaupt –, muss keineswegs das letzte Wort sein und gelangt im hochenergetischen und kleinräumigen Bereich der Quantengravitation ja ohnehin an ihre Grenzen. So modifizierte Wolfgang Graf von der Universität Wien versuchsweise Einsteins Gleichungen unter der von der Stringtheorie motivierten Annahme, dass ein bislang hypothetisches Skalarfeld namens Dilaton die Raumzeit beeinflusst, was als Kopplung mit dem so genannten Metrik-Tensor in den Feldgleichungen beschrieben wird. In dieser – freilich spekulativen – neuen geometrischen Gravitationstheorie lassen sich ebenfalls Wurmlöcher finden. »Doch hier greifen die Theoreme der Allgemeinen Relativitätstheorie nicht, welche exotische Materie als notwendiges Übel vorhersagen«, freut sich der Physiker über seine überraschende Entdeckung. Ob die von ihm gefundenen elektromagnetisch geladenen Wurmlöcher stabil sind – eine notwendige Bedingung, um sie durchfliegen zu können –, ist noch ungeklärt, da sie bislang nur als statische, also zeitunabhängige Lösung berechnet wurden. »Unter Umständen könnte eine kleine Störung zu einer Implosion oder Explosion führen«, räumt Graf ein. »Dennoch bin ich aufgrund ihrer sonstigen Eigenschaften zuversichtlich, dass diese Wurmlöcher stabil sind.«

Geisterstrahlung und verwandte Löcher

Dynamische Wurmlöcher – also ihr zeitabhängiges Verhalten – werden erst seit kurzem studiert. Dazu sind komplizierte Computersimulationen und pfiffige mathematische Gleichungen notwendig. Aber der Aufwand lohnt sich!

So zeigten Sean A. Hayward von der Ewha Womans University in Seoul, Korea, und Hisa-aki Shinkai vom Riken-Institut of Physical and Chemical Research in Wako, Japan, mit detaillierten Simulationsrechnungen, dass eine enge Verwandtschaft von Wurmlöchern mit Schwarzen Löchern besteht: Wenn zu viel Materie hineinstürzt oder sich ihre negative Energie zerstreut, kollabiert ein Wurmloch rasch zu einem Schwarzen Loch. Und wenn auf zwei gegenüberliegenden Seiten eines Schwarzen Lochs ausreichende Mengen so genannter Geisterstrahlung aus negativer Energie trifft, kann es vorübergehend in ein – sogar passierbares – Wurmloch umgewandelt werden. Überfüttert man ein Wurmloch mit negativer Energie, bläht es sich zu einem inflationären, also exponentiell expandierenden Universum auf – dieser Mechanismus würde es auch ermöglichen, mikroskopische Wurmlöcher aus dem Raumzeit-Schaum auf eine befahrbare Größe aufzublasen.

»Stabile Wurmlöcher können mit einer geeigneten Balance von positiver und negativer Energie betrieben und aufrecht erhalten sowie mit diesen Energien vergrößert oder verkleinert werden«, fasst Hayward die neuen Erkenntnisse zusammen, die er mit Hiroko Koyama von der Waseda-Universität im japanischen Tokio inzwischen auch mit analytischen Berechnungen untermauern konnte. Die Details dieser Dynamik hängen freilich stark ab von den Modellen für exotische Materie sowie von kosmologischen Hintergrund-Annahmen (etwa der Existenz einer Kosmologischen Konstante) und der zugrunde liegenden Gravitationstheorie. Dennoch zeigen Haywards Forschungen auch, dass man allein mit der Existenz von Geisterstrahlung im Standardrahmen der Allgemeinen Relativitätstheorie mit befahrbaren Wurmlöchern rechnen kann. »Wenn der Raumzeit-Schaum und negative Energie existieren und unter Kontrolle gebracht werden können, lassen sich befahrbare Wurmlöcher bauen und vergrößern.«

Kosmische Seltsamkeiten

»Es ist wahr, dass negative Energien und Wurmlöcher heute exotische Ideen sind«, resümieren Sayan Kar, Naresh Dadhich und Matt Visser in ihrer jüngsten Studie. »Aber wenn man andere esoterische Vorschläge von Physikern betrachtet, die vor Jahrzehnten skizziert und dann weitgehend vergessen wurden« – beispielsweise die inzwischen im Labor gemessene negative Gruppengeschwindigkeit oder einen negativen Refraktionsindex –, »dann dürfte es nicht empörend sein zu sagen, dass die exotischen Dinge von heute die Realität von morgen sein können, wenn auch in einer gegenwärtig noch unvorstellbaren Form.«

Deshalb sind Verletzungen der Energiebedingungen in der Relativitätstheorie kein Tabu mehr. In gewisser Hinsicht darf Physikern gar nichts heilig sein – und die Natur überrascht uns immer wieder mit neuen, noch bizarreren Phänomenen. »Die Welt ist nicht nur seltsamer, als wir annehmen, sondern sie ist seltsamer, als wir annehmen können«, hat der schottische Genetiker John Burdon Sanderson Haldane schon vor Jahrzehnten geschrieben – und den wissenschaftlichen Fortschritt 1963 mit einigem Sarkasmus so charakterisiert: »Theorien haben vier Stadien der Akzeptanz. Erstens: Das ist wertloser Unsinn. Zweitens: Das ist ein interessanter, aber perverser Standpunkt. Drittens: Das ist wahr, aber ziemlich unwichtig. Viertens: Wir haben es doch schon immer so gesagt.« Inzwischen haben Wurmlöcher wohl Haldanes zweites Stadium erreicht.

Wie seltsam die Welt ist, mussten Kosmologen und Physiker erst in den letzten Jahren akzeptieren, als sie entdeckten, dass über 90 Prozent dessen, was das Universum ausmacht, völlig rätselhaft ist. So überwiegt die ominöse Dunkle Materie die sichtbare Materie aus Protonen, Neutronen und Elektronen bei weitem. Und damit nicht genug: 70 Prozent der Gesamtenergiedichte des Universums bestehen weder aus Dunkler noch aus gewöhnlicher Materie, sondern aus einer mysteriösen Dunklen Energie. Sie macht sich nur bemerkbar, weil sie die seit dem Urknall anhaltende, aber durch die Schwerkraft der Materie vorübergehend gebremste Ausdehnung des Weltraums gegenwärtig beschleunigt. Charles Lineweaver von der University of New South Wales in Sydney hat mit einer bodenständigen Metapher die kosmische Bestandsaufnahme einmal so veranschaulicht: »Vergleicht man das Universum mit einem Cappuccino, dann ist der Kaffee die seltsame Vakuum-Energie. Die ebenso rätselhafte Dunkle Materie ist die Milch. Und die Planeten, Sterne und Galaxien sind das Schokoladenpulver auf dem Schaum.«

Die Dunkle Energie hat die perverse Eigenschaft eines negativen Drucks. Auch wenn sie deshalb noch keine negative Energie ist, zeigt sie doch, dass vermeintlich heilige Kühe der Physik von der Natur selbst geschlachtet werden. Warum sollte man dann andere Energiebedingungen mit aller Macht schonen, wenn die Natur sie womöglich längst in Wurmlöcher versenkt hat? (Kurioserweise haben Physiker wie Abdul Latif Choudhury von der Elizabeth City State University in North Carolina sogar überlegt, ob die beschleunigte Ausdehnung des Weltraums nicht von der Dunklen Energie bewirkt wird, sondern von einem Wurmloch, das in übergeordneten Dimensionen haust.)

»Das Studium der Wurmlöcher ist eine ernsthafte Angelegenheit«, sagt Hayward. »Denn es erweitert unser Verständnis von der Schwerkraft, wenn die üblichen Energiebedingungen nicht erfüllt sind, etwa wegen Quanteneffekten wie Hawking-Strahlung und Casimir-Effekt. Und damit lassen sich auch alternative Gravitationstheorien erkunden, etwa die Branen-Weltmodelle der Stringtheorie.« Was uns heute noch exotisch erscheint, an das haben wir uns vielleicht morgen schon gewöhnt. »Wissenschaft kann seltsamer sein als Science-Fiction.

Schwarze Löcher sind inzwischen allgemein akzeptierte astrophysikalische Realitäten, während befahrbare Wurmlöcher als unphysikalische theoretische Kuriositäten abgestempelt werden – wie einst die Schwarzen Löcher. Die duale Natur beider erfordert eine neue Sicht. Wurmlöcher sind lediglich Schwarze Löcher mit negativer Energiedichte.«

Fazit: Im Rahmen der Allgemeinen Relativitätstheorie sind überlichtschnelle Fortbewegungen nach heutigem Wissensstand nicht ausgeschlossen. Und Wurmlöcher sind die momentan Erfolg versprechendsten und am besten verstandenen Tunnel durch die Dimensionen. Bis zum Praxistest wird freilich noch etwas Geduld nötig sein. »Da es unwahrscheinlich ist, dass die Wurmloch-Technologie noch zu unseren Lebzeiten ausreift, empfehle ich vorerst einen guten Science-Fiction-Roman für eine abenteuerliche Fahrt durch das Universum«, rät Paul Halpern augenzwinkernd, ein Physik-Professor in Philadelphia.

Doch vielleicht existieren bereits im Rahmen der Speziellen Relativitätstheorie Geschwindigkeiten jenseits der Lichtmauer?

10.

Tachyonen

Überlichtschnelle Geisterteilchen

Nicht obwohl, sondern weil er ein sehr toleranter Mann ist, trägt Robert Ehrlich gern ein T-Shirt mit einem Verbotsschild. »Ban tardy-centrism«, steht da in großen Buchstaben, »Tardyzentrismus verboten«. Der Physik-Professor an der George Mason University in Fairfax, Virginia, genießt die irritierten Blicke seiner Mitmenschen. Nur wenige sind mit Tardyonen vertraut – neuerdings auch Bradyonen genannt –, obwohl sie diese ständig am und im Körper tragen. Denn der Begriff umfasst alle Teilchen, die eine Masse haben und langsamer als Lichtgeschwindigkeit sind. Dem stehen die Luxonen gegenüber – Partikel ohne Ruhemasse, die sich lichtschnell bewegen. Dazu gehören neben den Photonen (»Lichtteilchen«) auch die noch hypothetischen Gravitonen, die Überträger der Schwerkraft. Doch Ehrlich will nicht glauben, dass sich die Fülle der Welt schon mit Tardyonen und Luxonen erschöpft. Denn dann würde ein Drittel der Möglichkeiten schlicht fehlen: das Reich überlichtschneller Teilchen. Für dieses hat der an der Columbia University in New York tätige Physiker Gerald Feinberg 1967 den Namen Tachyonen geprägt (von griechisch »tachys«: schnell). Ehrlich streitet dafür, diesem physikalischen Reich nicht einfach aufgrund eines intoleranten Tardyzentrismus die Existenzberechtigung abzusprechen.

Die Idee der Tachyonen ist freilich viel älter. Schon vor mehr als zwei Jahrtausenden hat der römische Dichter Lukrez über Teilchen spekuliert, die schneller als das Licht aus der Sonne flitzen. Doch erst 1962 fanden sie einen Platz in der modernen Physik. Olexa-Myron P. Bilaniuk, V. K. Deshpande und E. C. George Sudarshan formulierten damals in einem mit *Metarelativity* betitelten Aufsatz im *American Journal of Physics* die Hypothese, dass es Partikel geben könnte, die sich ab dem ersten Moment ihrer Entstehung in einer subatomaren Teilchenreaktion stets überlichtschnell bewegen. Die Lichtgeschwindigkeit wäre also eine unüberwindliche Barriere sowohl für Tardyonen (nach oben) als auch für Tachyonen (nach unten).

Tachyonen widersprechen der Speziellen Relativitätstheorie von Albert Einstein nicht, da diese nur besagt, dass es für Körper mit Masse unmöglich ist, die Vakuum-Lichtgeschwindigkeit c zu erreichen, egal wie viel Energie und Zeit man dafür einsetzt. »Tachyonen sind mit allen Gleichungen der Relativitätstheorie vereinbar«, sagt Ehrlich. »Sie verletzen aber den ›Geist‹ der Theorie, die die Existenz eines absoluten Bezugssystems verneint. Tachyonen könnten einen solchen Bezugsrahmen definieren helfen, denn mit ihrer fast unendlichen Geschwindigkeit wäre es theoretisch möglich, alle Uhren eines solchen Systems zu synchronisieren.«

Dennoch will es sich Ehrlich keinesfalls so leicht machen wie beispielsweise das renommierte sechsbändige *Lexikon der Physik* (Spektrum Akademischer Verlag), das Tachyonen lediglich zwei abschlägige Sätze widmet: »Tachyonen: hypothetische Elementarteilchen, die sich mit Überlichtgeschwindigkeit bewegen. Tachyonen sind ein beliebtes Thema der Science-Fiction-Literatur, werden aber in physikalischen Theorien nicht betrachtet, da sie im Widerspruch zur Speziellen Relativitätstheorie stehen.«

Tatsächlich wären Tachyonen nicht die ersten Teilchen, deren Existenz aus theoretischen Gründen vorhergesagt wurde, bevor ihr experimenteller Nachweis glückte. Nobelpreis-gekrönte Beispiele sind Positronen, Antiprotonen, Omega-Minus-Teilchen, Z- und W-Bosonen, die drei Sorten von Neutrinos und die sechs Sorten von Quarks. Freilich kamen sie alle bereits in einer ausgearbeiteten physikalischen Theorie vor oder ergaben sich, wie im Fall der Neutrinos, als Konsequenzen experimenteller Befunde. Doch haben Physiker inzwischen so viele interessante Eigenschaften von Tachyonen – zumindest in der Theorie – entdeckt und auch mit großem Aufwand nach ihnen gesucht, dass zwei abwiegelnde Sätze in einem sonst so umfassenden Lexikon einigermaßen armselig erscheinen.

Imaginäre Ruhemasse

Analysiert man die Gleichungen der Speziellen Relativitätstheorie, zeigt sich, dass sie tatsächlich ein Schlupfloch für überlichtschnelle Teilchen lassen: wenn nämlich deren Ruhemasse m imaginär ist, wie erstmals schon 1960 Jakov P. Terleckij erwogen hat. Sie wäre dann weder positiv noch negativ, sondern etwas anderes. Mathematisch gesprochen gälte weder m größer als null noch m kleiner als null, sondern m^2 kleiner als null. Das ist theoretisch genauso sinnvoll wie die

Behauptung, die imaginäre Zahl i sei die Lösung des scheinbar unlösbaren Problems »Wie lautet die Wurzel aus der Zahl −1?«. Sie existiert innerhalb der uns vertrauten reellen Zahlen nicht. Definiert man aber $i^2 = -1$, dann gibt es sie doch. Damit verlässt man die reelle Zahlenwelt und fasst reelle und imaginäre Zahlen zum »komplexen Zahlenraum« zusammen.

Mit i lassen sich ganz reale Probleme knacken, die sonst nur schwer oder auch gar nicht lösbar sind. Von diesem Trick lebt ein angesehener Bereich der höheren Mathematik, die Funktionentheorie. Was mathematisch darstellbar ist, muss freilich in unserer Welt nicht einer Realität entsprechen. Und falls doch, könnte diese Realität – wie in der Mathematik die imaginäre Welt – senkrecht zur uns vertrauten Wirklichkeit stehen. Das aber bedeutet, man käme nicht von der einen Welt in die andere und umgekehrt.

Dass imaginäre Zahlen in der Physik durchaus nützlich sind, zeigte sich schon mehrfach. Stephen Hawking hat sogar vorgeschlagen, dass die Zeit im Urknall zu Beginn des Universums imaginär gewesen sei. »Man könnte meinen, imaginäre Zahlen seien lediglich eine mathematische Spielerei, die nichts mit der realen Welt zu tun habe«, schrieb er und räumte ein, dass man »keine imaginäre Zahl von Apfelsinen kaufen oder eine imaginäre Kreditkartenrechnung erhalten« könne. »Aus positivistischer Sicht lässt sich jedoch nicht bestimmen, was real ist. Wir können lediglich nach den mathematischen Modellen suchen, die das Universum beschreiben, in dem wir leben.«

Im Gegensatz zur imaginären Zeit, die man sich wohl eher als eine Art abstrakte, quasi-räumliche Beschreibungsweise denken muss, sind Tachyonen noch vergleichsweise wenig exotisch. Aus den Gleichungen der Speziellen Relativitätstheorie folgt, dass Tachyonen nur dann real sind, wenn ihre Geschwindigkeit die des Lichts übertrifft. Obwohl ihre Ruhemasse imaginär ist, hat ihre tatsächliche Masse aufgrund der Überlichtgeschwindigkeit einen reellen – also normalen – Wert. Doch was hat es für einen Sinn, von einer Ruhemasse zu sprechen, wenn sich Tachyonen doch immer überlichtschnell bewegen müssen? Antwort: Gerade weil die Teilchen nie in Ruhe sind, ist ihre Ruhemasse imaginär, das heißt, sie wird nie eingenommen. Den reellen Wert ihrer Ruhemasse erreichen Tachyonen beim 1,414fachen der Lichtgeschwindigkeit. Das ist gewissermaßen die natürliche Geschwindigkeit eines Tachyons.

Gemäß der Relativitätstheorie variiert die Masse eines Tachyons genauso wie bei den Tardyonen mit der Geschwindigkeit. Nur nimmt sie mit abnehmender Geschwindigkeit, also bei Annäherung an c, zunächst langsam, dann aber immer schneller zu, bis sie bei c unendlich groß wird. Wie die uns vertraute Materie aus Tardyonen können Tachyonen also niemals Lichtgeschwindigkeit erreichen. Denn sie müssten bei der Näherung an die Lichtmauer die gesamte Energie (E) unseres Universums verbrauchen, um sie gemäß Einsteins Formel E = mc² in ihre immer größer werdende Masse (m) zu stecken. Nimmt umgekehrt die Tachyonen-Geschwindigkeit zu, dann wird ihre Masse und damit auch ihre Energie immer geringer und bei unendlicher Geschwindigkeit theoretisch null. Tachyonen leben also in einer verkehrten Welt: Ihre Masse nimmt ab, je schneller sie werden. Für sie gilt daher: Mit zunehmender Geschwindigkeit verlieren sie Energie oder, um es noch krasser zu formulieren: Man muss Energie aufbringen, um sie zu verlangsamen!

Die seltsamen Eigenschaften der Tachyonen

Zwischenergebnis: Wenn Tachyonen wirklich existieren – also in der physikalischen Welt unabhängig von den Gedanken von Physikern und Science-Fiction-Liebhabern, hätten sie ungewöhnliche Merkmale.

► Wechselwirkungen: Ob Tachyonen mit Tardyonen interagieren können, ist unklar.

► Imaginäre Ruhemasse: Beobachtbare physikalische Größen wie Energie und Impuls müssen reale Werte haben. Die Ruhemasse von Tachyonen ist dagegen imaginär. Sie ist unbeobachtbar, da Tachyonen niemals in Ruhe sind. Doch das gilt auch für Photonen. Denn Physiker, die aus Tardyonen bestehen, können weder Photonen noch Tachyonen in Ruhe betrachten. Den reellen Wert ihrer Ruhemasse erreichen Tachyonen beim 1,414fachen der Lichtgeschwindigkeit.

► Negative Energie: Je nach Bezugssystem haben Tachyonen positive oder negative Energie. Dies bedeutet, dass bestimmte physikalische Prozesse in manchen Bezugssystemen den Energieerhaltungssatz verletzen können.

► Energieabnahme mit ansteigender Geschwindigkeit: Wenn ein Tachyon Energie verliert, wird es nicht langsamer, sondern schneller. Wenn man es beschleunigen will, muss man also versuchen, es aufzuhalten. Geht die Energie gegen null, wird seine Geschwindigkeit unendlich. Physiker sprechen dann von einem »transzendenten Zustand«. Das Tachyon ist dann quasi überall zugleich. – Es besteht folgender Zusammenhang zwischen Energie und Geschwindigkeiten sowie deren Änderungen:

	Tardyonen	Luxonen	Tachyonen
Energiezunahme	werden schneller	sind lichtschnell	werden langsamer
Energieverlust	werden langsamer	sind lichtschnell	werden schneller
Energie null	sind in Ruhe	sind lichtschnell	sind unendlich schnell
Energie unendlich	werden lichtschnell	sind lichtschnell	werden lichtschnell

Da sich Tachyonen nicht abbremsen lassen, müsste man ihnen hinterher jagen. Doch je schneller man wird, um sie einzufangen, desto schneller werden sie relativ zu ihrem Verfolger.

▸ Zeit im Rückwärtsgang: Die Zeit der Tachyonen läuft rückwärts. Aus unserer Perspektive bewegen sie sich also aus der Zukunft in die Vergangenheit.

Diese zuletzt genannte Eigenschaft – dass die Eigenzeit der Tachyonen gerade umgekehrt zu unserer verläuft –, zeigt nicht nur deutlich, wie relativ die Zeit ist, sondern könnte auch frappierende Konsequenzen haben: Wenn Tachyonen mit Tardyonen wechselwirken, hieße dies, dass sich mit ihnen Signale zeitlich rückwärts übertragen lassen. Man könnte beispielsweise Morse-Zeichen in die Vergangenheit senden oder mit einem Tachyonen-Telefon sich selbst die Lottozahlen der nächsten Ziehung mitteilen.

Die Lichtmauer: Um die Geschwindigkeit v von Materie (Tardyonen mit einer Masse m) zu erhöhen, ist Energie E erforderlich – unendlich viel, um die Lichtgeschwindigkeit c zu erreichen, die Luxonen (Photonen und Gravitonen) von Natur aus haben. Die überlichtschnellen Tachyonen leben in einer verkehrten Welt. Ihre Energie nimmt ab, je schneller sie werden. Man muss also Energie aufbringen, um sie zu verlangsamen.

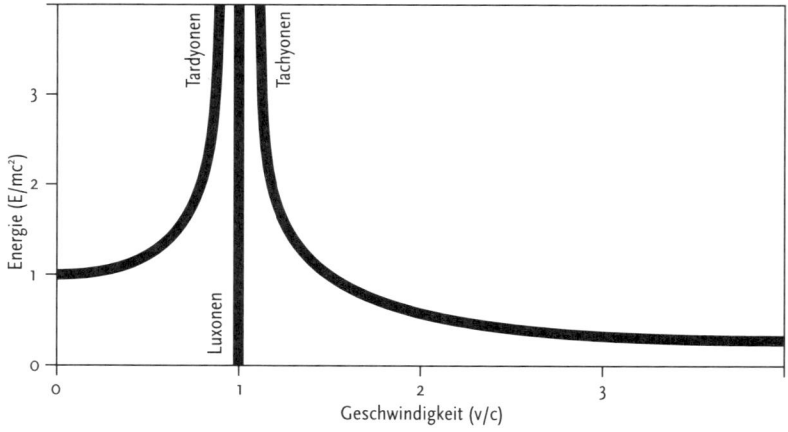

Die Suche nach den Tachyonen

Boshafte Zeitgenossen führen hartgesottene Skeptiker, die Warp-Antriebe, Wurmlöcher und Tachyonen vielleicht für unterhaltsam, aber physikalisch für vollkommen ausgeschlossen halten, manchmal mit einer Wette aufs Glatteis, indem sie behaupten, dass Überlichtgeschwindigkeiten dennoch existieren und schon häufig gemessen wurden. Dies stimmt tatsächlich, denn die Lichtgeschwindigkeit ist zwar eine universale Naturkonstante, aber eben nur im Vakuum. Wenn Licht durch transparente Stoffe wie Glas oder Wasser strahlt, wird es langsamer. Und Teilchen wie Elektronen oder Neutrinos können ein solches Medium schneller durchqueren als das Licht. Dabei senden sie Tscherenkow-Strahlung aus. Dieses bläuliche Leuchten wurde 1934 von dem russischen Physiker Pawel Alexejewitsch Tscherenkow entdeckt und ist ein Pendant zu dem Überschallknall, den ein Düsenflugzeug beim Durchbrechen der Schallmauer erzeugt.

Wenn Tachyonen elektrisch geladen wären, würden sie Tscherenkow-Strahlung aussenden. Das wäre die einfachste Möglichkeit, ihre Existenz nachzuweisen. Doch dies ist trotz intensiver Suche seit den 1960er Jahren und einiger Falschmeldungen noch niemandem gelungen. Deshalb gehen selbst die leidenschaftlichsten Tachyonen-Verfechter davon aus, dass die Teilchen elektrisch neutral sind. Damit erledigt sich auch ein weiteres Problem: Bei der Abgabe von Tscherenkow-Strahlung würden Tachyonen Energie verlieren und dabei schneller werden. Das könnte zu einer ausufernden Kettenreaktion führen und das Vakuum instabil machen – denn eine größere Geschwindigkeit erzeugt eine stärkere Tscherenkow-Strahlung, bis schließlich die Tachyonen unendlich schnell und ihre Lichtblitze unendlich stark würden.

Tachyonen könnten aber auch anderweitig mit gewöhnlicher Materie wechselwirken und sich dadurch bemerkbar machen. Ein Energieverlust bei Teilchen-Umwandlungen wäre beispielsweise ein indirektes Indiz. Oder es kommt zu Streu-Effekten, wenn Tachyonen der starken oder schwachen Kernkraft unterliegen. Ersteres ist experimentell inzwischen ausgeschlossen, aber eine schwache Wechselwirkung erscheint noch möglich, wenn die imaginäre Ruhemasse der Tachyonen sehr gering wäre.

Jedenfalls spricht von vornherein nichts dagegen, dass Tachyonen mit der uns vertrauten Welt wechselwirken. Auch Tardyonen und Luxonen sind ja nicht isolierte Reiche, sondern gewöhnliche Materie mit Masse kann Licht erzeugen, und Licht kann sich wiederum in

Materie mit Masse umwandeln. Vielleicht verhält es sich mit den Tachyonen ähnlich.

Freilich sind manche Physiker ganz froh, dass selbst unsere hoch entwickelte Experimentaltechnik keinen Hinweis auf Tachyonen gefunden hat. Womöglich wäre das Universum vor lauter Tscherenkow-Blitzen sonst extrem lebensfeindlich. Oder es würden merkwürdige Dinge geschehen: Wir würden mit Botschaften aus der Zukunft bombardiert und es gäbe ein heilloses Durcheinander, weil eindeutige Ursachen und Wirkungen nicht existierten – nichts wäre kalkulierbar und die Welt wäre ein völliges Chaos.

Gotts Tachyonen-Universum

Tachyonen ohne jegliche Wechselwirkung mit Materie oder Licht wären jenseits der Reichweite unserer Erfahrung. Doch selbst das beweist nicht, dass sie nicht existieren, denn die Tachyonen-Welt könnte ja, mathematisch gesprochen, senkrecht zu unserer Welt ste-

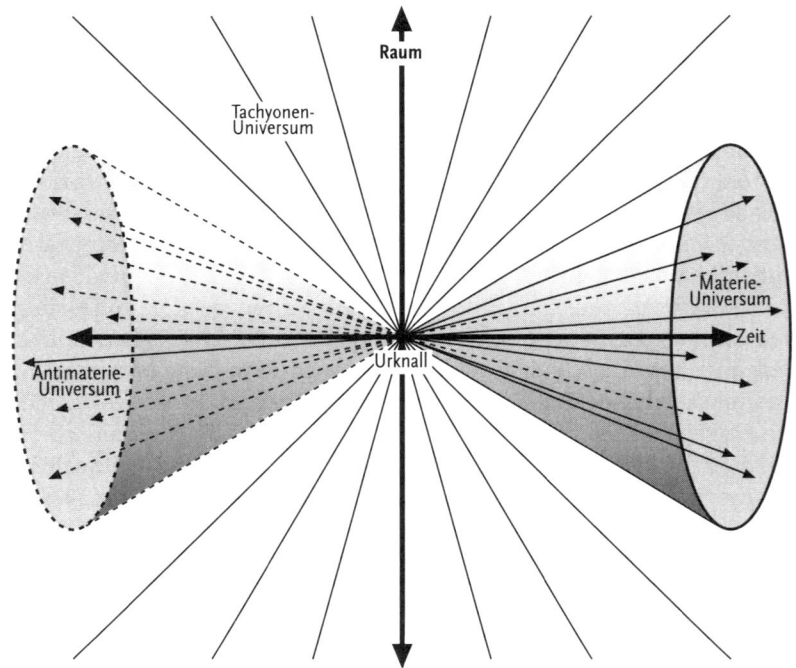

hen. Und es wäre unmöglich, von einer Welt in die andere zu gelangen, weil die Lichtgeschwindigkeit eine unüberwindliche Barriere darstellt. Tardyonen und Tachyonen existieren dann in getrennten Welten wie die beiden Königskinder im Märchen, die nie zusammenkommen können.

John Richard Gott III von der Princeton University spekulierte 1974 darüber, dass mit dem Urknall nicht nur ein Universum entstand – unser eigenes –, sondern gleich drei: Unseres mit einem Überschuss an Materie sowie vorwärtslaufender Zeit, ein zweites mit einem Überschuss an Antimaterie und einem entgegengesetzten Zeitpfeil, und drittens ein Universum, das nur aus überlichtschnellen Tachyonen besteht. Unser Universum ist vom Antimaterie-Universum zeitlich, vom Tachyonen-Universum dagegen räumlich getrennt. Aber vielleicht enthält jedes der Universen ein paar Spuren der anderen.

Sind Neutrinos Tachyonen?

Doch möglicherweise sind Tachyonen nicht nur zum Greifen nah, sondern wir kennen diese Partikel sogar schon lange – als Neutrinos. Physiker um Alan Kostelecký von der Indiana University in Bloomington haben mit dieser kühnen Vermutung 1985 für Aufmerksamkeit gesorgt.

Neutrinos, deren Erforschung der Schwedischen Akademie der Wissenschaften schon mehrere Physik-Nobelpreise wert war (zuletzt 2002), sind elektrisch neutrale Elementarteilchen, die bei Kernreaktionen entstehen. So werden sie bei den Fusionsprozessen im Zentrum der Sonne in Massen erzeugt und tragen etwa drei Prozent der Sonnenenergie davon. Und noch vom Urknall sind heute überall im Universum 300 Neutrinos pro Kubikzentimeter übriggeblieben. Es gibt drei Sorten (Elektron-, Myon- und Tau-Neutrinos) und deren Antiteilchen, wobei die Antiteilchen vielleicht mit den entsprechenden Teilchen identisch sind. Mit Materie wechselwirken Neutrinos kaum. »Für sie ist die Erde einfach ein Ball, leicht zu durchdringen auf dem

Kosmische Dreifaltigkeit: Möglicherweise sind mit dem Urknall drei getrennte Universen entstanden. Erstens unseres, das von unterlichtschneller Materie und Licht dominiert wird; zweitens ein Antimaterie-Universum, dessen Zeit relativ zu unserer rückwärts läuft; und drittens ein Tachyonen-Universum, in dem es nur überlichtschnelle Partikel gibt.

Weg durchs All«, reimte der amerikanische Schriftsteller John Updike. Tatsächlich schießen rund 66 Milliarden Neutrinos in jeder Sekunde durch jeden Quadratzentimeter der Erdoberfläche – einschließlich des menschlichen Körpers –, ohne eine Spur zu hinterlassen. Sie wären selbst durch Lichtjahre dicke Bleimauern nicht aufzuhalten. Nur sehr, sehr selten verwandeln Neutrinos ein Atom in ein anderes um oder lösen bei Streuprozessen einen schwachen Lichtblitz aus.

Der Lehrmeinung zufolge haben diese Geisterteilchen nur eine winzige Ruhemasse und sind fast so schnell wie das Licht. Doch Alan Kostelecký vermutet, dass die Partikel überlichtschnelle Tachyonen sein könnten. Auch Robert Ehrlich favorisiert diese Hypothese: »Wenn das Neutrino ein Tachyon ist, dann müssen hochenergetische Protonen in Neutronen, Positronen und Elektron-Neutrinos zerfallen.« Der Nachweis eines solchen Zerfalls wäre also ein ausgezeichnetes Indiz für die Existenz der Tachyonen.

Ein Schlüssel zu ihrer Entdeckung wäre die Kosmische Strahlung. Ständig wird die Erde mit Teilchen aus dem All bombardiert. Ihre Energie ist manchmal mehr als eine Million Mal höher als alles, was selbst die stärksten Teilchenbeschleuniger leisten können. Bei etwa 4,5 Petaelektronenvolt (Billiarden Elektronenvolt) hat das Energiespektrum der Kosmischen Strahlung einen Knick. Die Zahl der Partikel mit höheren Energien fällt hier steiler ab als bei niedrigerer Energie. Das wird üblicherweise auf einen anderen Entstehungsmechanismus dieser Partikel zurückgeführt.

Doch Robert Ehrlich provozierte seine Kollegen mit einer alternativen Erklärung. Er glaubt, dass in diesem Energiebereich Protonen zerfallen und dabei Tachyonen aussenden (oder anders gesagt: Protonen absorbieren Elektron-Antineutrinos und zerfallen zu Neutronen und Positronen). Der Betrag der Tachyonen-Masse m (die Wurzel aus dem Quadrat von minus m) von 0,5 plus/minus 0,25 Elektronenvolt geteilt durch das Quadrat der Lichtgeschwindigkeit wäre mit den bekannten Elektron-Neutrino-Daten vereinbar.

Wenn Ehrlich Recht hat, müssten Neutronen mit Energien von 4,5 plus/minus 2,2 Petaelektronenvolt existieren. Zwar haben freie Neutronen nur eine Halbwertszeit von 600 Sekunden, doch würde diese aufgrund der relativistischen Zeitdilatation infolge der hohen Neutronen-Geschwindigkeit ausreichen, um 100 Lichtjahre zurückzulegen. Und bei noch viel höheren Energien der ursprünglichen Protonen käme eine Zerfallskette in Gang, bei der sich ein Proton in ein Neutron umwandelt, dieses wieder in ein Proton, dieses erneut in ein Neutron und so weiter mit ständig abnehmender Energie. Dann könnten sich sogar solche Neutronen aus entlegenen Winkeln der Galaxis zur Erde verirren.

Guang-Jiong Ni von der Universität Schanghai hat die Kosmische Strahlung im Jahr 2004 noch genauer analysiert und die Tachyonen-Massen entsprechend abgeschätzt. Das erste »Knie« im Energiespektrum der Kosmischen Strahlung lokalisierte er bei 3,16 Petaelektronenvolt. Daraus leitete er für das Elektron-Neutrino einen Masse-Betrag von 0,54 Elektronenvolt geteilt durch das Quadrat der Lichtgeschwindigkeit ab. Ein zweites »Knie« scheint bei 631 Petaelektronenvolt zu existieren. Hierfür könnte eine Reaktion verantwortlich sein, bei der ein Proton ein Myon-Antineutrino absorbiert und in ein Lambda-Teilchen (neutrales Hyperon aus je einem up-, down- und strange-Quark) sowie ein positives Myon zerfällt. Daraus würde für das Myon-Neutrino ein Masse-Betrag von 0,48 Elektronenvolt geteilt durch das Quadrat der Lichtgeschwindigkeit folgen.

Das Neutrino-Tachyonen-Modell ist überprüfbar. Tatsächlich gibt es aus den achtziger Jahren Messungen von zwei Röntgen-Doppelsternen – Hercules X-1 und Cygnus X-3 –, wo Ehrlich Anzeichen von Neutronen im vorhergesagten Energiebereich auszumachen glaubt. Dass neuere, präzisere Daten den Effekt nicht mehr zeigen, könnte auf Messfehler damals hindeuten oder auf ein Verstummen des Senders.

Inzwischen wurden noch empfindlichere Detektoren in Betrieb genommen. Ehrlich wartet gespannt auf neue Daten. »Physiker sollten offen für die Möglichkeit sein, dass es überlichtschnelle Partikel gibt. Da ihre Existenz eine experimentelle Fragestellung ist, sollten wir kein Vorurteil gegen die Idee haben. Jeder Tardyzentrismus macht uns blind gegenüber den Möglichkeiten, wie Tachyonen sich enthüllen könnten.«

Tachyonen-Triebwerke

Welcher Science-Fiction-Freund träumt nicht manchmal davon, am Wochenende geschwind zu den Sternen zu fliegen und nach dem kosmischen Trip dennoch montags wieder pünktlich im Büro zu sein? Wäre es im Prinzip möglich, mit einem Tachyonen-Triebwerk eine solche Reise in die Realität umzusetzen?

Auch Ulrich Walter lässt seine Phantasie von den Tachyonen anregen. Der ehemalige Wissenschaftsastronaut ist heute Professor für Raumfahrttechnik an der Technischen Universität München. Er sagt:

»Wenn unendlich schnelle Tachyonen existieren, ist ihre Masse und somit ihre Eigenenergie null. Das heißt, ihr Impuls (Masse mal Geschwindigkeit) ist Null mal unendlich – eine verzwickte Situation, weil dieser Ausdruck mathematisch nicht definiert ist. Im Prinzip könnte das alles zwischen Null und unendlich bedeuten. Vollzieht man den Grenzübergang von endlich zu unendlich schnellen Tachyonen, erhält man als Grenzimpuls das Produkt aus dem Betrag der imaginären Ruhemasse des Tachyons und der Lichtgeschwindigkeit. Das Ergebnis ist nicht null, sondern endlich. Unendliche schnelle, masselose Tachyonen haben also – wie Photonen – einen endlichen Impuls.«

Impuls impliziert Rückstoß, und genau der ist für einen Antrieb notwendig. Im Gegensatz zur Lichterzeugung bei Photonen-Raketen – Raumschiffen, die mit Antimaterie-Materie-Vernichtung betrieben werden und uns vor enorme praktische, aber keine prinzipiellen technischen Hürden stellen – ist der Energieverbrauch von Tachyonen-Triebwerken denkbar gering. Man könnte mit minimalem Energieaufwand riesige Mengen dieser Teilchen mit beliebig hohen Geschwindigkeiten erzeugen. Das wäre genau das Richtige für einen Wochenendausflug zu den Sternen.

»Dazu wäre nur eine halb offene Kammer am Heck des Raumschiffs nötig, ein Tachyonen-Generator in der Mitte sowie ein Hauptschalter in der Kommandozentrale mit den Stellungen ›Ein‹ und ›Aus‹ und vielleicht ein Regler zur Beeinflussung der Tachyonen-Geschwindigkeit«, überlegt Walter. »Die aus dem Generator huschenden Tachyonen werden zwar aufgrund des Gesetzes von der Impulserhaltung mit Gesamtimpuls Null erzeugt, aber das ist kein Problem. Denn bei der Zündung von konventionellem Treibstoff geschieht dies auch: Die Teile, die vorne auf die Reaktionskammer prallen, treiben das Raumschiff voran, und die anderen strömen ungeschoren hinten aus der Kammer. Darauf basiert das Rückstoßprinzip. Abgesehen von der Frage, wie man gezielt Tachyonen herstellt, macht ein Tachyonen-Antrieb also keine Schwierigkeiten.«

Von der Fiction zur Science

»Ich glaube, dass diese Dinge niemals von praktischer Bedeutung für die Raumfahrt sein werden, obwohl sie im Prinzip durchaus möglich sein können«, räumt Lawrence Krauss ein. Doch das ist wohl gar nicht so wichtig. »Unsere Aufmerksamkeit auf irdische Dinge zu beschränken – das würde bedeuten, dem menschlichen Geist Fesseln anzulegen«, schreibt Stephen Hawking. Q, der schier allmächtige und rätselhafte Schelm der *Star-Trek*-Serie, drückt es ganz ähnlich aus: »Es geht darum, die unbekannten Möglichkeiten der Existenz zu kartografieren.«

Und wer weiß, was in den unendlichen Weiten noch alles geschehen kann ... In ihrem 1996 initiierten Breakthrough Propulsion Physics Program hat sich die US-amerikanische Weltraumbehörde NASA jedenfalls offen gegenüber vielen spekulativen Ideen gezeigt. In dem am Glenn Research Center in Cleveland – unweit von Krauss' Büro – angesiedelten Projekt wird mit einem Millionen-Dollar-Etat über noch so verrückt erscheinende Möglichkeiten nachgedacht. Neben Supraleitung, Antigravitation und allerhand Quanten-Beamen sind auch Wurmlöcher und Warp-Antriebe ein Thema. »Wir suchen nach den ultimativen Durchbrüchen in der Weltraumfahrt«, sagt Marc G. Millis vom Glenn Research Center. Wunschdenken, Spinnerei oder doch eine Erfolgschance? Fest steht: Wer nicht sucht, findet auch nichts – oder übersieht leicht, was vielleicht schon möglich wäre.

Um 1900 hat der amerikanische Mathematiker, Physiker und Astronom Simon Newcomb eine ganze Reihe von Artikeln publiziert, in denen er behauptete, dass Maschinen, die schwerer als Luft sind, niemals fliegen könnten. Das sei »so klar bewiesen, wie man ein physikalisches Faktum nur beweisen kann«. Wenige Jahre später haben Orville und Wilbur Wright gezeigt, dass das Gegenteil wahr ist.

III

Zeitmaschinen, Zeitreisen und Zeitparadoxien
Bewegungen durch die vierte Dimension

Die »Kraft« der Zeit reißt uns fort auf eine Reise entlang der vierten Dimension des Universums, die nur eine Richtung kennt. Während uns auf räumlichen Bahnen die freie Bewegung möglich ist, scheint uns gleiches in der Zeit merkwürdigerweise verwehrt zu sein. Dennoch geht aus Einsteins Relativitätstheorie offensichtlich eine weitreichende Äquivalenz zwischen Raum und Zeit hervor. Wenn also unbeschränkte Raumreisen möglich sind, müsste dies auch für die Bewegung durch die Zeit gelten.
PAUL HALPERN, Physiker (1992)

Der Garten der Pfade, die sich verzweigen, ist ein zwar unvollständiges, aber kein falsches Bild des Universums ... unendliche Zeitreihen, ... ein wachsendes, Schwindel erregendes Netz auseinander- und zueinanderstrebender und paralleler Zeiten. Dieses Webmuster aus Zeiten, die sich einander nähern, sich verzweigen, sich scheiden oder einander jahrhundertelang ignorieren, umfasst alle Möglichkeiten. In der Mehrzahl dieser Zeiten existieren wir nicht; in einigen existieren Sie, nicht jedoch ich; in anderen ich, aber nicht Sie; in wieder anderen wir beide.
JORGE LUIS BORGES, Dichter (1941)

II.
Botschaften und Reisen durch die Zeit

Zeitreisen in der Science-Fiction

»Die einzige funktionierende Zeitmaschine ist die Science-Fiction-Geschichte«, schrieb der SF-Autor Robert Silverberg 1977. Zeitreisen gehören zum beliebtesten Inventar der Science-Fiction. Und zwar mindestens seit Herbert George Wells 1895 seinen Roman *Die Zeitmaschine* veröffentlicht hat und darin die Zeit als »vierte Dimension« beschrieb – schon vor Hermann Minkowskis Interpretation der Speziellen Relativitätstheorie im Jahr 1908. (Noch früher, 1885, tat es ein anonymer Leserbriefschreiber im Wissenschaftsjournal *nature*.) Auch Wissenschaftler und Philosophen haben seither immer wieder über die Möglichkeit einer Bewegung in die eigene Zukunft oder Vergangenheit nachgedacht.

Es gibt wohl kein Thema, das die Verflechtung und wechselseitige Inspiration von Science und Fiction besser verdeutlicht. Phantasievolle Literatur und Wissenschaft begegnen sich hier auf gleicher Augenhöhe. Und was in schriftstellerischer Pionierarbeit ersonnen wurde, beschäftigt inzwischen die Philosophie und knallharte Physik.

Es gibt auch kein Thema, das kontroverser diskutiert wird sowie Logik und Imagination gleichermaßen herausfordert. Spekulativ ist das meiste, aber doch kein beliebiges Geschwätz. Denn im Rahmen der Allgemeinen Relativitätstheorie – mit der Quantentheorie die Hauptsäule im Gebäude der modernen Physik und im Experiment am besten bestätigt – sind Zeitreisen und Zeitmaschinen möglich. Relativitätstheoretiker sprechen lieber von »geschlossenen zeitartigen Kurven« oder »geschlossenen Null-Kurven«. Wenn sie existieren, hätte dies abenteuerliche Konsequenzen, die sogar die Physik in ihren Grundfesten erschüttern und in die größte nur denkbare Grundlagenkrise stürzen sowie unser Alltagsverständnis von Ursache und Wirkung völlig untergraben könnten.

Zeitreisen als Genre in Literatur und Film sind en vogue. *Das Jesus-Video* (1998) von Andreas Eschbach und *Timeline* (1999) von Michael

Crichton waren Bestseller, die sich weit über die typische Science-Fiction-Leserschaft hinaus verkauften. SF-Serien im TV sparen nicht mit temporalen Plots (*Star Trek, Stargate, Twilight Zone, X-Files*) oder machen sie auf mehr oder weniger intelligente Weise sogar zum Leitmotiv: In *Seven Days* wird durch die vergangenen Tage gerumpelt, dass sich die Balken biegen, um allerhand gegenwärtiges Unbill eine Woche früher zu beseitigen – die Problematik der Zeitparadoxien hat in den Baller-Filmen keinen Platz. In den Serien *Time Tunnel* und *Quantum Leap* erleben die Protagonisten hingegen historische Ereignisse mit, ohne sie beeinflussen zu können. Und *Zurück in die Zukunft* ist ein netter Klamauk, der irre und wirre Paradoxien komödiantisch inszeniert. Beinahe melancholisch geht es dagegen in der Serie *Allein gegen die Zukunft* zu, und der Titel ist keine Übertreibung: Jeden Morgen findet Gary Hobson, der Besitzer von McGinty's Bar and Grill in Chicago, die *Chicago Sun-Times* vor seiner Wohnungstür – und zwar die Ausgabe des kommenden Tages. Daraufhin rennt er den halben Tag durch die Stadt, um ein Unglück, das in der Zeitung steht, zu verhindern – was häufig gelingt, so dass auf der Zeitung veränderte Texte erscheinen und schon mal die eigene Todesanzeige verschwindet. Die Idee einer Zeitung aus der Zukunft ist übrigens bereits kongenial von Robert Silverberg in der Kurzgeschichte *Was heute in der Morgenzeitung stand* (*What We Learned from This Morning's Newspaper*, 1972) beschrieben worden.

Das Thema Zeitreisen ist schon alt. Aber ihre fiktionale Realisierung im pseudotechnischen Gewand kam erst mit der zunehmenden Verwissenschaftlichung und Technisierung der Lebenswelt.

In seinem 1771 anonym publizierten Buch *Das Jahr 2440* (*L'An Deux Mille Quatre Cent Quarante*) schuf Louis-Sébastien Mercier das Grundmuster vieler Zeitreise-Geschichten der kommenden Dekaden: Ein Mann schläft ein und wird in einer anderen Zeit wieder wach. Ähnliches geschah dann beispielsweise auch in Washington Irvings *Rip Van Winkle* (1819) oder Edward Bellamys *Ein Rückblick aus dem Jahr 2000 auf das Jahr 1887* (*Looking Backward 2000 – 1887*) von 1888, worin ein Bostoner Bürger im schalldichten Gewölbe einschläft und 100 Jahre später in einer utopischen sozialistischen Gesellschaft wieder aufwacht. Andere Erzählungen ersetzten die Schlaf-Transition durch Drogen (Brian Aldiss: *An Age*, 1967), präkognitives Träumen (John William Dunne: *An Experiment with Time*, 1927), elektrische Gehirnstimulation (Ken Grimwood: *Breakthrough*, 1976), Zaubersprüche, Blitz und Donner – was in Lyon Sprague de Camps *Vorgriff auf die Vergangenheit* (*Lest Darkness Fall*, 1939/1941) eine Reise ins antike Rom bewirkt – oder einen kräftigen Schlag auf den Kopf – mit dem Mark Twain seinen Protagonisten in *Ein Yankee aus Connecticut an König Artus' Hof* (*A Connecticut Yankee In King Arthur's Court*, 1889) ins mittelalterliche Leben transferiert (auch bei Chauncey Thomas in *The Crystal Button*, 1891, genügt ein solcher Schlag). All das ist, wie auch ein langes Einfrieren (etwa in Larry Nivens *A World Out of Time*, 1976), aber keine Zeitreise im engeren Sinn.

Herbert George Wells ersetzte in seiner Erzählung *The Chronic Argonauts* (1888) diese simplen Methoden durch ein – freilich nicht minder mysteriöses – technisches Vehikel: Die Zeitmaschine wurde geboren. Und Zeitreisen waren nicht länger Einbahnstraßen oder schicksalhafte Fügungen, sondern dem Erkundungswillen des Reisenden unterworfen. (Tatsächlich veröffentlichte Edward Page Mitchell, ein Redakteur der *New York Sun*, schon einige Jahre vorher, 1881, mit *The Clock That Went Backward* die erste Geschichte über einen Apparat für Zeitreisen, die aber weitgehend unbeachtet blieb.) Dennoch stand diese Fiktivtechnologie im Nachfolgeroman *Die Zeitmaschine* (*The Time Machine*, 1895) zunächst noch lange ohne literarische Nachfolger.

Erst mit der Entstehung der amerikanischen Science-Fiction-Magazine explodierte das Genre. Immer raffiniertere, vertracktere Zeitreise-Geschichten entstanden – ihre Zahl geht vermutlich in die Tausende. Und ihr Niveau ist im Durchschnitt höher, intelligenter als in den oft stereotypen SF-Räuberpistolen mit den zuweilen peinlichen Allmachtsphantasien. »Nicht so in den Zeitreisegeschichten«, schreibt der SF-Kenner und -Herausgeber Karl Michael Armer. »Da agiert der Held nicht, sondern reagiert nur. Er wird in einen Dimensionsstrudel Salto schlagender Logik gerissen, strampelt darin herum, ist immer mehr Opfer als Beherrscher der Zeit. Entfremdung, Entwurzelung in einer zusehends unbegreiflicher werdenden Welt, Herumgestoßenwerden von Kräften, die man nicht beeinflussen kann – diese zentralen Themen der späteren Science-Fiction ab Mitte der 1960er Jahre tauchen schon in den ganz frühen Time Travel Stories auf. Die Zeitreisegeschichten waren (wen wundert's) dem Rest der SF um Jahrzehnte voraus.«

Armer hat vier Motive unterschieden, die den spezifischen Reiz dieses Literaturzweigs ausmachen:

▶ Wir sind alle Zeitreisende: Im Waggon namens Gegenwart fahren wir unsere Strecke zwischen Geburt und Tod ab und zahlen den unerbittlichen Preis des Alterns.

▶ Die Natur der Zeit: Ist sie ein offenes oder geschlossenes System, das heißt, ist alle Entwicklung schon fixiert seit frühester Zeit oder Ewigkeit bis in die fernste Zukunft – oder ist die Zeitachse wie eine Straße, die nur bis zur Gegenwart reicht und immer weiter gebaut wird, und zwar womöglich in ganz unbestimmte Richtungen? Hinter dieser Frage lauert das Problem der ominösen Willensfreiheit – aber auch die kontroverse Psi-Thematik um Hellsehen, Vorahnungen, Weissagungen.

▶ Das intellektuelle Vergnügen der mit Zeitreisen einhergehenden Möglichkeit von Paradoxien, alternativen Vergangenheiten und utopischen oder dystopischen Zukünften sowie ein Sprengen der Fesseln starrer Kausalprinzipien.

▶ Der erzählerische Kniff, Vergangenheiten oder Zukünfte mit einem Menschen der Gegenwart auszuloten oder zu kontrastieren, mit dem wir uns besser identifizieren können.

Im Reigen der Zeiten

In unserem Alltagsvorurteil glauben wir, die Vergangenheit sei fixiert, nicht aber die Zukunft. Doch können wir uns wirklich so sicher sein? Ein Verdienst der Science-Fiction ist es, hier Denk-Alternativen zu entwerfen und unsere vermeintlichen Intuitionen zu hinterfragen. Im Prinzip gibt es allerdings nur zwei Möglichkeiten: Entweder steht die Zukunft schon eindeutig fest (Determinismus) oder aber sie ist wenigstens in manchen Aspekten offen, unentschieden, zufällig, veränderbar und nicht bloß auf einem Weg zu realisieren oder auszuschreiten. Ähnliches gilt, wenn Zeitreisen möglich sind, für die Vergangenheit: Entweder steht sie unerschütterlich fest oder sie lässt sich ebenfalls ändern.

Science-Fiction-Autoren haben sich – wie später Physiker und Philosophen – einiges einfallen lassen, um die Folgen von Zeitreisen zu beschreiben und mit den drohenden Zeitparadoxien umzugehen.

▶ Am radikalsten sind jene Werke, die Zeitreisen kreuz und quer ermöglichen und mit Zeitparadoxien sogar geistvoll spielen. Das geschieht beispielsweise in einigen Romanen von Clark Darlton alias Walter Ernsting oder in *Das andere Ufer der Zeit* (auch unter dem Titel *Von Zeit zu Zeit* veröffentlicht, *Time and Again*, 1970) und die Fortsetzung *Im Strom der Zeiten* (*From Time to Time*, 1995) von Jack Finney. Dass geringste Änderungen eine völlig andere Ereigniskette zur Folge haben können, ist durch die Forschungen der Chaostheorie inzwischen offenkundig geworden. Dem deterministischen Chaos zufolge können sich kleinste Modifikationen in nichtlinearen Systemen lawinenartig und praktisch unberechenbar aufschaukeln. Einen solchen Schmetterlingseffekt – der Flügelschlag eines Falters über Japan könnte einen Wirbelsturm in der Karibik auslösen – hat Ray Bradbury in *Ferner Donner* (*A Sound of Thunder*, 1952) illustriert: Das Zerquetschen eines Schmetterlings bewirkt einen völlig anderen Geschichtsverlauf. (Dieselbe Idee hat Hiram S. Maxim, der britische Erfinder des vollautomatischen Maschinengewehrs, schon 1902 in einem Brief an das Wissenschaftsjournal *nature* am Beispiel eines Moskitos illustriert, so dass es historisch korrekt eigentlich Moskito-Effekt heißen müsste.) In Henry Beam Pipers *Paratime Police*-Serie (ab 1947) und in Fritz Leibers Roman *Eine tolle Zeit* (*Big Time*, 1958/1961) ist die Wahrscheinlichkeit, mögliche Welten zu beeinflussen, ein zentrales Thema. In der Erzählung *Im Kreis* (*By His Bootstraps*, auch: *The Time Gate*, 1941) von Robert Heinlein wird die Flucht aus einer tyrannischen Zukunft möglich. Eine andere Option bietet die Veränderung der Gegenwart. In Isaac Asimovs *Das Ende der Ewigkeit* (*The End of Eternity*, 1955) verfügt nur eine Elitegruppe über Zeitmaschinen und kontrolliert mit ihrer Hilfe die Geschichte und somit Gegenwart nach ihren Zwecken; doch die Hauptperson des Romans interveniert und löst ein Zeitparadoxon aus, so dass diese Oligarchie der Zeitmanipulatoren erst gar nicht entsteht. Auch James Tiptree, Jr. alias Alice B. Sheldon spielt in *Ein Leben für eine Decke der Hudson Bay Company* (*Forever to a Hudson Bay Blanket*, 1972) auf melancholische Weise mit einer Zeitparadoxie. In Gordon Dicksons Roman *Sturm der Zeit* (*Time Storm*, 1977) kommt es in einer Zukunft, in der das Universum kollabiert, zu Zeitbeben – Rissen in den Zeitschichten –, so dass die Vergangenheit der Höhlenmenschen und eine Zukunft mit Außerirdischen neben der Gegenwart bestehen und schon ein kurzer Weg reicht, um in diese Zeiten zu gelangen. In anderen Werken ist die Zeit völlig aus den Fugen, etwa in Kurt Vonneguts *Slaughterhouse-5* (1969), Robert Silverbergs *Now + n, Now – n* (1972), Francis Marion Busbys *If This is Winnetka, You Must Be Judy* (1976) und Ben Jeapes' *Pages Out of Order* (1997).

▶ Andere Erzählungen gehen dagegen davon aus, dass Änderungen der Vergangenheit keine weitreichenden und einschneidenden Folgen haben. So beschrieb Fritz Leiber in seiner *Change War*-Serie (1958, 1961, 1981) den Kampf zweier rivalisierender Gruppierungen um den Ablauf der Geschichte. Doch ein Gesetz von der Erhaltung der Wirklichkeit führt zu einer Art Beharrungsvermögen der Zeit, so dass sich durch die fortgesetzten Manipulationen kaum etwas ändert. Auch

Isaac Asimov postulierte in *Das Ende der Ewigkeit* eine Art von »Zeitreibung«, die sich lawinenartig aufschaukelnde Modifikationen unterdrückt.

▶ Änderungen der Vergangenheit könnten schlicht unbemerkt bleiben, obwohl sie sich ereignen. Eine klassische Story dazu ist von William Tenn alias Philip Klass und heißt *Das Projekt Brooklyn* (*Brooklyn Project*, 1948). Geschildert wird, wie eine Gruppe arroganter Wissenschaftler mit einem Chronar die Entwicklungsgeschichte der Erde und die biologische Evolution nachvollziehen will. Die Menschen lassen dieses Zeit-Periskop stichprobenartig die Vergangenheit besuchen und wiegeln die Skeptiker ab. Tatsächlich glauben die Forscher nach jedem Blick in die Vergangenheit, dass alles beim Alten bleibt. Doch mal verdrängt der Chronar etwas atmosphärischen Dampf, der sich zu Regentropfen verdichtet, dann verändert er ein paar chemische Reaktionen, tötet einen Trilobiten oder erhöht an einer Stelle geringfügig die Meerestemperatur. »Schauen Sie doch genau hin!«, triumphiert der geschäftsführende Sekretär am Ende des Experiments und streckt seine fünfzehn purpurroten Fühler von sich: »Nichts hat sich geändert!« Ähnlich ist die Persiflage *So frustrieren wir Karl den Großen* (*Thus We Frustrate Charlemagne*, 1967) von Raphael Aloysius Lafferty. Er schildert eine Gruppe Weltverbesserer, die kleine Details der Vergangenheit verändern, um den Verlauf der Weltgeschichte und somit die Gegenwart zu optimieren – und sie merken dabei nicht, dass sie am Schluss ein Leben auf Steinzeit-Niveau führen.

▶ Zeitreisen mitsamt Veränderungen sind möglich, aber nur auf eine Weise, die letztlich nicht zu Widersprüchen führt. Eine berühmte Illustration dieses Selbstkonsistenzprinzips ist Michael Moorcocks Kurzgeschichte *Imitatio Christi* beziehungsweise *Sehet – Ein Mensch* (*Behold The Man*, 1967) und deren spätere Romanfassung *I.N.R.I oder Die Reise mit der Zeitmaschine* (*Behold The Man*, 1970): Darin will ein Zeitreisender das Leben Jesu beobachten, findet diesen aber als buckliges, sabberndes, geistig und körperlich behindertes Kind und die Jungfrau Maria als fette Schlampe, die durchblicken lässt, dass Joseph gar nicht der Vater ihres Sohnes ist. Der Schock, dass die Geschichte sich nicht so entwickeln kann, wie das Neue Testament vorgibt, bringt den Zeitreisenden dazu, die Rolle des Messias zu übernehmen. Er sucht sich die Jünger aus, sorgt dafür, dass Judas ihn verrät und stirbt als Märtyrer, um die Prophezeiung zu erfüllen. Auch Garry Kilworth nimmt sich in *Auf nach Golgatha!* (*Let's Go to Golgatha*, 1975) die Kreuzigung zum Thema: Mit Pauschalzeitreisen strömen ganze Reisegruppen zum Passahfest und drängen, um nicht aufzufallen, Pontius

Pilatus zur Verurteilung Jesu – während die einheimischen Juden in ihren Häusern sind. Ein noch krasseres Beispiel für Selbstkonsistenz ist Robert Heinleins Klassiker *Entführung in die Zukunft* (*All You Zombies*, 1964). Darin formieren sich die Paradoxa zu einem geschlossenen Realitätskreis, in dem der Protagonist zugleich sein eigener Kindesentführer, seine Mutter und – nach einer Geschlechtsumwandlung – sein Vater ist, und auch der Barkeeper, dem er diese abenteuerliche Geschichte erzählt.

▸ Zeitreisen in die Vergangenheit sind zwar möglich, nicht aber Veränderungen. Die Zeitreisenden sind dann nur Beobachter, die nicht mit ihrer Umgebung wechselwirken können. Karl-Herbert Scheer hat dies in *Die Invasion der Toten* (*Perry Rhodan* Nr. 264) – nicht ganz konsequent – beschrieben: Die Zeitreisenden gelangen in ein Schattenreich, deren Bewohner Komponenten einer »Erinnerung des Kosmos« darstellen, die ohne Eingriff von außen für ewig festgeschrieben sind und keine echte, lebendige Existenz mehr besitzen. (Das erinnert an den 11. Gesang der *Odyssee*, in dem Homer die schauerliche Unterwelt imaginiert.) Es ist jedoch fraglich, ob sich auf diese Weise Zeitparadoxien wirklich vermeiden lassen. Zwar müsste man Zeitreisen nicht einmal persönlich unternehmen. Eine ferngesteuerte Kamera – eine Art Zeitauge oder Paläoskop – würde genügen. Ein solcher Blick in die Vergangenheit wurde in der SF immer wieder beschrieben, zum Beispiel von Miles J. Breuer (*The Time Valve*, 1930), Eric Temple Bell aka John Taine (*Before the Dawn*, 1934), Horace Leonard Gold (*The Biography Project*, 1951) und Donald Franson (*One Time in Alexandria*, 1980). Freilich lehrt die Physik, dass es keine Beobachtung ohne Interaktion gibt. Denn die Kamera müsste, um etwas zu sehen, Photonen auffangen und infolge der Absorption auch sichtbar sein. Das aber würde schon genügen, um die andere Zeit zu beeinflussen. Dazu der SF-Essayist Harun Raffael: »Denken wir uns, dass jemand per Zeitauge Napoleon als jungen Offizier bei einer seiner ersten Schlachten beobachtet – Napoleon sieht das Zeitauge, wird von dieser unbegreiflichen Erscheinung kurz abgelenkt, und wird von einer Kugel getroffen. Jede Hilfe kommt zu spät.«

▸ Zeitparadoxien treten nicht auf, weil die Natur sich dagegen wehrt. Ein besonders brutales Beispiel beschrieb Fredric Brown in der Kurzgeschichte *Das Experiment* (*Experiment*, 1954): Als der Erfinder nach erfolgreicher Demonstration seiner Zeitmaschine ein Paradoxon erzeugen will, verschwinden er und der Rest des Universums einfach.

▸ Ein Sonderfall der Zeitreise-Thematik sind Rückwärtszeiten und Zeitschleifen. Schon 1922 ist von France Scott Fitzgerald *Der seltsame*

Fall des Benjamin Button (*The Curious Case of Benjamin Button*) geschildert worden, der als uralter Mann geboren und dann immer jünger wird und ein entsprechend »verkehrtes« Leben führt. Martin Amis hat in *Pfeil der Zeit* (*Time's Arrow*, 1991) die gleiche Grundidee noch schonungsloser ausgestaltet. Hier ist der Protagonist in fast allem zeitverkehrt, das heißt er verleibt sich auf der Toilette auch Materie ein und legt sie am Mittagstisch vom Mund auf den Teller. Sein schrecklicher Beruf besteht darin, aus fröhlichen Menschen blutige, aufgeschlitzte Verletzte zu machen. Nur in seinen jungen Jahren machte alles Sinn: Da war er beteiligt, den Rauch im Himmel in Schornsteine zu saugen und im Feuer Menschen zu erschaffen, die aus den Öfen geholt und in Kammern wiederbelebt wurden, bis sie alsbald gekräftigt mit den Zügen die Lager verließen. (Monster oder Lebensretter, KZ-Vollstrecker oder Schöpfer – alles nur eine Frage der temporalen Perspektive?) Andere Rückwärts-Zeiten schilderten beispielsweise Fritz Leiber in *The Man Who Never Grew Young* (1947) und Sumner Locke Elliott in *The Man Who Got Away* (1972). *Die Sehr Langsame Zeitmaschine* (*The Very Slow Time Machine*, 1978) von Ian Watson dagegen muss, um in die Zukunft zu reisen, erst dieselbe Zeit in die Vergangenheit zurück. Die Forscher beobachten den plötzlich aufgetauchten Reisenden in seiner Zeitkapsel jahrelang, bis er ihnen allmählich die Ungeheuerlichkeit dieses Vorgangs offenbart. Andere Geschichten biegen die Zeit gleichsam zum Kreis zurück. Philip K. Dick behandelt dieses »furchtbare und ermüdende Mysterium des ewigen Lebens« in *Ein kleines Trostpflaster für uns Temponauten* (*A Little Something for Us Temponauts*, 1969). Der Film *Und täglich grüßt das Murmeltier* (*Groundhog Day*, 1993) gewinnt – jedenfalls für den Zuschauer – der Ewigen Wiederkehr eine komödiantische Seite ab. Der Protagonist durchlebt wieder und wieder dieselbe Ausgangssituation, weiß allerdings am nächsten Morgen die Ereignisse des Vortages noch und perfektioniert – nach anfänglicher Völlerei, Verzweiflung bis zum vergeblichen Selbstmord und Apathie – sein Leben, bis er den Teufelskreis schließlich doch noch durchbricht und sein Happy End erreicht. Die Ewige Wiederkehr ist ein weit verbreitetes Motiv – von den ostasiatischen Philosophien bis hin zu Friedrich Nietzsches Lehre (»Und diese langsame Spinne, die im Mondlicht kriecht, und dieser Mondschein selber, und ich und du im Torwege, zusammen flüsternd, von ewigen Dingen flüsternd – müssen wir nicht alle schon dagewesen sein? – und wiederkommen und in jener anderen Gasse laufen, hinaus, vor uns, in dieser langen schaurigen Gasse – müssen wir nicht ewig wiederkommen?«). »Es kehret alles wieder. Und was geschehen soll, ist schon vollendet«, lässt auch Friedrich Hölderlin seinen Empedokles sagen. Sogar in der modernen Kosmologie wird inzwischen ernsthaft diskutiert, ob sich die Zeit nicht umkehrt, wenn der Weltraum von der bisherigen Ausdehnungs- in eine Kontraktionsphase übergeht. Physiker wie Thomas Gold, Lawrence Schulman, Claus Kiefer und H. Dieter Zeh nehmen dies an. Auch Stephen Hawking tat es einst, änderte seine Meinung jedoch und meint wie die Mehrzahl der Kosmologen, dass auch ein kollabierendes Universum noch dieselbe Zeitrichtung hat wie heute. Dafür spricht, dass die Schwarzen Löcher – die die größten Beiträge zur Entropie und somit zum thermodynamischen Zeitpfeil leisten – weiter wachsen.

▶ Zeitreisen sind in Wirklichkeit eher extravagante Raumreisen, nämlich Vorstöße in Paralleluniversen. Das haben beispielsweise Jack Williamsons *Die Zeitlegion* (*Legion of Time*, 1938), Italo Calvinos *Die unsichtbaren Städte* (*Le Città Invisibili*, 1972) und David Gerrolds *Zeitmaschinen gehen anders* (*The Man Who Folded Himself*, 1973) illustriert. Statt von Parallelwelten wird auch von multiplen Historien gesprochen, was ebenfalls eine Art Raumzeit-Verzweigung bedeutet. Jede Veränderung an einem vergangenen Zustand erzeugt eine neue Zeitachse, auf der die gesamte Geschichte eine andere Wendung nimmt als die »Schwester-Historie«, von der aus die Zeitreise gestartet wurde. Auf dieser Annahme beruht beispielsweise Gregory Benfords exzellenter Roman *Zeitschaft* (*Timescape*, 1980), in dem US-Präsident John F. Kennedy dem Attentat knapp entkommt. Von den multiplen Historien geht auch Stephen Baxter in *Zeitschiffe* (*The Timeships*, 1995) aus, einem eindrucksvollen Fortsetzungsroman von Wells' *Zeitmaschine*: Dem Zeitreisenden wird hier schließlich bewusst, dass er nie mehr in das ihm bekannte London des Jahres 1881 zurückkehren kann.

Auch die Alternativ-Universen-Romane gehören im Grunde in die Kategorie der multiplen Historien. So beschreibt beispielsweise Ward Moore in *Der große Süden* (*Bring the Jubilee*, 1953) die USA nach dem Sieg der Konföderierten 1863 in der Schlacht von Gettysburg. Der Süden ist ein reicher Agrarstaat geworden, die Nordstaaten sind aufgrund der immensen Reparationen zu wirtschaftlicher Bedeutungslosigkeit verkommen. Ein Historiker reist mit der ersten Zeitmaschine in die Schlacht zurück, um den exakten Verlauf kennen zu lernen. Dabei verändert er das Geschehen – und die USA entwickeln sich so, wie wir sie heute kennen... Dagegen entwirft Keith Roberts in *Die folgenschwere Ermordung Ihrer Majestät Königin Elisabeth I.* (*Pavane*, 1968) ein alternatives England der Jahre 1968 bis 2000 unter der Annahme eines erfolgreichen Attentats auf Königin Elisabeth I. im Jahr 1588.

Daraufhin schlägt die spanische Armada die englische Flotte, England wird katholisch, die Reformation in Europa scheitert, Rom erstarkt zur alten Macht, und die kobaltblaue Flagge von St. Peter weht in China ebenso wie in ganz Amerika. Freilich schnaufen in England noch die dampfgetriebenen Eisenbahnen, Nachrichten werden über Signaltürme vermittelt und die Inquisition beherrscht das Land und geißelt den technischen Fortschritt als Ketzerei – doch dafür gab es keine Weltkriege und Konzentrationslager. Auch der britische SF-Autor Stephen Baxter ersann alternative Historien. In *Mission Ares* (*Voyage*, 1996) sind Menschen 1986 auf dem Mars gelandet, weil die Kugeln von Dallas John F. Kennedy verfehlt hatten. Und in *Anti-Eis* (*Anti-Ice*, 1993) gewinnt England 1855 den Krieg gegen Russland durch ein in einem Meteoriten aus der Antarktis entdecktes, als Vernichtungswaffe eingesetztes, unbekanntes energiereiches und supraleitendes Material. Großbritannien wird die weltbeherrschende Macht, aber ein Erster Weltkrieg ist trotzdem unvermeidlich.

Im Gegensatz zu solchen globalen Alternativwelten verortet Alfred Bester in seiner Story *Die Mörder Mohammeds* (*The Men Who Murdered Mohammed*, 1967) die Paralleluniversen in den individuellen Bewusstseinen. Zeit und Zeitreisen sind subjektiv und betreffen nur einen selbst. »Es gibt Milliarden von Individuen, von denen jedes sein eigenes Kontinuum hat; und ein Kontinuum vermag nicht ein anderes zu beeinflussen. Wir sind wie Millionen von Spaghetti in demselben Topf. Kein Zeitreisender kann jemals einen Gefährten in der Vergangenheit oder Zukunft treffen. Jeder von uns kann nur seine eigene Strähne bereisen.« Paradoxien sind in einem solchen Szenario nicht möglich.

▶ Viel weiter verbreitet, ja beinahe implizites Alltagsgut, ist die Parallel- und Alternativwelten-Vorstellung für die Zukunft. Abhängig von den Ereignissen und Entscheidungen jetzt nimmt sie einen unterschiedlichen Verlauf, es gibt gleichsam ständig neue Verzweigungen. In Geschichten wie *Nobody here But Us Shadows* (1975) von Sam J. Lundwall und *A Few Minutes* (1973) von Laurence Mark Janifer sind sie erkennbar und real, nicht bloße Möglichkeiten. In Michael Flynns *The Forest of Time* (1987) verirrt sich ein Zeitreisender förmlich in der Unendlichkeit der Zeiten, wie kann er in diesem Wald jemals wieder den heimatlichen Zweig seiner Herkunft finden? Ähnliche Probleme haben die Protagonisten in *One Way Street* (1953) von Jerome Bixby, *Rumfuddle* (1973) von Jack Vance und *Worlds Enough* (1976) von Don Thompson. Auch außerhalb der SF haben sich verzweigende Zeiten oder Universen literarische Auftritte, beispielsweise in John B. Priestleys erstem Stück (*Dangerous Corner*, 1932), in John Updikes Roman *Toward the End of Time* (1997) und in Gore Vidals Roman *The Smithsonian Institution* (1998). Wenn die Zukunft offen ist, also nur mehr oder weniger wahrscheinlich und sich insofern, von der Gegenwart aus betrachtet, verzweigen kann, dann sind Prognosen und Präkognition keineswegs verlässlich – wie Philip K. Dick in *Der Minderheiten-Bericht* (*Minority Report*, 1956) meisterhaft vorgeführt hat, der hier von »Parallelzukünften« spricht. Wichtige Erkenntnisse aus der Zukunft sollte man sowieso nicht unbedingt erwarten, wie Wilma Shore in *Wie aus gewöhnlich gutunterrichteten Kreisen verlautet* (*A Bulletin from the Trustee*, 1964) demonstriert: Das Interview mit einem Menschen aus der Zukunft bringt nur das gleiche dumme Geschwätz ein, das man schon in der Gegenwart nicht mehr hören mag.

▶ Doch vielleicht ist die Zeit nur eine Illusion. In Wirklichkeit gibt es den Ablauf der Ereignisse dann gar nicht – dies ist nur unsere subjektive, irrige Empfindung –, sondern ein Raumzeit-Kontinuum, in dem die Zeitachse quasi räumlich ist und alles feststeht. Der Mathematiker Hermann Weyl hat diese mögliche Deutung 1927 folgendermaßen beschrieben: »Der Schauplatz der Wirklichkeit ist nicht ein stehender dreidimensionaler Raum, in dem die Dinge in zeitlicher Entwicklung begriffen sind, sondern die vierdimensionale Welt, in welcher Raum und Zeit unlöslich miteinander verwachsen sind. Diese objektive Welt geschieht nicht, sondern sie ist – schlechthin – ein vierdimensionales Kontinuum, aber weder Raum noch Zeit. Nur vor dem Blick des in den Weltlinien der Leiber emporkriechenden Bewusstseins ›lebt‹ ein Ausschnitt dieser Welt ›auf‹ und zieht an ihm vorüber als räumliches, in zeitlicher Wandlung begriffenes Bild.« Ähnliches hatte auch Einstein im Sinn, als er 1955 kurz vor seinem Tod in einem Kondolenzbrief anlässlich des Todes eines Freundes schrieb: »Für uns gläubige Physiker hat die Scheidung zwischen Vergangenheit, Gegenwart und Zukunft nur die Bedeutung einer wenn auch hartnäckigen Illusion.«

Eine eindrucksvolle literarische Umsetzung des quasi-räumlichen Alles-auf-einmal-Zeiterlebens ist Norman Spinrad in seiner Story *The Weed of Time* (1970) gelungen, worin ein außerirdisches Kraut, das von der ersten Expedition zu einem anderen Planeten auf die Erde zurückgebracht wird, die Weylsche Illusion aufhebt – man daraufhin sein ganzes Leben von der Geburt bis zum Tod vor Augen hat und doch nichts davon ändern kann. Einen ähnlichen Plot hat Ted Chiangs *Story of Your Life* (1999), worin eine neue Sicht von Sprache und Denken die Zeitwahrnehmung so verändert, dass man sein ganzes Leben quasi simultan zu erkennen vermag.

Bis heute streiten sich Philosophen und Physiker, ob es besser ist, die Zeit als gesonderte Dimension zu verstehen oder sie mit den drei Raum-Dimensionen zu vereinigen. Ist letzteres richtig, existiert kein echtes Nacheinander, sondern alles ist quasi simultan – man spricht dann auch vom »Block-Universum«, weil dessen Existenz dann wie bei einem unveränderlichen Eisenblock ein für allemal fixiert ist. Dann wären auch die Aktionen der Zeitreisenden immer schon Teil der Raumzeit. Das thematisieren beispielsweise Peter Ouspensky *Das seltsame Leben des Ivan Osokin* (1905), Catherine Lucille Moore (*Tryst in Time*, 1936), James Blish (*Beep*, 1954), Harlan Ellison (*Soldier*, 1957), Brian Aldiss (*An Age*, 1967) und Gordon Eklund (*Stalking the Sun*, 1972). Zeitparadoxien kann es hier nicht geben.

Eine witzige Pointe ersann Ray Bradbury in *The Toynbee Convector* (1983): Der Protagonist behauptet, mit einer Zeitmaschine aus einer friedlichen, utopischen Zukunft zurückzukehren; daraufhin macht sich Optimismus breit, und die Menschen realisieren diese Zukunft. Als der Mann als Schwindler auffliegt, ist es zu spät: Die fingierte Prophezeiung hat sich selbst erfüllt.

Sinn und Unsinn von Zeitreisen

Gründe und Motive, um Zeitmaschinen zu bauen, wenn es möglich wäre, gibt es genug.

▶ Ein nahe liegender Grund besteht darin, die Vergangenheit in Ordnung zu bringen, um eine bessere Gegenwart und Zukunft zu ermöglichen. Das stellen beispielsweise James Gunn (*The Reason Is with Us*, 1958) und Robert Silverberg (*The Time Hoppers*, 1967) dar. Mit dieser Fähigkeit würde der Mensch sich quasi zu einem Gott erheben (und auch das mag eine Motivation sein). So schrieb der Physiker Nick Herbert: »Allwissenheit, Allgegenwärtigkeit und Allmacht sind die traditionellen Attribute des Göttlichen. Die Fähigkeit, in der Einbahnstraße der Zeit zu wenden, würde Zeitreisende zu nichts weniger als zu Göttern machen.« – Die Idee, Zeitreisen als Mittel zu verwenden, um die Vergangenheit zu ändern, tauchte spätestens 1881 in der anonym von Everett Hale publizierten Story *Hands Off* auf. Sie wurde von Edward Page Mitchell gelesen, einem Herausgeber der New Yorker Zeitung *Sun*. Er veröffentlichte im gleichen Jahr *The Clock That Went Backward*, wo erstmals eine Zeitmaschine und ein Zeitparadox beschrieben wurden – 14 Jahre vor H. G. Wells! Beinahe märchenhaft muten die wiederholten Versuche an, die Vergangenheit zu verbessern, die den

Protagonisten oder die ganze Welt freilich nur immer tiefer in den Schlamassel treiben. Das hat schon Maxwell Anderson beschrieben (*The Star-Wagon*, 1937), sehr schön auch Thomas Berger (*Changing the Past*, 1989), und Filme wie *It's a Wonderful Live* (1946) und *Mr. Destiny* (1990) handeln ebenfalls davon. Auch außerhalb der SF ist das »Was wäre wenn ...« ein großes Thema. »Wie, wenn man das Leben noch einmal beginnen könnte, und zwar bei voller Erkenntnis? Wie, wenn das eine Leben, das man schon durchlebt hat, sozusagen ein erster Entwurf war, zu dem das zweite die Reinschrift bilden wird ...«, heißt es in Anton Tschechows *Drei Schwestern* (1901). Max Frisch hat diese Worte seinem Theaterstück *Ein Spiel* (1968/1984) vorangestellt. »Ich weigere mich zu glauben, dass unsere Biografie, meine oder Ihre, oder irgendeine, nicht anders ausgehen könnte. Vollkommen anders«, lässt er seinen Protagonisten verkünden – und der bekommt die Chance für einen Neuanfang, doch nur um zu erkennen, dass sich alles noch einmal auf nahezu dieselbe Weise abspielt. Ist der Fatalismus unüberwindbar? Freilich: »Die objektive Vergangenheit zu ändern würde sein, wie einen Stein aus dem Fuß eines Turms herauszuschlagen. Wir sind gebaut auf der Vergangenheit«, wie es in John Wade Farrells *All Our Yesterdays* (1949) heißt. Mit der Änderung der Vergangenheit drohen bizarre Paradoxien.

▶ Der kapitalistisch ausgerichtete Zeitgenosse wird als Erstes an die ungeheuren Reichtümer denken, die sich – allein schon durch geschickte Geldanlagen und die Zinsen – anhäufen ließen. Mack Reynolds beschreibt in *Zins und Zinseszins* (*Compounded Interest*, 1956), wie der erste Zeitreisende auf diese Weise zum Besitzer der halben Weltwirtschaft wird – nur um sich schließlich die gewaltigen technischen Mittel und Energien für den Bau und Betrieb der Zeitmaschine leisten zu können. Denkbar ist auch die Ausbeutung früherer Ressourcen, etwa von sonst schon zerfallenem radioaktiven Material (Clifford D. Simak: *Project Mastodon*, 1955), von Erdöl (Poul Anderson: *Wildcat*, 1958; Wolfgang Jeschke: *Der letzte Tag der Schöpfung*, 1981) oder feinem Dinosaurierfleisch (Sam Moskowitz: *Death of a Dinosaur*, 1956).

▶ Der vielleicht wichtigste Grund ist die menschliche Neugier und somit auch die wissenschaftliche Forschung: Können Reisen in die Vergangenheit überhaupt funktionieren? Und was hat es dann damit auf sich? Wäre es nicht phantastisch, einen Blick in die ferne Zukunft zu richten wie in Robert Silverbergs *Reise ans Ende der Welt* (*When We Went To See The End Of The World*, 1972)? Ein anderes Motiv ist die Suche oder Bewahrung von verloren gegangenen Schriften und Kunstwerken, so etwa in Jack McDewitts *The Fort Moxie Branch* (1989) und Terry Bissons *Zwei Jungs aus der Zukunft* (*Two Guys from the Future*, 1992).

▶ Eng mit dem Forschungsdrang verbunden ist die Lust auf das schiere Abenteuer wie in *Die Zeitlegion* (*The Legion Of Time*, 1938) von Jack Williamson. Eine wahrhaft außergewöhnliche Form davon ist das Erlebnis des eigenen Todes als Partyspaß. Orson Scott Card hat sich in seiner Story *Die Zeitspieler* (*Closing the Timelid*, 1979) ein morbides Freizeitvergnügen ausgemalt, in dem Pubertierende in die Vergangenheit reisen und sich beispielsweise vor einen Lastwagen werfen und überfahren lassen. Die Todeserfahrung verschafft ihnen den Kick ihres Lebens. Dann lassen sie sich einfach wieder in die eigene Zeit zurückholen und leben dort putzmunter weiter. Ein unglücklicher Lkw-Fahrer muss sehen, wie sich neun Selbstmörder am Kühlergrill scheinbar in Nichts auflösen, bevor er durchdreht und sich ebenfalls umbringt.

▶ Auch andere fragwürdige Vergnügungen sind denkbar. So hätte Hollywood ein sehr viel effektiveres Mittel, realistische Historienfilme zu drehen. Und Touristen könnten nicht nur ferne Länder im Raum, sondern auch andere Zeiten bereisen. Eine Safari in die Steinzeit beschreibt Clifford D. Simak (*The Loot of Time*, 1938). Und Isaac Asimov (*Day of the Hunters*, 1950) sowie Wolfgang Jeschke (*Der König und der Puppenmacher*, 1961) »erklären« sogar das Aussterben der Dinosaurier durch für sie unheilvolle Einflüsse aus der Zukunft. Die Vergangenheit mag auch als Seifenoper für dekadente Oberschichten dienen, wie in John Wade Farrells *All Our Yesterdays* (1949), oder als Vergnügungspark für allerlei Perversionen hinhalten, wie in Alfred Besters Story *Die Achterbahn* (*The Roller Coaster*, 1953). Selbst schöne Momente im eigenen Leben könnten wieder und wieder erlebt werden, wie es mit Hilfe von »Zeitgas« in Brian W. Aldiss' Geschichte *Als die Zeit ausbrach ...* (*The Night That All Time Broke*, 1967) die Freizeitbeschäftigung einer ganzen Gesellschaft ist. Oder man besucht seine fernere Zukunft als eine Art von Zeit-Urlaub in sich selbst. Dass dies furchtbare Folgen haben kann – insbesondere dann, wenn man sie ändern will und erst recht verschlimmert –, hat James Tiptree Jr. in *Zurück! Dreh's Zurück!* (*Backward, Turn Backward*, 1988) auf bestürzende Weise geschildert.

▶ Die Vergangenheit lässt sich auch als Versteck vor Verfolgern verwenden, so etwa in Erzählungen von Ray Bradbury (*The Fox and the Forest*, 1950), Clifford D. Simak (*Project Mastodon*, 1955, die erweiterte Fassung *Mastodonia*, 1978, und die Story *Over the River & Through the Woods*, 1966). Zeitreisen eignen sich sogar als Mittel für den perfekten

Mord. Womöglich war Jack the Ripper ein Zeitreisender, wie Robert Bloch 1967 überlegte (*A Toy for Juliette* und *The Prowler in the City at the Edge of the World*). Auch die Zukunft würde kriminelle Energien anziehen. So beschreibt Wilson Tucker fiese Machenschaften, um die US-Präsidentenwahl zu gewinnen (*The Year of the Quiet Sun*, 1970). Und bei Lester del Rey (*Unto Him That Hath*, 1952) werden sogar effektive Waffen aus der Zukunft beschafft – allerdings versteht sie in der relativen Gegenwart dann gar niemand.

▶ Geschlossene zeitartige Kurven würden aber auch das Rechenvermögen von Computern ins Unermessliche steigern. Diese Idee hat Todd A. Brun vom Institute for Advanced Study in Princeton, New Jersey, im Jahr 2003 veröffentlicht – und zwar in einer Physik-Zeitschrift. Ein Computer, der Rechenergebnisse in die Vergangenheit schicken und aus der Zukunft empfangen kann, wäre in der Lage, bislang praktisch unlösbare Probleme zu knacken, etwa das berüchtigte Problem des Handlungsreisenden. (Es besteht darin, den kürzesten Weg für eine Geschäftsreise durch n Städte zu finden – was aufgrund der exponentiellen Komplexität rasch unmöglich ist, wenn die Zahl n nur genügend groß ist: Es gibt dafür keine Formel; und um alle Möglichkeiten probeweise durchzuspielen, würde selbst für einen Supercomputer so groß wie die Milchstraße das bisherige Alter des Universums nicht genügen.) Brun hat ein einfaches Programm geschrieben, mit dem ein Computer, ausgestattet mit einem Zeitregister, rasch ultrakomplexe Berechnungen anstellen kann, wenn er von sich selbst aus der Zukunft (oder aus Paralleluniversen-Zukünften) mit Zwischenergebnissen versorgt wird. Das ist wie Hellsehen. Genügend Zukunfts-Connections vorausgesetzt, wäre ihm keine Rechnung zu aufwendig. »Es ist sehr sonderbar, wenn Informationen plötzlich aus dem Nichts auftauchen, aber es ist in einem Universum mit geschlossenen zeitartigen Kurven zu erwarten, dass solche Ereignisse geschehen«, sagt Brun. »Die Algorithmen arbeiten aufgrund von brute force-Suchschleifen, die gar nicht wirklich ausgeführt werden – oder vielleicht in anderen Universen ausgeführt werden, wenn die Viele-Welten-Interpretation der Quantentheorie zutrifft.« Er fügt jedoch selbstkritisch hinzu: »Das ist eine seltsame, aber logisch widerspruchsfreie Schlussfolgerung. Freilich macht sie – und das ist wohl die bessere Schlussfolgerung – die Existenz von geschlossenen zeitartigen Kurven noch unwahrscheinlicher.«

▶ Zeitmanipulatoren lassen sich, wen wundert's, freilich auch als heimtückische Waffen verwenden. Davon gibt die Romanserie *Perry Rhodan* einige Beispiele. So setzt die Superintelligenz Seth-Apophis

Zeitweichen gegen den Handelsverband der Kosmischen Hanse ein. Die Zeitweichen schleudern »Zeitmüll« – genauer: Dinge und Wesen aus einer 600.000 Jahre fernen Zukunft – ihrem Ziel entgegen. Weniger grobschlächtig kanonenhaft sind die Zeitumformer der Akonen, mit denen sich lokal allerlei subtile und boshafte Eingriffe in die Vergangenheit erzeugen lassen, um den Lauf der Geschichte zu ändern. Die Terraner wiederum versuchen mit einem Zeitumformer – allerdings vergeblich – eine Zeitbombe in den Robotregenten auf Arkon III zu schmuggeln, um den Rechner vor seiner Fertigstellung zu zerstören. Eine gezielte Zeitkorrektur mit Hilfe eines Nullzeit-Deformators ist auch Perry Rhodans einziges Mittel, den Untergang der Menschheit durch die von der Superintelligenz Anti-ES geschickte PAD-Seuche (Psychosomatische Abstraktdeformation, eine durch Viren erzeugte Mentalitätsveränderung) zu verhindern. Nullzeit-Deformatoren haben schon die Beherrscher der Andromeda-Galaxie, die Meister der Insel, als Zeitfallen eingesetzt, um unliebsame Gegner in eine ferne Vergangenheit zu verbannen. In eine solche Falle ist Rhodans Raumschiff CREST III auf dem Planeten Vario getappt. Auch andere SF-Erzählungen schildern Zeitreisen zu militärischen Zwecken: *Time Column* (1941) von Malcolm Jameson, *Not To Be Opened* (1950) von Robert Flint Young aka Peter Grainger und *Project Mastodon* (1955) von Clifford D. Simak.

▶ Doch womöglich sind Zeitreisen – sehr langfristig gedacht – auch die einzige Lebensversicherung intelligenter Wesen. Denn irgendwann wird es ungemütlich im Universum. Die Sterne erlöschen, die Materie könnte zerfallen, und vielleicht stürzt der Weltraum in einen Punkt zusammen oder aber wird so schnell auseinander gerissen, dass nicht einmal Atome fortdauern. Pedro F. González-Díaz vom Institut für Mathematik und Grundlagenphysik im spanischen Madrid schlug deshalb 2003 vor, mit Wurmloch-Zeitmaschinen dem Untergang unseres Universums zu entrinnen. Robert Moore Williams hat sich in seiner SF-Story *The Tides of Time* schon 1940 ausgemalt, dass die Menschheit ihrem eigenen Untergang durch eine »Dimensionen-Brücke« entfliehen könnte.

Science und Fiction von Zeitreisen

Ein bewährtes Prinzip der Physik lautet, dass alles, was nicht durch die Naturgesetze ausdrücklich verboten wird, auch existieren könnte. Außerdem beweist die Geschichte, dass zahlreiche bizarre Phänomene, die Physiker am Schreibtisch ersonnen haben – nur auf Grundlage der bekannten Naturgesetze – später tatsächlich entdeckt wurden. Und selbst wenn man beweisen könnte, dass geschlossene zeitartige Kurven nicht existierten, hätte man etwas Wesentliches über die fundamentalen Theorien und Naturgesetze gelernt. Deshalb schrecken auch angesehene Wissenschaftler nicht mehr davor zurück, sich mit diesem spekulativen Thema ernsthaft zu beschäftigen. »Es ist legitim, mit einer Theorie an ihre Grenzen zu gehen, um ihre Implikationen besser zu verstehen«, sagt Peter Aichelburg, Spezialist für Relativitätstheorie und Physik-Professor an der Universität Wien. Graham M. Shore, Physik-Professor an der University of Wales im britischen Swansea, sieht es ähnlich: »Neue Einsichten in fundamentale Theorien werden oft dadurch erzielt, dass man ihr Verhalten in extremen, beinahe paradoxen Bereichen studiert. Ein Teil der andauernden Faszination von Zeitmaschinen besteht darin, dass sie uns mit grundlegenden Fragen und Annahmen über die Raumzeit konfrontieren, wie sie von den klassischen und Quantentheorien der Schwerkraft beschrieben wird.«

Die Science-Fiction-Literatur hat hier eine nicht zu unterschätzende Motivationskraft. Viele bedeutende Physiker wie Stephen Hawking sind begeisterte SF-Leser. Gerald Feinberg von der Columbia University in New York – der sich unter anderem mit hypothetischen überlichtschnellen Teilchen beschäftigte, den von ihm so genannten Tachyonen, übrigens inspiriert von James Blishs SF-Kurzgeschichte *Beep* (1954) – hatte in seiner Jugend auf der Bronx High School mit zwei anderen Schülern sogar ein SF-Fanzine herausgegeben (*ETAOIN SHRDLU*, benannt nach der Reihenfolge der im Englischen am häufigsten verwendeten Buchstaben). Die beiden Mitschüler waren Sheldon Glashow und Steven Weinberg, die später gemeinsam den Nobelpreis für Physik gewannen. Und Gregory Benford von der University of California in Irvine hat sich sogar zu einem der angesehensten SF-Schriftsteller der Gegenwart gemausert, obwohl oder gerade weil er die »echte« Physik durchaus ernst nimmt – selbst wenn er, wie in seinem Roman *Cosm* (1998), den inzwischen tatsächlich in Betrieb genommenen Teilchenbeschleuniger RHIC in Brookhaven, New York, schon mal ein ganzes Universum erzeugen lässt, dessen rasante Entwicklung man sogar durch ein Wurmloch betrachten kann.

SF-Ideen wie das Nachdenken über Zeitreisen »bringen uns dazu, die extremen Grenzen der Physik auszuloten und die Reichweite der Naturgesetze zu erkunden«, sagt John Richard Gott III, der als Astrophysik-Professor so manche kühnen Ideen entwickelt hat, die SF-

Autoren neidisch machen könnten – zum Beispiel kosmische Zeitmaschinen, Tachyonen-Universen und eine Zeitschleife als Urknall-Modell. Lawrence Krauss sieht es ähnlich: »In unserem Universum herrscht ein Grundsatz, den ich meinen Studenten oft so beschreibe: Was nicht ausdrücklich verboten ist, kommt garantiert vor.« Oder mit den Worten des Androiden Data in der *Star Trek*-Serie: »Was geschehen kann, wird auch geschehen.«

Physik hat sehr viel mit Fantasie und kühnen Ideen zu tun. Dies bedeutet jedoch nicht, dass technisches Wortgeklingel oder waghalsige Einfälle an sich schon Wissenschaft wären. Aber wenn man auf Grundlage der besten Theorien aller Zeiten spekuliert – insbesondere der Relativitäts- und Quantentheorie, die dem »gesunden Menschenverstand« nicht selten selbst schon als Science-Fiction erscheinen –, kann man sehr wohl etwas über die Reichweite und Grenzen der Naturgesetze lernen. »Die Wunder der Allgemeinen Relativitätstheorie erlauben es, dass alle möglichen unglaublichen Dinge im Prinzip existieren können, vom Warp-Antrieb bis zur Zeitreise«, ist Lawrence Krauss überzeugt. »Das allein berechtigt schon, darüber nachzudenken, und ich verbringe einen Teil meiner Forschungszeit mit Versuchen, in dieser Hinsicht ein Stück weiterzukommen.«

Flug in die Zukunft

Zumindest in einem Punkt besteht Einigkeit unter den Physikern: Reisen in die Zukunft sind möglich. Das folgt unmittelbar aus Albert Einsteins Relativitätstheorie, die Grundlage oder Ausgangspunkt aller heutigen physikalischen Forschungsarbeiten zum Thema Zeitreisen ist.

Je schneller sich ein Körper bewegt oder je stärker das Gravitationsfeld ist, in dem er sich befindet, umso langsamer vergeht seine Zeit relativ zu Uhren, die in Ruhe oder in der Schwerelosigkeit sind. Dieser Effekt wird Zeitdilatation oder Zeitdehnung genannt. Für Licht oder – von außen betrachtet – für Objekte am Rand eines Schwarzen Lochs vergeht überhaupt keine Zeit.

Entfernt man sich beispielsweise von der Erde mit 99,9999999996 Prozent der Lichtgeschwindigkeit einen Tag, zehn Tage oder etwas mehr als 27 Jahre – gemessen im Bezugssystem der Borduhr – und fliegt mit derselben Geschwindigkeit retour, dann sind bei der Rückkehr auf der Erde 1000, 10.000 beziehungsweise sogar 10 Millionen Jahre verstrichen. Und mit 99,999999999999999 Prozent der

Lichtgeschwindigkeit könnte man den für irdische Verhältnisse knapp sechs Millionen Jahre dauernden Trip zum Andromeda-Nebel und zurück an einem Acht-Stunden-Arbeitstag schaffen. Freilich haben solche Rechnungen keinen praktischen Wert, da niemand die darin angenommenen Beschleunigungen überleben könnte. »Realistische« Beispiele – abgesehen vom Energie-Problem – sind jedoch immer noch frappierend: Wollte man 1000 Jahre in die Zukunft reisen, müsste man mit dem erträglichen Beschleunigungs- und Bremsandruck von 1 G (entspricht der Erdschwerkraft) »nur« mit bis zu 99,9992 Prozent der Lichtgeschwindigkeit zu einem 500 Lichtjahre entfernten Stern fliegen und wieder zurück. Aufgrund der Zeitdilatation wäre man dann selbst nur knapp 25 Jahre gealtert, während auf der Erde 1000 Jahre vergangen wären.

Diese Zeitdilatation wurde in SF-Geschichten häufig durchgespielt, etwa in *Out Around Rigel* (1931) von Robert H. Wilson. (Die Zeitdilatation funktioniert auch in einem Schwerefeld, und so kann beispielsweise Larry Niven in *Wie die Zeit vergeht* (*A World Out of Time*, 1976) eine Reise in die Zukunft mit Hilfe der gravitativen Zeitdehnung am Ereignishorizont eines supermassereichen Schwarzen Lochs schildern.)

Nicht ganz so extreme Reisen haben Menschen schon heute unternommen: »Sergei Vasiliyevich Avdeyev ist bislang unser weitester Zeitreisender«, sagt John Richard Gott III. Der russische Kosmonaut war während seiner drei Aufenthalte auf der Raumstation Mir 747 Tage, 14 Stunden und 22 Minuten im Orbit. Mirs Höhe und Umlaufgeschwindigkeit führten dazu, dass Avdeyev relativ zu seiner auf der Erde gebliebenen Frau um das 50stel einer Sekunde weniger gealtert ist.

Jim Al-Khalili, Professor für Theoretische Physik an der Universität von Surrey im britischen Guildford, betont augenzwinkernd den Nutzwert der Zeitdilatation: »Vergessen Sie Oil of Olaz – springen Sie einfach auf eine schnelle Rakete auf und segeln Sie eine Zeit lang im Sonnensystem herum, und Ihre Freunde werden verblüfft sein, wie jung Sie geblieben sind!«

Zeitdehnung und Zwillingsparadoxon

Ein wagemutiger Raumfahrer der Zukunft braucht also die Lichtgeschwindigkeit nicht zu überschreiten, um andere Sterne zu erreichen. Gemäß der Relativitätstheorie könnte er sogar innerhalb weniger

Jahre zu fernen Galaxien fliegen, wenn er nur nahe genug an die Lichtgeschwindigkeit heránkäme. Seine Eigenzeit wäre dann relativ zu einem hypothetischen Zwillingsbruder, der auf der Erde zurückgeblieben ist, extrem verlangsamt. (Ein masseloses Wesen könnte auf einem Photon sogar das ganze Universum in einem Augenblick durcheilen, weil für dieses gar keine Zeit vergeht.)

Dieses berühmte Zwillingsparadoxon ist nicht selbstwidersprüchlich, sondern seit 1938 vielfach experimentell bestätigt. Elementarteilchen, zum Beispiel Myonen, die in Ruhe mit einer bestimmten Halbwertszeit zerfallen, existieren länger, wenn sie sich im Teilchenbeschleuniger mit Beinahe-Lichtgeschwindigkeit bewegen. Sie prasseln auch auf die Erdoberfläche, nachdem sie aus Kollisionen hochenergetischer Partikel der kosmischen Strahlung in den obersten Atmosphärenschichten erzeugt worden sind: Obwohl der Weg zum Boden für die kurze Lebensdauer der Myonen eigentlich viel zu lang ist, erreichen sie ihn nachweislich. Denn sie sind so schnell, dass ihre Zerfallsrate in unserem Bezugssystem verlangsamt ist (beziehungsweise die Wegstrecke von ihnen aus gesehen verkürzt ist), genau wie Einsteins Gesetze es vorhersagen.

Und Ende 2003 haben Gerald Gwinner, Guido Saathoff und ihre Kollegen am Max-Planck-Institut für Kernphysik in Heidelberg und an der Universität Mainz Einsteins Voraussage der Zeitdilatation sogar – Rekord! – mit einer Präzision von mehr als 1 zu 22 Millionen bestätigt. Dies gelang mit Hilfe von Lithium-7-Ionen, die als schnell bewegte »Uhren« dienten, indem die Periodendauer einer sehr genau bekannten Schwingung als Zeitmaß verwendet und mit einem Laserstrahl gemessen wurde, der sie zum Fluoreszieren brachte. Die Ionen bewegten sich in einem Schwerionen-Speicherring mit 19.000 Kilometern pro Sekunde (6,5 Prozent der Lichtgeschwindigkeit).

Für Reisen in die eigene Vergangenheit oder Zukunft kann man das Zwillingsparadoxon aber nicht ausnützen. Zwar vergeht der Zeitfluss für verschiedene Beobachter unterschiedlich schnell, aber er lässt sich deswegen weder umkehren noch überspringen. Die biologische Uhr tickt unaufhörlich weiter, und mehr Bücher kann man aufgrund der Zeitdehnung auch nicht lesen.

Für Weltraumflüge hat die Zeitdilatation ebenfalls einen Haken: Der Astronaut würde sich nämlich nicht nur räumlich, sondern auch zeitlich von seinem zurückgebliebenen Bruder entfernen. Denn von der Erde aus gerechnet könnte der Raumfahrer je nach Dauer und Geschwindigkeit der Reise erst viele Jahrzehnte, Jahrtausende oder gar Jahrmillionen später wieder auf seinen Heimatplaneten zurückkehren. Dann wäre der Zwillingsbruder ein Greis oder längst tot, während der Raumfahrer nur wenige Jahre gealtert wäre.

Immerhin: Wer diese Konsequenzen nicht scheut, könnte im Lauf seines Lebens einen Ausflug zum Galaktischen Zentrum und zurück machen – über eine Gesamtdistanz von über 50.000 Lichtjahren. Dafür bräuchte er nur gut 40 Jahre subjektive Zeit. Das ist kein Paradox, da der Raumreisende die konstante Beschleunigung und Abbremsung 40 Jahre lang spüren würde, sein zurückbleibender Zwillingsbruder, den er nie wieder sehen würde, aber nicht. Das technische Problem besteht freilich darin, dass für diese kosmische Exkursion Treibstoff-Energie von der Masse eines ganzen Planeten nötig wäre.

Alarmierende Konsequenzen für die Physik hätte das freilich nicht. Ganz anders wird dies bei Reisen in die Vergangenheit oder mit Überlichtgeschwindigkeit.

Rückwärtszeit

Die einfachste Möglichkeit, schnell zu großem Reichtum zu gelangen, besteht zweifellos darin, einen Freund in der Zukunft nach den Lottozahlen oder Aktienkursen der nächsten Woche zu fragen. Falls es überlichtschnelle Teilchen gibt, so genannte Tachyonen, und falls sich diese ähnlich wie Radiowellen als Informationsüberträger nutzen ließen, könnten wir die Geheimtipps über ein Tachyonen-Telefon frei ins Haus bekommen. Da sich Tachyonen relativ zu uns rückwärts in der Zeit bewegen, wäre die Zukunft gegenwärtig.

Dasselbe gälte auch, wenn uns der Freund persönlich besuchen wollte. Mit Überlichtgeschwindigkeit könnte er in seine eigene Vergangenheit reisen, wie es der Botaniker Arthur Henry Reginald Buller 1923 mit einem Limerick auf einen einfachen Nenner gebracht hat: »Es war einmal eine Frau namens Bright / Die reiste schneller als Lichtgeschwindigkeit / Sie verließ uns leise / Auf relativistische Weise / und kam zurück zu einer früheren Zeit.«

Eine abenteuerliche Konsequenz von Albert Einsteins Spezieller Relativitätstheorie ist nämlich, dass alle Objekte, die sich schneller als Licht fortbewegen, ihr Ziel vor einem entsprechenden Lichtsignal erreichen. Erst lange nachdem also beispielsweise ein überlichtschnelles Raumschiff an einem bestimmten Ort angekommen wäre, würden seine früheren Funksendungen dort eintreffen, so dass das Bild einer Rückwärtsbewegung in der Zeit entstünde. Während aus der Perspektive eines überlichtschnellen Raumfahrers die Zeit vorwärts abliefe, würden alle externen Anzeichen den gegenteiligen Schluss nahe legen. Dieser krasse Widerspruch scheint prinzipiell unmöglich zu sein. Man stelle sich einmal ein Tischtennisturnier mit einem überlichtschnellen Ball vor: den hätte man vielleicht schon pariert, bevor er überhaupt sichtbar wird!

Die Eigenzeit der Tachyonen verläuft also gerade umgekehrt zu unserer. (Der Physik-Nobelpreisträger Richard Feynman hat übrigens vorgeschlagen, auch Antimaterie als Materie zu deuten, die sich rückwärts in der Zeit bewegt – allerdings unterlichtschnell im Raum, was keine Paradoxien mit sich bringt – und John Wheeler scherzte daraufhin, dass es vielleicht nur ein einziges Elektron gäbe, das im temporalen Zickzack vorwärts und, als Positron, rückwärts durch die Zeit schweift.) Nichts zeigt deutlicher, wie relativ die Zeit ist. Wenn Tachyonen mit normaler Materie wechselwirken, hieße dies, dass sich mit ihnen Signale zeitlich rückwärts übertragen lassen.

Man könnte beispielsweise Morse-Zeichen in die Vergangenheit senden. Das haben Gregory Benford, David L. Book und William Newcomb von der University of California in Livermore 1970 in ihrem Fachartikel *The Tachyonic Antitelephone* gezeigt. Für die Science-Fiction natürlich ein faszinierendes Thema, von dem auch ausgiebig Gebrauch gemacht wurde – etwa in Poul Andersons *Earthman, Beware* (1951), James Patrick Hogans *Thrice Upon a Time* (1980), Gregory Benfords *Zeitschaft* (*Timescape*, 1980) oder in den Filmen *The Prince of Darkness* (1987) von John Carpenter und *Frequency* (2000) von Gregory Hoblit. In *Star Trek* spielen Tachyonen ebenfalls eine Rolle.

Logische Kapriolen mit Tachyonen

Schon in den sechziger und siebziger Jahren erkannten Physiker die paradoxen Kommunikationsmöglichkeiten, die sich ergeben, wenn man mit Tachyonen Informationen zurück in die Vergangenheit senden könnte, was dem Kausalitätsprinzip widerspräche. Je höher die Tachyonen-Geschwindigkeit, desto größer sind auch die Gefahren von Verletzungen dieses Prinzips. (Ähnliches ist auch mit Wurmlöchern möglich, wenn sie für überlichtschnelle Kommunikation verwendet werden – in ihrem Roman *The Light of Other Days* (2000) haben Arthur C. Clarke und Stephen Baxter solche Probleme verarbeitet.)

Eine krasse Form dieses Paradoxons wäre eine Tachyonen-Selbstzerstörungsmaschine: Sie könnte etwa so programmiert sein, dass sie sich automatisch um 2 Uhr in die Luft sprengt, wenn sie um 1 Uhr den Befehl dazu erhält, den sie selbst um 3 Uhr ausgesendet hat. (Achtung: Die Grammatik unserer Sprache ist schlecht geeignet, solche zeitlichen Verwirrspiele deutlich wiederzugeben – aber vielleicht erfinden künftige Grammatiker ja einmal ein futurisches Präsens Plusquamperfekt, wenn sie mit ihren Kollegen aus anderen Zeiten telefonieren wollen.) Weil das um 3 Uhr losgeschickte Tachyonen-Signal in der Zeit zurückläuft, könnte es tatsächlich um 1 Uhr bei der Maschine eintreffen. Angenommen, sie sendet um 3 Uhr das Signal ab, dann erreicht es sie um 1 Uhr, und sie explodiert um 2 Uhr. Dann hätte sie aber um 3 Uhr keinen Selbstzerstörungsbefehl geben können. Auch umgekehrt entsteht ein logischer Widerspruch: Erhält die Maschine um 2 Uhr ein Zerstörungssignal und sprengt sich in die Luft, dann konnte sie um 3 Uhr kein Signal aussenden, das sie um 1 Uhr erreichte. Kurz: Die Maschine explodiert dann und nur dann, wenn sie nicht explodiert.

Schon Gerald Feinberg, der den Namen Tachyonen geprägt hat, sagte angesichts solcher logischen Kapriolen, dass dies »der schwerwiegendste Einwand« gegen die Existenz dieser Partikel sei. »Das ist in offensichtlichem Gegensatz zu der natürlichen Einstellung, dass man frei ist zu entscheiden, welches Experiment man tun möchte, bis zum Zeitpunkt, an dem man es tatsächlich tut.«

Wie rein mechanische Beispiele zeigen, muss man sich aber gar nicht auf einen ominösen freien Willen der Experimentalphysiker berufen, um Paradoxien zu erzeugen, sondern die Natur könnte dies auch ganz von selbst einrichten. Viele Wissenschaftler schlossen daraus, dass Tachyonen eine widersprüchliche Vorstellung sind und deshalb nicht existieren können. Dies hat übrigens Richard Tolman bereits 1917 erwogen, der als physikalischer Chemiker und später auch Kosmologe an der University of Illinois und dann am Caltech forschte. Er hielt Rückwärtszeit-Botschaften im Rahmen der Speziellen Relativitätstheorie »nicht für logisch unmöglich; gleichwohl mag ihre außergewöhnliche Natur nahe legen, dass kein kausaler Impuls sich überlichtschnell ausbreiten kann.«

Doch vielleicht haben Physiker die Tachyonenwelt noch nicht vollständig verstanden, weil die Relativitätstheorie keine allumfassende Theorie ist, sondern mit der Quantentheorie zu einer »Weltformel« vereinigt werden muss. Dagegen spricht allerdings die bisherige Erfahrung. Beide Theorien haben uns bislang ein konsistentes Bild der Natur geliefert. Erst an den Grenzen ihres Gültigkeitsbereichs und jenseits davon ist eine neue Theorie notwendig, die die Vorgänger ergänzen wird, ihnen innerhalb ihres Gültigkeitsbereichs jedoch nicht widersprechen darf. Wenn die Tachyonen wirklich existieren, sollten sie also bereits innerhalb der Relativitätstheorie ein konsistentes Bild liefern. Doch wenn Tachyonen zu unauflösbaren Widersprüchen führen, wäre dies ein starkes Indiz dafür, dass sie eine Fiktion sind. Es gäbe dann nur ein Universum (oder viele) mit licht- und unterlichtschnellen Partikeln – und weiter nichts.

Es gibt jedoch auch Forscher wie Robert Ehrlich von der George Mason University, die nicht bereit sind, das Kind mit dem Bad auszuschütten – das heißt die Tachyonen mit den Zeitparadoxien: »Die Natur hätte einen Weg gefunden, so absurde Möglichkeiten und all die damit verbundenen Paradoxien zu eliminieren«, glaubt Ehrlich. Sendungen in die Vergangenheit seien unmöglich oder zumindest sehr unwahrscheinlich, selbst wenn Tachyonen existieren. Ein natürlicher Schutzmechanismus müsse im Hintergrund herrschen, der zwar tachyonische Bewegungen, nicht aber Paradoxien zuließe. Ein Tachyonen-Telefon wäre also unmöglich. Beispielsweise könnte die Komplementarität von Wellen und Teilchen in der Quantenphysik verhindern, dass sich mit Tachyonen Informationen übertragen lassen. Manche Forscher glauben sogar, dass Tachyonenwellen oder lokalisierte Tachyonen im Wellenzug selbst unterlichtschnell wären.

Eine Möglichkeit besteht darin, dass die Natur Zeitparadoxien gar nicht erlaubt. Diesem Selbstkonsistenzprinzip zufolge verwickelt man sich mit Tachyonen also nicht notwendigerweise in Widersprüche. »Dann scheint es nur so, als könne man widersprüchliche Anfangsbedingungen einrichten, aber es geschieht einfach nie in der Wirklichkeit«, meint Schulman.

Die andere, radikalere Möglichkeit ist, dass Effekte aus der Zukunft durchaus einen Platz in der Physik haben könnten. »Wenn man mit Tachyonen Botschaften austauschen könnte, dann müsste die konventionelle Kausalität aufgegeben werden. Eine selbstkonsistente Sequenz von Ereignissen geschieht – aber es wäre nicht länger möglich, Ursache von Wirkung zu unterscheiden«, malt sich Schulman aus, der einen Artikel mit dem provozierenden Titel *Causality is an effect* veröffentlicht hat. Ursächlichkeit wäre demzufolge eine Wirkung oder Folge – und nicht der »Zement des Universums« (wie es der australische Philosoph John Leslie Mackie einmal ausgedrückt hat), oder gar eine bloße Kategorie unseres Denkens (wie der Königsberger Philosoph Immanuel Kant glaubte). »Kausalität ist etwas, das erklärt werden muss«, lautet Schulmans Schlussfolgerung.

Kranke Raumzeiten

Das Beispiel der Tachyonen zeigt, welche Abgründe sich mit Zeitreisen öffnen können. Zwar fand bislang niemand experimentelle Befunde, die für die Existenz von Tachyonen und deren Wechselwirkung mit gewöhnlicher Materie sprechen – aber auch kein schlagkräftiges theoretisches Argument dagegen. Außerdem ist die Situation längst eskaliert. Denn inzwischen gibt es zumindest im Rahmen der Allgemeinen Relativitätstheorie viele Hinweise auf die Möglichkeit der Existenz geschlossener zeitartiger Kurven – und zwar sowohl global (das ganze Universum betreffend) als auch lokal (nur einige »unnormale« Regionen betreffend). Physiker haben bereits verschiedene Arten von »Zeitmaschinen« beschrieben – wobei hier nicht in erster Linie technische Geräte gemeint sind, wie sie Science-Fiction-Autoren handhaben, sondern Eigenschaften der Raumzeit, die zu geschlossenen zeitartigen Kurven führen. In der Fachliteratur wurden schon einige Fälle durchgerechnet.

In Newtons klassischer Mechanik, in der Speziellen Relativitätstheorie und in den Quantenfeldtheorien im flachen Raum sind Chronologie und Kausalität so fundamental, dass sie gleichsam als erste Prinzipien dieser Theorien gelten können – Verstöße dagegen lassen sich schlicht als unphysikalisch zurückweisen. Doch die Gleichungen der Allgemeinen Relativitätstheorie sind lokal: Sie beziehen Aspekte der Raumzeit auf die Materie und Energie an diesem Punkt. Es gibt also keine absolute Zeit mehr, sondern der »Fluss« der Zeit ist, wie die Krümmung des Raums, abhängig von der lokalen Verteilung von Materie und Energie.

Zwar gelten Chronologie und Kausalität lokal, denn hier ist die Raumzeit hinreichend flach und lässt sich mit der Speziellen Relativitätstheorie beschreiben. Doch globale oder zumindest großräumige Vorschriften (etwa über die Topologie, also die Gestalt des Raums) kann die Allgemeine Relativitätstheorie nicht machen. Sie enthält unabhängige Variablen, die sich nicht durch reines Rechnen bestimmen lassen, sondern nur empirisch – also durch Beobachtungen. Ohne zusätzliche Prinzipien sind allerlei »kranke Raumzeiten« möglich, wie Physiker sagen – und bislang gibt es keinen Beweis dafür, dass die Annahme solcher theoretischen Postulate zwingend erforderlich ist. »Die Allgemeine Relativitätstheorie ist mit Zeitmaschinen völlig verseucht. Sie scheint viele seltsame Lösungen zu erlauben, die Zeitreisen theoretisch möglich machen«, sagt Matt Visser.

12.
Zeitmaschinen groß und klein

Das verrückte Gödel-Universum

»Es gibt eine Theorie, die besagt, wenn jemals irgendwer genau herausfindet, wozu das Universum da ist und warum es da ist, dann verschwindet es auf der Stelle und wird durch etwas noch Bizarreres und Unbegreiflicheres ersetzt«, schrieb der britische Schriftsteller Douglas Adams in seinem Kultbuch *Das Restaurant am Ende des Universums* (*The Restaurant at the End of the Universe*, 1980). Und weiter: »Es gibt eine andere Theorie, nach der das schon passiert ist.«

Ein Kandidat für Universen im Douglasschen Sinn sind die Gödel-Universen, die der österreichische Mathematiker Kurt Gödel entdeckte, als er wie Albert Einstein am Institute for Advanced Study in Princeton forschte. Gödel war damals bereits eine Berühmtheit, hatte er doch prinzipielle Grenzen der Mathematik und Logik erkannt, mit denen niemand gerechnet hätte: Er formulierte 1931 zwei alarmierende Theoreme, die beweisen, dass es in der Mathematik widerspruchsfreie Systeme gibt, deren Widerspruchsfreiheit nicht beweisbar ist, und dass sie Sätze enthalten, bei denen nicht entschieden werden kann, ob sie im Rahmen des jeweiligen Systems ableitbar sind oder nicht. »Das Faszinierende ist, dass jedes derartige System sich sein eigenes Grab schaufelt; der Reichtum des Systems führt seinen Sturz herbei«, kommentierte dies der amerikanische Mathematiker Douglas R. Hofstadter in seinem Bestseller *Gödel, Escher, Bach* (1979). Gödels kosmologisches Modell hat mit seinen mathematischen Einsichten freilich nichts zu tun. Es strapaziert die Logik jedoch ebenfalls aufs Äußerste. Denn er fand eine wahrhaft universelle Zeitmaschine als eine exakte Lösung von Einsteins Gleichungen der Allgemeinen Relativitätstheorie und demonstrierte damit erstmals, wie Zeitreisen im Rahmen der relativistischen Kosmologie möglich sind.

Am 10. Mai 1949 verfasste Gödel einen Brief an seine Mutter in Wien, in dem er sich dafür entschuldigte, dass er mehrere Wochen nicht geschrieben hatte. Ein Problem habe ihn so sehr beschäftigt,

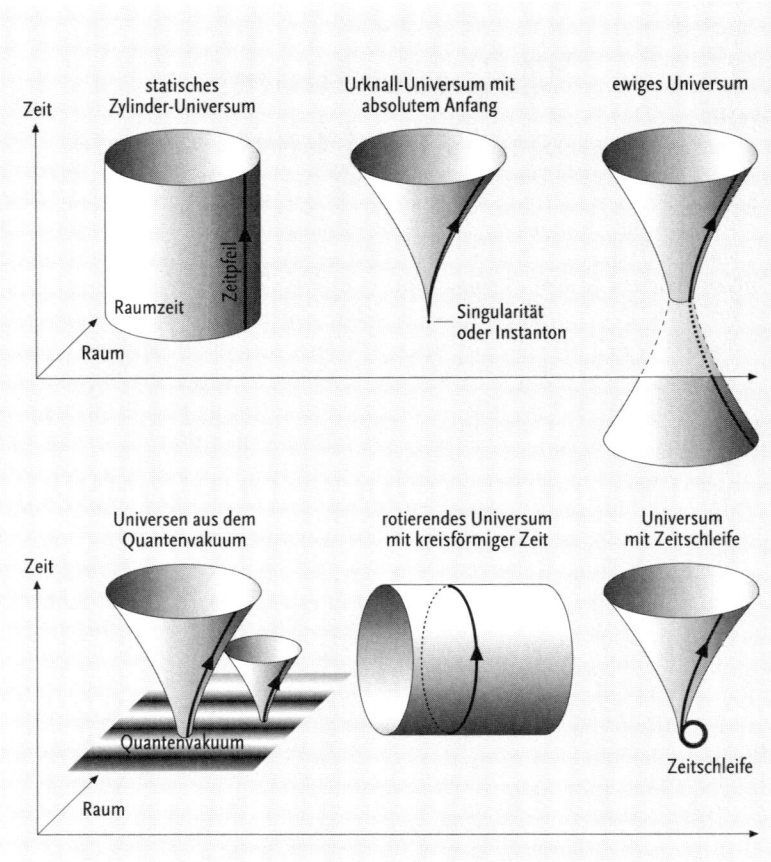

Zeit

statisches
Zylinder-Universum

Raumzeit

Zeitpfeil

Raum

Urknall-Universum mit
absolutem Anfang

Singularität
oder Instanton

ewiges Universum

Universen aus dem
Quantenvakuum

Zeit

Quantenvakuum

rotierendes Universum
mit kreisförmiger Zeit

Universum
mit Zeitschleife

Zeitschleife

Raum

dass er, selbst wenn er Radio hörte oder im Kino war, dies »nur mit einem halben Ohr« getan hätte. Doch nun sei er so weit, wieder ruhig schlafen zu können.

Tatsächlich hatte er drei Tage zuvor, am 7. Mai 1949, sein Ergebnis in einem Seminarvortrag am Institute for Advanced Study vorgestellt, den neben Albert Einstein auch der spätere Physik-Nobelpreisträger Subrahmanyan Chandrasekhar und der Vater der amerikanischen Atombombe, J. Robert Oppenheimer, hörten. Gödel veröffentlichte seine Resultate im gleichen Jahr in einer Ausgabe der renommierten Fachzeitschrift *Review of Modern Physics*, die Einsteins 70. Geburtstag gewidmet ist. Die Entdeckung war ein rotierendes, geschlossenes, sta-

Weltmodelle im Vergleich: Hat der Kosmos einen Anfang, existiert er seit Ewigkeit oder gibt es noch weitere Möglichkeiten? Mit Raumzeit-Diagrammen lassen sich die konkurrierenden kosmologischen Modelle am besten veranschaulichen. Dabei ist nach oben der Zeitverlauf eingezeichnet, die Fläche steht für den Raum (der hier also um eine Dimension reduziert ist). Die Kegel zeigen somit beispielsweise die Ausdehnung des Weltraums, die eingezeichneten Weltlinien die Geschichte eines Orts im Lauf der Zeit. Von links oben nach rechts unten: Albert Einsteins statisches »Zylinder-Universum« ohne Anfang und Ende und mit konstantem Volumen; das klassische Urknall-Universum, das sich vom Beginn der Zeit an ausdehnt; ein ewiges Universum, dessen Urknall nur eine Übergangsphase aus einem kollabierenden Universum war, und das vielleicht selbst wieder in einem Endknall vergeht, aus dem ein neues Universum entspringt und so weiter; Universen, die wie Schaumblasen aus zufälligen Verdichtungen (Schwarzen Löchern) aus einem »zeitlosen« Quantenvakuum hervorblubbern; rotierendes Universum nach Kurt Gödels Modell mit vielen einzelnen globalen Zeitkreisen; und ein Universum, das sich nach dem Modell von John Richard Gott und Li-Xin Li aus einer Zeitschleife selbst erschuf. Näheres im Text.

tionäres Universum mit negativer Kosmologischer Konstante. Seine Zeit läuft kreisförmig in sich selbst zurück, so dass ein Flug in den Raum hinaus zugleich eine Reise in die Zukunft oder Vergangenheit bedeutet. (Interessant für Science-Fiction-Fans: Dies zeigt, dass Zeitreisen keinesfalls in Sprüngen mit Ent- und Rematerialisierung erfolgen müssen.)

Gödels Universum ist ein kompliziertes Modell. Aber die grundlegenden Zusammenhänge lassen sich mathematisch überraschend einfach ausdrücken. Die Kosmologische Konstante λ und Winkelgeschwindigkeit ω sind mit der Materiedichte ρ folgendermaßen verknüpft: $\lambda c^2 = -4\pi G\rho$ und $\omega = \sqrt{4\pi G\rho}$. Dabei bedeuten G Newtons Gravitationskonstante, und c die Lichtgeschwindigkeit. Der Radius r der Lichtkreise berechnet sich gemäß $r = c/(\sqrt{16\pi G\rho}) \cdot \sqrt{2} \ln(1 + \sqrt{2}) = c/(\sqrt{16\pi G\rho}) \cdot 1{,}26$.

Das ausführlichere handschriftliche Vortragsmanuskript des genialen Mathematikers ist erst 1995 gedruckt worden. Darin beschrieb Gödel auch, wie er auf das Thema gekommen war – nämlich durch philosophische Anstöße: »Ich arbeitete an der Verbindung von Kant und der Relativitätstheorie und insbesondere an der Ähnlichkeit, welche zwischen Kant und der relativistischen Physik insofern besteht, als in beiden Theorien die objektive Existenz einer Zeit im Newtonschen Sinne verneint wird.«

Gödels Universum war die erste Lösung mit Rotation, mit konstanter Winkelgeschwindigkeit gegenüber dem lokalen Trägheitskompass (die Schwingungsebene eines Foucault-Pendels dreht sich hier für einen mitbewegten Beobachter, der ein solches unbeschleunigtes Bewegungssystem verkörpert). Das Universum ist also homogen (überall gleichförmig), aber nicht isotrop (wegen der Rotation nicht in allen Richtungen gleichartig). Die Materie wird, wie in vielen Modellen üblich, als eine ideale, druckfreie Flüssigkeit repräsentiert, die rotiert, aber nicht expandiert – eine Art von kosmischem Staub. Die Weltlinien sind ohne Anfang und Ende, ohne Überschneidungen und Singularitäten. Sie laufen aber nicht wie Geraden, sondern in sich zurück. Um in diesem seltsamen Universum in die eigene Vergangenheit zu gelangen, kann man dennoch nicht einfach bloß auf seinem Hosenboden sitzen bleiben, sondern muss sich beschleunigt durchs All bewegen, braucht also Raketen oder dergleichen.

Das hatte schon Gödel erkannt. Er schrieb: »Wenn wir nämlich auf einem Raumschiff eine Rundfahrt in einer genügend großen Kurve machen, ist es in diesen Welten möglich, in eine beliebige Region der Vergangenheit, Gegenwart oder Zukunft und wieder zurückzureisen, genau so wie es in anderen Welten möglich ist, in entfernte Teile des Raums zu reisen.« Und er sah auch die alarmierenden Konsequenzen: »Diese Sachlage scheint eine Absurdität zu enthalten, denn es wäre uns dann zum Beispiel möglich, in die nahe Vergangenheit der Orte zu reisen, an denen wir selbst gelebt haben. Dort würde ein solcher Reisender eine Person finden, die er selbst in einem früheren Abschnitt seines Lebens wäre. Nun könnte er dieser Person etwas zufügen, von dem er seiner Erinnerung nach weiß, dass es ihm niemals zugestoßen ist.«

Gödel zufolge können solche kausalen Paradoxien – er nannte sie »Widersprüche« – jedoch nicht die »Unmöglichkeit derartiger Welten« beweisen.

Die kreisförmige Zeit

Einstein hat dieses seltsame Modell wohlwollend begrüßt: »Gödels Arbeit liefert einen wichtigen Beitrag zur Allgemeinen Relativitätstheorie und besonders zur Analyse des Zeitbegriffs. Die damit zusammenhängenden Probleme beschäftigten mich schon bei der Entwicklung der Theorie, ohne dass ich sie geklärt hätte.« Einstein soll dem österreichischen Ökonomen Oskar Morgenstern zufolge, der damals ebenfalls in Princeton lebte, sogar gesagt haben, Gödels Arbeiten seien die wichtigsten Beiträge zur Relativitätstheorie seit seinen eigenen Arbeiten. Aber Einstein war auch skeptisch: »Es wird interessant sein zu erwägen, ob diese nicht aus physikalischen Gründen auszuschließen sind.«

Auch Gödel meinte, es würde unsere praktischen Möglichkeiten übersteigen, die Widersprüche zu realisieren. Denn dazu seien Geschwindigkeiten von über 50 Prozent der Lichtgeschwindigkeit nötig. Neuere Untersuchungen unter anderem von Joachim Pfarr sowie von István Ozsváth und Engelbert Schücking haben dies bestätigt.

Setzt man in die Gleichungen die Massendichte unseres Universums von 10^{-30} Gramm pro Kubikzentimeter in die Energie-Impuls-Dichte des Materiestroms ein, sind alle Konstanten fixiert. Dann beträgt die Rotationsdauer des Gödel-Universums etwa 200 Milliarden Jahre, also mehr als das Zehnfache des bisherigen Alters unseres Universums. Für die Wiederkehrzeit des Lichts zu einer Materiewelt-linie erhält man einen Wert von etwa 60 Milliarden Jahren. Der Radius des optischen Horizonts eines Beobachters beträgt rund 20 Milliarden Lichtjahre, also etwas mehr als im heute beobachtbaren Teil unseres Universums.

Engelbert Schücking, der heute an der New York University forscht und István Ozsváth von der University of Texas in Dallas haben Dauer und Aufwand einer kosmischen Zeitreise abgeschätzt. Ausgangspunkt war die effektivste Nutzung eines Treibstoffs überhaupt – die vollständige Materie-Umwandlung in Energie. Dann müsste die nötige Masse für den Treibstoff der Rakete in der Größenordnung von $10^{22}/t^2$ mal der Masse des Schiffs liegen, um die Reise in t Jahren zu vollenden (gemessen im Bezugssystem des Reisenden). Das gilt für Zeiten weit kleiner als 10^{11} Jahre.

Um 100 Jahre in die Vergangenheit zu reisen, bräuchte man ungefähr die Masse der Erde. Die Reisedauer selbst würde aber acht Billionen Jahre dauern. Um die Reise in wenigen Jahrzehnten zu machen, wäre ein Mehrfaches des Treibstoffs nötig.

Setzt man in Gödels Modell elektromagnetische Felder ein, könnte ein Reisender in einem hinreichend aufgeladenen Raumschiff freilich auf einen Raketenantrieb verzichten und bräuchte bloß abzuwarten, bis er in seiner eigenen Vergangenheit ankommt. Das hat John Earman von der University of Pittsburgh berechnet.

Praktische Hindernisse sind sowieso kein prinzipielles Argument. Und so lässt sich die Möglichkeit von Zeitreisen – und den damit verbundenen Paradoxien – nicht einfach aus dem Gödel-Universum verbannen.

Gödel war von diesem Ergebnis so irritiert, dass er die Realität der Zeit ganz geleugnet hat: »Die bloße naturgesetzliche Möglichkeit von Welten, in denen keine absolute Zeit definierbar ist und in denen es daher auch keinen objektiven Zeitverlauf geben kann, wirft Licht auf die Bedeutung der Zeit auch in jenen Welten, in denen eine absolute Zeit definierbar ist. Denn wenn jemand behauptet, diese Zeit habe einen Verlauf, nimmt er die Folgerung in Kauf, dass die Frage, ob es einen objektiven Zeitverlauf gibt oder nicht (das heißt, ob eine Zeit im gewöhnlichen Sinne des Wortes existiert oder nicht), von der besonderen Weise abhängt, in der die Materie und ihre Bewegung in der Welt angeordnet sind. Das ist kein zwingender Widerspruch. Aber eine philosophische Anschauung, die zu solchen Konsequenzen führt, kann kaum als befriedigend betrachtet werden.«

Das Verstreichen der Zeit könne keine reale Bedeutung haben, denn die Zeitreisen sind in Wirklichkeit Raumreisen. Man kann ja nur zur Vergangenheit zurückkehren, wenn sie irgendwie »da« ist. »Für jede mögliche Definition einer Weltzeit könnte man in diesen Welten in Bereiche des Universums reisen, die gemäß dieser Definition der Vergangenheit angehören«, schrieb Gödel. »Dies aber zeigt, dass die Annahme eines objektiven Zeitverlaufs in diesen Welten jede Berechtigung verlieren würde.« Demnach ist die Zeit gar kein objektives Merkmal unserer Welt.

»Der Vergangenheit und der Zukunft wird die Wirklichkeit abgesprochen«, hatte bemerkenswerterweise der argentinische Schriftsteller Jorge Luis Borges in seinem Essay *Die kreisförmige Zeit* (1943) einige Jahre zuvor schon diese Idee vorweggenommen. Ein Jahr danach erschien John Russells *Fearn Wanderer of Time* und illustrierte diesen Sachverhalt. »Jeder, der von Gödels Ergebnissen über die Zeit nicht schockiert ist, hat sie noch nicht hinreichend verstanden«, sagt der Philosoph Palle Yourgrau von der Brandeis University in Waltham, Massachusetts.

Gödel und die Folgen

Das kuriose Gödel-Universum ist noch immer ein beliebtes Lehrbuch-Beispiel in der relativistischen Kosmologie – und keineswegs im ideengeschichtlichen Museum verstaubt. Es wurde »zum Ausgangspunkt für eine Reihe wichtiger Entwicklungen auf dem Gebiet der Allgemeinen Relativitätstheorie«, sagt Heinz W. Rupertsberger. »Sie können unter dem Sammelbegriff von Untersuchungen der globalen Struktur von Raum und Zeit zusammengefasst werden, einem äußerst fruchtbaren Forschungsgebiet von gegenwärtig hohem Interesse.« Der Forscher am Institut für Theoretische Physik der Universität Wien betont: »Gödels kosmologische Lösung der Allgemeinen Relativitätstheorie nimmt heute ihren festen Platz in der Literatur ein. Ihre Bedeutung ist allgemein anerkannt, und wegen ihrer besonders einfachen Form wird sie als Standardmodell für akausales Verhalten verwendet.«

1955 haben Engelbert Schücking und der inzwischen verstorbene Otto Heckmann gezeigt, dass sich ein rotierendes Gödel-Univerum mit Zeitkreisen sogar im Rahmen der klassischen Gravitationstheorie von Isaac Newton formulieren lässt. Mit István Ozsváth hat Schücking diese Aspekte in einer Veröffentlichung aus dem Jahr 2001 noch vertieft.

1956 berechnete Wolfgang Kundt von der Universität Hamburg die Weltlinien in Gödel-Universen im Rahmen der Allgemeinen Relativitätstheorie mit einer anderen, eleganteren mathematischen Methode. 1961 tat Subrahmanyan Chandrasekhar von der University of Chicago mit seinem Studenten James Wright dasselbe, fand aber keine Zeitkreise und hielt Gödels Schlussfolgerungen für falsch. Es dauerte neun Jahre, bis der Philosoph und Mathematiker Howard Stein von der University of Chicago zeigte, dass die beiden Physiker sich geirrt hatten. Denn Gödel hatte nie behauptet, dass die Zeitkreise Weltlinien waren. Stattdessen sind beschleunigte Bewegungen für die Reise in die Vergangenheit nötig. Erst in den siebziger Jahren begann somit Gödels Lösung allmählich die Beachtung zu erlangen, die sie verdiente.

Seit den neunziger Jahren wurden viele andere Formen von Gödel-Universen konstruiert, mit anderen Feldern und komplexeren Gleichungen – im Rahmen der String- und Supergravitationstheorien zur Vereinheitlichung der Naturkräfte auch in fünf Dimensionen. Wichtige Untersuchungen stammen beispielsweise von Klaus Behrndt und Markus Pössel vom Max-Planck-Institut für Gravitationsphysik in Potsdam sowie von Marco M. Caldarelli und Dietmar Klemm von der Universität Mailand. Es zeigte sich, dass die globalen Zeitkreise nicht immer existieren, aber bei Anwesenheit von elektromagnetischen Feldern kaum zu vermeiden sind. Zeitreisen lassen sich allenfalls durch gewisse Zusatzbedingungen verhindern, etwa die Annahme von unpassierbaren Regionen zwischen uns und dem Weg in die Vergangenheit. Oder die Zeitschleifen existieren nur fünfdimensional, während unser Universum an der vierdimensionalen »Oberfläche« angesiedelt wäre. »Immerhin könnte es dann zu interessanten Effekten aus der fünften Dimension für unsere vierdimensionale Welt kommen«, spekuliert Klaus Behrndt, gibt aber zu, dass man hier noch im Dunkeln tappt.

Freilich sinnen die Physiker auch darüber nach, ob sich Zeitschleifen nicht ganz vermeiden lassen. »Es gibt immer pathologische Lösungen der Feldgleichungen. Das heißt aber noch nicht, dass die Theorie falsch ist. Stattdessen muss man sich überlegen, warum diese Lösungen nicht in der Natur realisiert sind, wenn die Stringtheorie Zeitschleifen erlaubt«, sagt Behrndt. »Zum einen kann es sein, dass sie von unserer Beobachtung abgeschirmt sind wie beim Ereignishorizont um Schwarze Löcher. Oder sie lassen sich gar nicht erzeugen wie beispielsweise Weiße Löcher, in die nichts hinein- aber alles herausfliegen würde.« Zur Abschirmung kommen etwa »Supertubes« in Frage – rotierende, geladene Schwarze Löcher mit einer fast zylindrischen Form, die die Raumzeit förmlich abschneiden können, so dass keine Zeitschleifen entstehen. »Vieles davon ist aber noch sehr spekulativ«, räumt Behrndt ein.

Freilich ist unser Universum ohnehin nicht stationär, sondern dehnt sich aus, und hat auch keine negative, sondern eine effektive positive Kosmologische Konstante. Somit besitzt es nicht die physikalische Struktur des Gödel-Universums. Dieses bleibt deshalb lediglich ein mathematisches Modell auf dem Papier. Außerdem ist es nur eine »schwache Zeitmaschine«, da seine geschlossenen zeitartigen Kurven immer und an jedem Ort existieren und nicht erst »hergestellt« werden müssen.

Doch wenn unser Universum räumlich endlich ist und womöglich eine verrückte Topologie hat (etwa die Form eines vierdimensionalen Zylinders oder eines Rings), könnten wir am Himmel theoretisch die Milchstraße in ihrem Jugendstadium sehen. Ein Blick ins ferne All wäre dann ein Blick zurück in unsere eigene Vergangenheit, wie schon der 1989 verstorbene Physiker und Friedensnobelpreisträger Andrei Sacharow spekulierte. Diese Überlegungen sind nach wie vor aktuell. Eine »schwache«, aber dafür universale Zeitmaschine ist insofern auch heute noch nicht vollkommen ausgeschlossen, selbst wenn die Zeit dabei nicht notwendig kreisförmig zu sein braucht.

Allerdings hat Kurt Gödel 1952 in einer verallgemeinerten Untersuchung gezeigt, dass geschlossene zeitartige Weltlinien auch in räumlich homogenen, endlichen Universen auftreten können, die sich ausdehnen (die mittlere Materiedichte ist dabei nicht konstant). Dabei muss nur die Winkelgeschwindigkeit ω über einem kritischen

Wert liegen, der vom Weltradius r und der Lichtgeschwindigkeit c abhängt: ω = c/r.

Als Gödel 1978 unter tragischen Umständen starb (er litt unter Verfolgungswahn und hat aus Angst vor Vergiftungen kaum noch etwas gegessen), fand man unter seinen Papieren viele, die voll mit Zahlenkolonnen waren – eine statistische Analyse der Orientierung von Rotationsachsen sehr vieler Galaxien. Gödel hatte anscheinend – vergeblich – versucht, aus ihrer Verteilung auf eine mögliche Rotation des Weltalls zu schließen. (Bis heute gibt es keinen Hinweis auf eine kosmische Rotation, die Obergrenze beträgt jedenfalls nicht mehr als eine Umdrehung alle 60.000 Milliarden Jahre – viel weniger, als es Gödels Lösung erfordert.) Der inzwischen über neunzigjährige John Archibald Wheeler hatte Gödels Vortrag 1949 in Princeton gehört und auch mehrfach mit ihm gesprochen. In seiner Autobiographie *Geons, Black Holes & Quantum Foam* von 1998 erinnert er sich: »Gödels leidenschaftliche Besorgnis um seine eigene Gesundheit, die so offenkundig war, entsprach einem ebenso leidenschaftlichen, wenn auch weniger offenkundigen Wunsch, Tod und Leben herauszufordern.«

Eine kurze Geschichte der Zeitmaschinen

Gödels Modell hat bewiesen, dass die Relativitätstheorie geschlossene zeitartige Kurven zulässt – zumindest in Form einer universellen »schwachen« Zeitmaschine. Die entscheidende Frage lautet nun: Gibt es auch »starke« Zeitmaschinen?

Mathematisch gesehen ist die Antwort ein eindeutiges Ja – nämlich bei einer so genannten partiellen Cauchy-Oberfläche: Hier sind die geschlossenen zeitartigen Kurven lokal. Doch kann so etwas in der Natur realisiert sein beziehungsweise von fortgeschrittenen Technikern realisiert werden? Physiker haben bereits einige Arten solcher Zeitmaschinen identifiziert und kritisch diskutiert. Im Wesentlichen basieren sie entweder auf extremen Rotationsbewegungen oder auf negativer Energie (genauer: einer Verletzung der schwachen Energiebedingung).

► Schon 1937 beschrieb W. J. Van Stockum in Edinburgh mit Einsteins Gleichungen, dass ein unendlich langer, schnell rotierender Zylinder aus Staub im Vakuum wie eine Zeitmaschine wirkt – eine geschlossene Bahn im Raum kann zu einer Zeitschleife werden, mit der man einen Zeitpunkt vor dem Start erreichen kann. Van Stockum hatte das jedoch nicht erkannt. Erst 1974 erfasste Frank Tipler von der

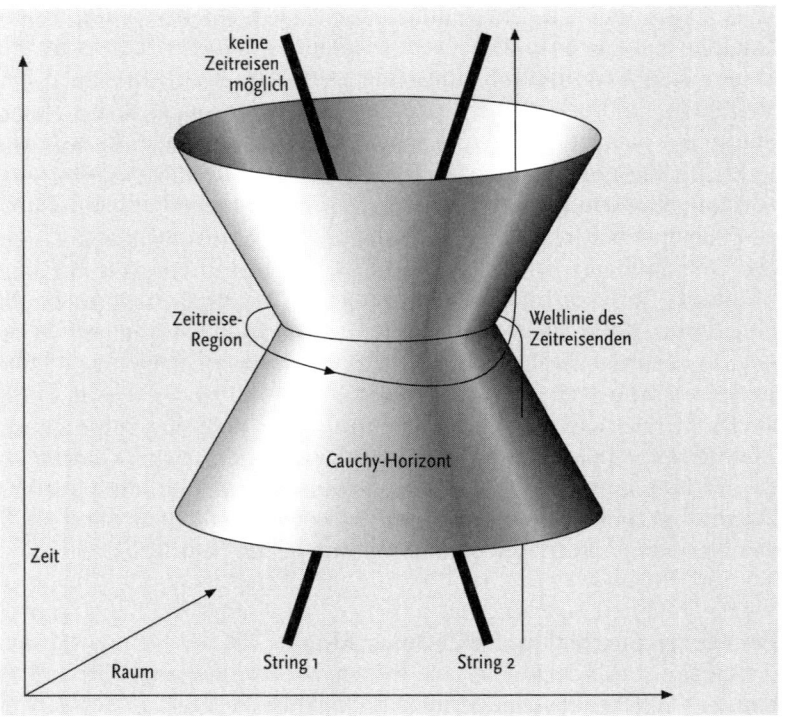

keine
Zeitreisen
möglich

Zeitreise-
Region

Weltlinie des
Zeitreisenden

Cauchy-Horizont

Zeit

Raum

String 1

String 2

Vorstoß in die Vergangenheit: Zwei Kosmische Strings – winzig dünne, aber unendlich lange Fäden mit extrem hoher Energiedichte – können als Zeitmaschine dienen, wenn sie sich aneinander vorbei bewegen. In ihrer Umgebung ist die Raumzeit dann nämlich so stark gekrümmt, dass Zeitschleifen existieren. Fliegt ein Raumschiff durch einen solchen Cauchy-Horizont, gelangt es in seine eigene Vergangenheit.

Tulane University in New Orleans diese Idee in ihrer Tragweite und untersuchte sie genauer. Sein Ergebnis: Wenn sich der Zylinder schneller als mit halber Lichtgeschwindigkeit um seine Achse dreht, werden Raum und Zeit dort so extrem verzerrt, dass man nur im oder gegen den Uhrzeigersinn um ihn herumfliegen müsste, um in die eigene Vergangenheit beziehungsweise Zukunft zu gelangen. Da niemand jedoch über unendlich viel Materie verfügen kann, lässt sich diese Zeitmaschine niemals bauen. Ein endlicher Zylinder wäre aber außerordentlich instabil und müsste zum Teil aus exotischer Materie mit negativer Masse bestehen, wie Tipler zwei Jahre später zeigte. Poul Anderson verwendete Tiplers Zylinder in seinem 1978 erschienenen Roman *Das Avatar*.

▸ Auf eine andere Zeitmaschine hat Richard Gott III von der Princeton University 1991 hingewiesen. Die könnte es in der Natur wirklich geben, falls Kosmische Strings existieren. Das sind »Risse« in der Raumzeit, die noch vom frühen Universum kurz nach dem Urknall stammen, sich peitschenartig durchs All schlängeln und vielleicht sogar für die großräumige Verteilung der Materie im All mitverantwortlich sein könnten, die Bildung der Galaxiensuperhaufen. Kosmische Strings haben nichts mit den Strings der Superstringtheorie zu tun. Sie sind nur 10^{-29} Zentimeter dünn, aber mit dem »falschen Vakuum« der kosmischen Urzeit angefüllt, so dass jeder Abschnitt von einem Meter Länge eine Masse von 100 Billiarden Tonnen besäße. Ob es solche Objekte wirklich gibt, ist ungewiss, jedoch nicht ausgeschlossen. Sie stehen unter einer enormen mechanischen Spannung. Ließe sich ein Kosmischer String an der Erde befestigen, so könnte er diese in einer dreißigstel Sekunde von 0 auf 100 Kilometer pro Stunde beschleunigen. Wenn zwei von ihnen fast mit Lichtgeschwindigkeit dicht aneinander vorbeirasen, verzerren sie die Raumzeit in ihrer Umgebung so stark, dass ein Flug um das Bündel ein Raumschiff in seine eigene Zukunft oder Vergangenheit schleudern würde. Stephen Hawking hat hier 1992 allerdings Zweifel angemeldet: die Quantenfluktuationen in der Umgebung des Strings würden Zeitreisen verhindern. Auch die Existenz unendlich langer Strings ist umstritten. Endlich lange Strings jedoch würden sofort zu Schwarzen Löchern zusammenstürzen. Und es gibt noch mehr Probleme: In einem unendlichen, ewig expandierenden Universum gäbe es nicht genug Energie für eine ausreichende Annäherung der Strings; für ein endliches, irgendwann wieder kollabierendes Universum besteht die Gefahr, dass die Strings sich immer weiter annähern und das Universum mit hineinziehen – die Folge ist ein Endknall. Selbst wenn er durch Quanteneffekte zu einem neuen Urknall führt, könnten das Zeitreisende nicht überleben. In jedem Fall sollte das Universum schneller kollabieren, als eine Zeitschleife entstehen kann. Gott hat später auch eine Zeitmaschine aus nur einem Kosmischen String konstruiert, der eine geschlossene Schleife bildet. Ambitionierte Zeitmaschinen-Konstrukteure müssten ihn zu einem Rechteck verformen – 54.000 Lichtjahre lang und nur 0,01 Lichtjahre breit –, so dass seine Schwerkraft die Längsseiten zusammenzieht. Wenn sie nur noch drei Meter voneinander entfernt sind, könnte ein Raumschiff bei einer Umkreisung des Gebildes in die Vergangenheit gelangen. Um ein Jahr zurückzufliegen, müsste der String freilich die Hälfte der Masse unserer gesamten Milchstraße haben.

▶ Amos Ori und Yoav Soen vom Israel Institute of Technology (Technion) konstruierten 1994 und 1996 eine »gewellte« Raumzeit, die lokale Zeitreisen in einer Region ohne exotische Materie ermöglicht. Ken D. Olum von der Tufts University in Medford, Massachusetts, zeigte jedoch im Jahr 2000, dass die Erzeugung einer solchen Raumzeit mit Hilfe gewöhnlicher Materie entweder eine unphysikalische Diskontinuität oder eine nackte Singularität hervorbringt – keine empfehlenswerte Prozedur.

▶ Spekuliert wurde, ob im Innern von Schwarzen Löchern Zeitreisen möglich wären, weil dort Raum und Zeit gleichsam die Rollen tauschen. Doch das hilft hoffnungsvollen Pauschalzeitreisenden nicht weiter. Vermutlich wird alles im Zentrum eines Schwarzen Lochs zermalmt. Und wenn jemand den Sturz doch überleben könnte und in ein anderes Universum geriete, wäre er ohne Chance auf Rückkehr und somit auch fern von jeder Gelegenheit, mit Spitzbubenstreichen in Gestalt von Paradoxien zu brillieren. »Denn ein Schwarzes Loch ist ein kosmisches Hotel California«, grinst John Richard Gott III, »man kann ein-, aber nicht mehr auschecken.«

▶ Doch bei rotierenden Schwarzen Löchern könnte man vielleicht nahe am Ereignishorizont vorbeifliegen, ohne in das kosmische Materiegrab zu fallen, und dabei temporal zurückversetzt werden, wie die britischen Physiker Ezra Newman und Brandon Carter spekulierten. Dort existieren »geschlossene zeitartige Kurven, die einen nicht behebbaren Zusammenbruch der Kausalität implizieren«, wie Brandon Carter 1968 schwarzmalte und deswegen sogar die Gültigkeit der Relativitätstheorie in Frage stellen wollte. Zeitreisen dank rascher Rotationen hat sich übrigens der Schriftsteller Alfred Jarry schon 1899 in der Literaturzeitschrift *Mercure de France* ausgemalt – eine der ersten fiktiven Zeitmaschinen überhaupt.

▶ William B. Bonnor vom Queen Mary and Westfield College, London, fand auch Gleichungen, die beschreiben, wie elektrische und magnetische Phänomene im Rahmen der Allgemeinen Relativitätstheorie zu geschlossenen zeitartigen Kurven führen können – was er aber für unphysikalisch hält.

▶ Zusammen mit seinem Kollegen Simon DeDeo entdeckte John Richard Gott III 2002, dass sogar massereiche Punktpartikel, die ein gemeinsames Schwerkraftzentrum umkreisen, eine »ewige« Zeitmaschine bilden können. Ihre Rechnung machten die beiden Physiker jedoch nur in einem vereinfachten Modell eines Anti-de-Sitter-Raums mit zwei Raum-Dimensionen. Es ist umstritten, ob sich das Beispiel auf unser Universum übertragen lässt.

▶ Eine ideale Zeitmaschine wäre der Warp-Antrieb, wie ihn – inspiriert von *Raumschiff Enterprise* – 1994 der mexikanische Physiker Miguel Alcubierre entworfen hat. Mit den dann möglichen überlichtschnellen Flügen ließe sich, wie Allen E. Everett von der Tufts University 1996 gezeigt hat, das Zwillings-Pseudoparadoxon in eine echte Paradoxie verwandeln, mit all den dann möglichen logischen Kapriolen. (Im Film *Star Trek IV: The Voyage Home* wurden auf diese Weise Buckelwale, die im 23. Jahrhundert ausgestorben sind, aus dem 21. Jahrhundert geholt, um die Zerstörung der Erde durch ein außerirdisches Raumschiff zu verhindern.) Der Warp-Antrieb wäre sogar besser geeignet als Kosmische Strings und Wurmlöcher, da man mit ihm jeden Ort und vor allem jede Zeit erreichen kann – selbst die Vergangenheit vor der Erzeugung der ersten Warp-Blase. (Mit den Kosmischen Strings und den meisten Wurmlöchern gelangt man nur zu dem Zeitpunkt zurück, an dem sie erstmals als Zeitmaschinen in Betrieb genommen wurden.) Das bedeutet freilich, dass der Warp-Antrieb generell unmöglich ist, wenn die Naturgesetze Zeitreisen nicht zulassen. Doch auch so gibt es schwerwiegende Argumente gegen die Realisierung eines Warp-Antriebs: Die dafür erforderlichen Energien und Mengen an exotischer Materie mit negativer Masse überschreiten die Möglichkeiten des bekannten Universums, und die Warp-Blase ließe sich wohl auch gar nicht von innen steuern und könnte sogar das Raumschiff zerstören.

Wurmlöcher als Zeitmaschinen

Die meisten Ideen erscheinen folglich so unrealistisch, dass sie für eine praktische Nutzung nicht in Betracht kommen. Doch mit Wurmlöchern verhält es sich anders. Diese Schlupflöcher in der Relativitätstheorie machen als kosmische Abkürzungen überlichtschnelle Flüge möglich, wenn man einen Weg fände, sie offen und stabil zu halten.

Schon 1966 entdeckte Robert Geroch in Princeton, dass eine Wurmloch-Bildung durch Raumzeit-Verformung möglich sein könnte – aber nur für den Preis von Kausalitätsverletzungen. Kip Thorne und seine Mitarbeiter Michael Morris und Ulvi Yurtsever am California Institute for Technology beschrieben dann ab 1988 im Detail, wie Wurmlöcher auch als Zeitmaschinen dienen könnten. (Eine Idee übrigens, die auch wieder Science-Fiction-Vorläufer hatte, etwa *Shock* von Henry Kuttner, 1943, und *Time Tunnel* von Murray Leinster, 1964; siehe auch *A Bridge of Years* von Robert Charles Wilson, 1991.)

Eine komplizierte Methode besteht darin, nacheinander durch zwei Wurmlöcher zu fliegen, die rasch aneinander vorüberziehen. Später wurde klar, dass schon ein Wurmloch als Zeitmaschine ausreicht, wenn sich eine Öffnung relativ zur anderen mit hoher Geschwindigkeit bewegt.

Kip Thorne: »Die Allgemeine Relativitätstheorie macht eindeutige Aussagen über den Zeitfluss an beiden Öffnungen eines Wurmlochs. Sie besagt, dass er an beiden Öffnungen übereinstimmt, wenn man ihn aus dem Inneren des Wurmlochs betrachtet, und verschieden ist, wenn man ihn von außen betrachtet. In diesem Sinn setzt sich die Zeit im Wurmloch anders fort als im äußeren Universum, wenn die beiden Öffnungen sich relativ zueinander bewegen. Aus diesem unterschiedlichen zeitlichen Verhalten folgt, dass eine unendlich fortgeschrittene Zivilisation aus einem einzigen Wurmloch eine Zeitmaschine konstruieren kann.«

Aufgrund der Zeitdilatation, die Einstein beschrieben hat, gehen die Uhren an der bewegten Öffnung langsamer als die Uhren an der ruhenden. Folglich zeigt die bewegte Uhr einen früheren Zeitpunkt an als die ruhende. Das ist zumindest der Fall, wenn man sie von außen betrachtet. Vom Wurmloch aus gesehen stimmt der Zeitfluss an beiden Pforten überein.

Hat ein Raumfahrer also ein Wurmloch im All gefunden und einen Schlund irgendwie an sein Raumschiff angedockt, beschleunigt dann auf Beinahe-Lichtgeschwindigkeit und fliegt mit dem einen Ende des Wurmlochs im Schlepptau davon, wendet und kehrt schließlich zum Ausgangspunkt zurück, sind für seinen Zwillingsbruder dort, der das andere Ende bewacht hat, vielleicht Jahrzehnte vergangen, ohne dass der Raumfahrer selbst besonders gealtert ist. Dieses Zwillingsparadoxon der Relativitätstheorie lässt sich durch das Wurmloch nun aber aufheben. Der zurückgebliebene Bruder braucht ja bloß durch die bewegte Öffnung des Wurmlochs zu schlüpfen, sobald sein Bruder sie wieder brachte, und gelangt so in seine eigene Vergangenheit – zurück zu seinem jüngeren Selbst, das gerade erst vom Zwillingsbruder verlassen wurde. (Allerdings ist es unmöglich, in eine Vergangenheit zu reisen, die weiter als der Zeitpunkt zurückliegt, in dem das Wurmloch erstmals als Zeitmaschine eingesetzt wurde!) Umgekehrt kann sich sein jüngeres Selbst durch die ruhende Öffnung des Wurmlochs in die Zukunft katapultieren.

Wurmloch-Zeitmaschinen setzen nicht einmal zwingend relativistische Bewegungen eines Schlunds voraus. Die russischen Physiker Igor Novikov, inzwischen an der Universität von Kopenhagen, und

Valeri Frolov, mittlerweile an der University of Alberta im kanadischen Edmonton, haben 1990 geschlossene zeitartige Kurven konstruiert, die durch ein Wurmloch laufen, dessen beide Schlünde unterschiedlichen Gravitationspotentialen ausgesetzt sind – wenn einer sich beispielsweise in der Nähe eines Neutronensterns befindet, der andere weiter entfernt. Hier wird die schwerkraftbedingte Zeitdilatation ausgenützt – Albert Einstein hat ja entdeckt, dass Uhren umso langsamer gehen, je stärker die Gravitation auf sie wirkt (am Rand eines Schwarzen Lochs stehen sie, aus sicherer Distanz betrachtet, sogar still).

»Hier darf nicht vergessen werden, dass Einsteins Relativitätstheorie auch so heißt, weil sie die Relativität der Zeit nachgewiesen hat. Wenn man von außen auf die beiden Uhren sieht, tickt die eine langsamer als die andere. Betrachtet man die Uhren vom Inneren des Wurmlochs aus, ticken sie identisch«, erläutert Novikov. Zeitreisende brauchen bloß zu warten, bis der Unterschied zwischen den beiden Wurmloch-Enden groß genug ist und können dann – gegebenenfalls beliebig oft hintereinander – durch die Zeit springen. Freilich gilt auch hier: »Die Zeitmaschine erlaubt es dem Reisenden nur, Vergangenheiten zu besuchen, in denen sie bereits existierte.«

Peter Aichelburg und Friedrich Schein von der Universität Wien haben mit Werner Israel von der University of Alberta im kanadischen Edmonton 1996 eine analoge Zeitmaschine ersonnen, bei der ein bewegungsloses Wurmloch zwischen (allerdings unendlich langen) Kosmischen Strings gleichsam aufgehängt ist. Zur Stabilisierung des Wurmlochs wird auch hier exotische Materie mit negativer Masse benötigt. Raumfahrer, die durch das Wurmloch fliegen, können in ihrer eigenen Vergangenheit herauskommen, wenn der Masse-Unterschied der beiden Öffnungen hinreichend groß ist.

Ein halbes Jahr später konstruierten Aichelburg und Schein eine noch raffiniertere und physikalisch plausiblere Zeitmaschine. Dabei verknüpften sie ein Schwarzes Loch mit zwei Wurmloch-Schlünden. Diese müssen von Materieschalen mit gleicher elektrischer Ladung umgeben sein, die sich abstoßen und damit verhindern, dass die Wurmloch-Schlünde durch die Gravitation des Schwarzen Lochs in dieses hineingerissen werden. Das Schwarze Loch ist vom Reissner-Nordström-Typ, das heißt ebenfalls elektrisch geladen.

»Was die Gravitationskräfte betrifft, die an den beiden Schlünden wirken, ist dieses Wurmloch völlig symmetrisch. Der von außen feststellbare Zeitunterschied an den Wurmlochöffnungen kommt durch die unterschiedlichen Weltlinien im Schwarzen Loch und Wurmloch zustande. Man kann sich aussuchen, zu welcher äußeren Zeit man in das Wurmloch hinein und wieder aus ihm herauskommt. Dazu ist lediglich ein Raketenantrieb für Bewegungen mit unterschiedlichen Beschleunigungen nötig«, erläutert Aichelburg. »Eine wichtige Asymmetrie ist aber vorhanden, die bei anderen Wurmlöchern nicht auftritt: Unser Wurmloch sollte man immer nur in eine Richtung passieren, also durch einen der beiden Schlünde. Würde man es in Gegenrichtung durchfliegen, das heißt hinein in den anderen Schlund, käme man in einem anderen Universum heraus.«

Aichelburg-Schein-Wurmlöcher haben Vor- und Nachteile: Sie müssen von Anfang an im Weltall existieren, denn sie können – wenn ein Theorem von Stephen Hawking richtig ist – nicht gebaut werden. Damit wären sie als Zeitmaschine zwar nicht konstruierbar, sondern nur auffindbar, ermöglichen dafür jedoch Reisen in beliebig weit zurückliegende Vergangenheiten. Wie bei den meisten anderen Wurmloch-Lösungen der Relativitätstheorie stellt sich freilich auch hier das Problem der Stabilität: Wird das Wurmloch durchflogen, könnte es durch diese Störung bereits in sich zusammenstürzen und den wagemutigen Reisenden nicht in andere Zeiten schleudern, sondern bloß seiner restlichen Zeit berauben – das heißt ihn einfach zermalmen. Diese Gefahr ließe sich nur dadurch ausräumen, dass man das Wurmloch mit exotischer Materie auskleidet, deren negative Masse den Kollaps verhindern würde.

»Man kann sich nicht einmal ansatzweise vorstellen, welchen Technologiegrad eine Zivilisation erreichen könnte, die eine Milliarde Jahre lang auf hohem Niveau Berechnungen durchgeführt hat. Alles, was die Gesetze der Physik erlauben, sollte möglich sein. Die Manipulation virtueller Wurmlöcher könnte die Grenzen dessen sprengen, was technologisch durchführbar ist«, überlegt Joseph Silk und spielt dabei auf die Ideen an, mikroskopische Wurmlöcher im Quantenschaum auf makroskopische Dimensionen aufzublähen. Der Astrophysik-Professor an der University of Oxford spekuliert auch, ob man mit Zeitmaschinen aus einem sterbenden Universum zurück in die lebensfreundlichere Vergangenheit gelangen könnte. Und weiter: »Man kann sich leicht vorstellen, dass die überlegene Zivilisation, die eine Wurmloch-Technologie geschaffen hat, auch so hoch entwickelt ist, dass sie sämtliche Spuren ihrer Reisen zu verbergen mag. Doch vielleicht hat sie ja sogar eine Spur hinterlassen – und zwar den Funken, der das Leben auf Erden entzündet hat.«

Gebrauchsanweisung für Zeitmaschinen-Ingenieure

Wäre es nicht praktisch, sich im Supermarkt etwas Zeit zu kaufen? Und wenn die schon nicht im Sonderangebot oder bereits ausverkauft ist, sich wenigstens nach Heimwerkerart eine eigene Zeitmaschine im Keller zusammenzuschrauben? Der britische Physiker und Philosoph Paul Davies, der heute an der University of Sidney forscht, hat 2001 in einem kleinen Buch mit dem augenzwinkernden Titel *So baut man eine Zeitmaschine – eine Gebrauchsanweisung* eine Art Bastelanleitung skizziert. Sie erfordert vier Komponenten:

▶ Collider: Man bringe Atome wie Gold und Uran mittels Magnetfeldern in einem Schwerionenbeschleuniger auf hohe Geschwindigkeiten und lasse sie dann mit ungeheuren Energien miteinander kollidieren. Es bildet sich eine Art »Schmelze des Quantenvakuums«, das Quark-Gluon-Plasma. Dieses energiereiche Kollisionsprodukt entsteht aus den bei den Zusammenstößen gleichsam zerquetschten Protonen und Neutronen und hat Mikrosekunden nach dem Urknall das Universum beherrscht.

▶ Imploder: Man erhitze die circa zehn Billionen Grad heiße Blase des Quark-Gluon-Plasmas um weitere 19 Zehnerpotenzen auf Planck-Temperatur, indem man es um den Faktor eine Milliarde Milliarden komprimiere. Die dafür notwendige Energie ist relativ bescheiden – sie entspricht der Leistung eines heutigen Großkraftwerks innerhalb weniger Sekunden –, doch sie muss auf das winzige Objekt konzentriert werden. Das könnte durch ein explosives magnetisches Zusammenpressen geschehen. In den Sandia National Laboratories in New Mexico werden beispielsweise schon elektrische Impulse mit 50 Billionen Watt auf geladenen Kondensatoren in ultradünnen Wolframdrähten konzentriert. Aber für Planck-Temperaturen wären wohl thermonukleare Bomben nötig, die man kugelförmig um das Ziel im Brennpunkt gruppiert, um das Quark-Gluon-Plasma zur Implosion zu bringen. (Wenn das mit Magnetfeldern nicht glücken würde, weil ihre Energie vielleicht in Form neuer subatomarer Teilchen »abwandert«, könnten möglicherweise andere Felder wie das Higgs-Feld einspringen.) Ziel ist ein Materiekügelchen mit einer Dichte von 10^{105} Gramm pro Kubikzentimeter, was die Dichte von gewöhnlicher Kernmaterie um rund 80 Zehnerpotenzen übertrifft. Dabei, so die Hoffnung, entsteht ein winziges Wurmloch im Planck-Format, in einer Größenordnung von 10^{-33} Zentimetern.

▶ Inflator: Man blase dieses Wurmloch nun auf praktikable Dimensionen auf. Dazu ist negative Energie nötig. Diese könnte beispielsweise durch die Kompression von Laserlicht gewonnen werden, das in einem Kristall hin und her reflektiert wird. Allerdings muss man ein Verfahren finden, um die typischerweise jeweils nur 10^{-15} Sekunden langen Laserpulse positiver und negativer Energie voneinander zu trennen. Eine Anordnung schnell rotierender Spiegel wäre hier hilfreich, bei der das Licht in einem sehr spitzen Winkel auf die jeweilige Spiegeloberfläche auftrifft. »Die Rotation würde gewährleisten, dass der Anteil negativer Energie in einem geringfügig anderen Winkel reflektiert wird als der Anteil der positiven. In großer Entfernung vom Spiegel wären die positiven und negativen Komponenten des Strahls ein wenig voneinander getrennt, so dass man mit einem weiteren System von Reflektoren ausschließlich den negativen Teil in das Wurmloch leiten könnte«, schreibt Paul Davies.

▶ Differentiator: Man sorge für eine dauerhafte Zeitdifferenz zwischen den beiden Enden des Wurmlochs, um es zur Zeitmaschine zu machen. Dabei hilft die Relativitätstheorie weiter. Eine Möglichkeit besteht in der Zeitdilatation beim Zwillingsparadoxon. Am besten lädt man das Wurmloch elektrisch auf und bugsiert ein Ende mit Elektromagneten an ein Raumschiff, hält es dort fest und fliegt mit ihm fast lichtschnell so lange durchs All, wie man die Zeitdifferenz einstellen möchte. Man könnte aber auch bereits ein mikroskopisches Wurmloch mit Elektronen aufladen und ein Ende in einem normalen Teilchenbeschleuniger mit annähernd Lichtgeschwindigkeit herumwirbeln, während man das andere Ende festhält, und lässt das Mikro-Wurmloch erst dann groß werden. Oder man verzichtet ganz auf die relativistische Bewegung und nützt stattdessen die gravitative Zeitdilatation. Dies ist möglich, indem man einen Wurmloch-Schlund in der Schwerelosigkeit des Alls stationiert und das andere nahe an die Oberfläche eines Neutronensterns oder an den Horizont eines stellaren Schwarzen Lochs bringt. So lassen sich die unterschiedlichen Schwerkraft-Verhältnisse als Differentiator einsetzen. Wie auch immer: Trennt man die beiden Enden um den Zeitdilatation-Betrag von beispielsweise zehn Jahren, kann man – je nachdem in welchen Schlund man hüpft – zehn Jahre in die eigene Vergangenheit oder Zukunft gelangen.

Die Zeitmaschine funktioniert also in beide Richtungen, aber nur so weit in die Vergangenheit der ersten Inbetriebnahme der Zeitmaschine. Frühere Zeiten und somit auch eine Saurier-Safari bleiben unerreichbar. (Eine solche Beschränkung hat Oliver Saari schon 1937 in seiner Story *The Time Bender* antizipiert, die im Prinzip schon Frank Tiplers Idee mit dem rotierenden Zylinder vorwegnahm.)

Solche Wurmloch-Zeitreisen unterschieden sich in zwei wesentlichen Aspekten von Zeitmaschinen à la H. G. Wells: Wurmloch-Zeitmaschinen bewegen sich nicht durch die Zeit, sondern sind nur ein Teil der kosmischen Architektur. Und anstatt die Zeit selbst vor- oder zurückzuspulen, ohne den eigenen Ort zu verlassen, macht sich der Wurmloch-Zeitreisende zu einem Flug durch den Weltraum auf, der in seiner Vergangenheit oder Zukunft endet.

Eine Lichtbremse als Zeitmaschine

Vielleicht braucht man aber gar keine Kosmischen Strings, Warp-Antriebe, Wurmlöcher, exotische Materie, Geisterstrahlung und allerhand andere bizarre Eigenschaften der Raumzeit anzunehmen, um ein wenig durch die Zeiten zu spazieren. Vielleicht geht es viel einfacher – sogar schon mit den gegenwärtigen Mitteln der Technik. Vielleicht benötigt ein Trip in die Vergangenheit nicht viel mehr als langsames Laserlicht auf kreisförmigen Bahnen ...

Als er seinen Vater verlor, war Ronald L. Mallett gerade zehn. Boyd Mallett, Fernsehtechniker von Beruf, starb im Alter von 33 Jahren an einem Herzinfarkt, weil er zu viel geraucht und Alkohol getrunken hatte. Das für seinen Sohn traumatische Ereignis geschah 1955. Bald darauf las Ronald Mallett Herbert George Wells Roman *Die Zeitmaschine*. »Das war faszinierend für mich«, erinnert er sich noch immer ganz genau. »Ich dachte: Wäre ich in der Lage, in die Vergangenheit zu reisen und mit meinem Vater zu sprechen, könnte ich ihn warnen und so vom Tod bewahren. Das wurde eine Art Leitgedanke für mich.« Aber er behielt diese Idee für sich. »Ich wollte als Physiker ernst genommen werden und nicht als Knallkopf erscheinen.«

Nachdem er an der Penn State University Physik studiert und 1973 promoviert hatte, arbeitete er im Forschungslabor der Firma United Technologies an der Herstellung von Lasern und wechselte dann an die University of Connecticut, wo er seit 1975 als Theoretischer Physiker forscht und lehrt. Doch erst vor ein paar Jahren kam er auf die Idee, wie sich die womöglich erste in Theorie und Praxis funktionierende Zeitmaschine bauen lässt. Sie braucht keine exotische Materie und unrealistische Energiebeträge, sondern bestünde im Wesentlichen aus Licht. Genauer: aus einem Zylinder, gebildet von kreisenden Laserstrahlen.

»Statt mit massereichen Objekten zu hantieren, wo man die Trägheitskräfte fürchten muss, dachte ich: Warum sollte man es nicht mit zirkulierendem Licht versuchen?« erläutert Mallett. »In Einsteins Allgemeiner Relativitätstheorie können sowohl Materie als auch Energie ein Gravitationsfeld erzeugen. Dies bedeutet, dass die Energie eines Lichtstrahls Schwerkraft hervorbringen kann.« Überlegungen dazu hatte der renommierte amerikanische Wissenschaftler Richard C. Tolman schon 1934 veröffentlicht.

Materie beeinflusst Raum und Zeit umso stärker, je größer ihre Masse und Dichte oder je höher ihre Geschwindigkeit ist. Im Extremfall lässt sich die Zeit zu einem Ring krümmen. Folgt man einer solchen Zeitschleife, kann man zu früheren Momenten gelangen, ähnlich wie man bei einem Spaziergang um sein Haus wieder zur Eingangstür zurückkommt.

Mallett zufolge müsste sich das auch mit Hilfe von Strahlung bewerkstelligen lassen. »Ich entdeckte, dass sich die Zeit, wie auch der Raum, durch zirkulierende Lichtstrahlen verdrehen lässt. Raum und Zeit können sogar ihre Rollen tauschen. Im Inneren des Lichtstrahls läuft die Zeit im Kreis, was von außen betrachtet so aussieht, dass Zeit zu einer räumlichen Dimension wird. Wenn sich eine Person in dieselbe Richtung wie das Laserlicht bewegt, geht sie tatsächlich in der Zeit rückwärts – gemessen von außen. Und wenn sie den Zylinder verlässt, könnte sie sich selbst begegnen.«

Je langsamer sich das Licht dabei bewegt, desto stärker wird Mallett zufolge die Raumzeit-Verzerrung. Obwohl es gegen unsere Intuition verstößt: Licht gewinnt Trägheit, während es abgebremst wird. »Eine Erhöhung seiner Trägheit erhöht seine Energie, und das verstärkt den Effekt.«

Dass Licht abgebremst werden kann, mag sich verrückt anhören, ist seine Geschwindigkeit doch gemäß Einsteins Spezieller Relativitätstheorie eine unverrückbare Naturkonstante. Aber das gilt nur für die Vakuum-Lichtgeschwindigkeit. Ganz anders kann es sein, wenn Licht durch Materie läuft. Tatsächlich lässt sich Licht auf wenige Meter pro Sekunde abbremsen und sogar ganz zum Stillstand bringen, hat Michael Fleischhauer von der Universität Kaiserslautern vorausgesagt.

Und dies ist keine Science-Fiction, sondern bereits experimentell erwiesen. Lene Vestergaard Hau von der Harvard University berichtete 1999, einen Lichtstrahl auf 61 Kilometer pro Stunde abgebremst zu haben – er war also kaum schneller, als es die Polizei innerorts erlaubt. Im Jahr 2001 beschrieb sie, wie sie Licht sogar ganz zum Stillstand brachte. Die dänische Physikerin verwendete dabei Natrium-Atome, die auf ein millionstel Grad über dem absoluten Nullpunkt (minus

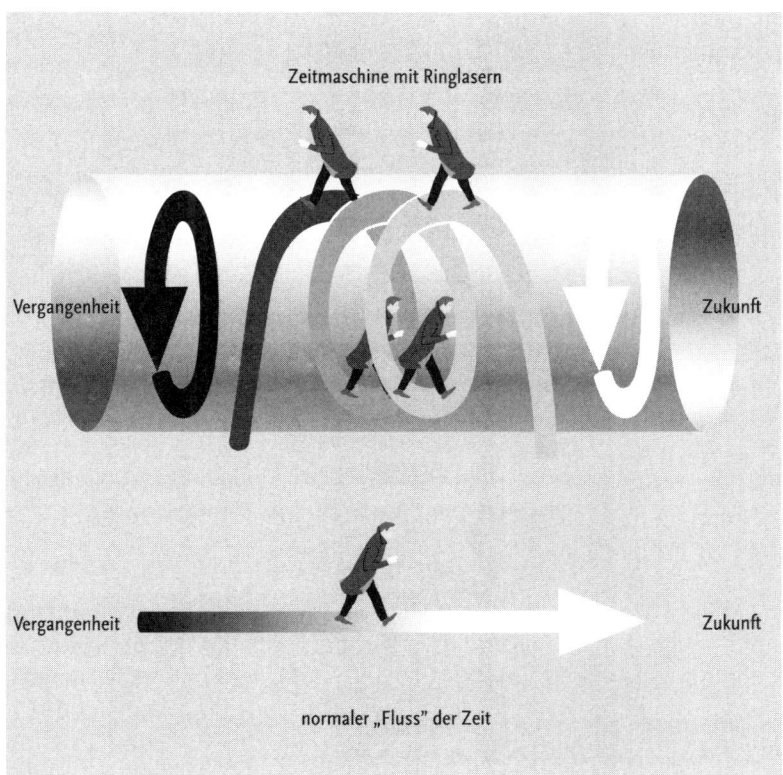

Wie Ronald L. Malletts Zeitmaschine funktioniert – wenn sie denn funktioniert:
Ringförmige Laserstrahlen krümmen die Raumzeit so stark, dass eine Zeitschleife entsteht (oben). Folgt ihr ein Zeitreisender in Umlaufrichtung, bewegt er sich relativ zur Zeit außerhalb der Zeitmaschine (unten) in die Vergangenheit und könnte seinem jüngeren Selbst begegnen.

273,15 Grad Celsius) gekühlt wurden, und bestrahlte sie mit einem Laser. Normalerweise absorbieren die Atome dieses Licht, weil sie davon angeregt werden. Um das zu verhindern, wurde das Gas mit einem zweiten Laserstrahl geringfügig höherer Frequenz beschossen, so dass das Gas für den ersten durchsichtig wurde. Schaltet man den zweiten Laserstrahl aus, wird das Gas undurchsichtig und der erste Strahl schlagartig gestoppt. Er kann aber erneut sichtbar gemacht werden, wenn der zweite Laser wieder eingeschaltet wird. Mit dieser so genannten elektromagnetisch induzierten Transparenz gelang Ronald Walsworth und Mikhail Lukin vom Harvard-Smithsonian Center für

Astrophysik in Cambridge im selben Jahr das Kunststück des Licht-stillstands auch in einem Gas aus Rubidium-Atomen.

Die Experimente zeigen, dass Malletts Überlegungen durchaus in die Realität umzusetzen sind. Ein Ringlaser lässt sich mit Hilfe von Spiegeln arrangieren, wobei der erste das Licht von hinten durchlässt; dann wird es über mehrere Spiegel im Kreis (genauer: um mehrere Ecken) gelenkt, kommt am ersten Spiegel wieder an und wird von die-sem in die nächste Runde reflektiert. Um die für die Schwerkrafter-zeugung erforderlichen Energiedichten zu erhalten, bedarf es freilich vieler weiterer Tricks, insbesondere der Lichtabbremsung. Vielleicht lässt sich dabei das Bose-Einstein-Kondensat nutzbar machen, in dem die Atome fast auf den absoluten Nullpunkt abgekühlt sind und quasi im Gleichtakt schwingen. Auch an photonischen Kristallen wird gegenwärtig intensiv geforscht. Diese »Halbleiter für Licht« können Licht speichern, biegen und ebenfalls verlangsamen. Photonische Kristalle – 1987 von Eli Yablonovitch von den Bell Labs in Holmdel, New Jersey, und unabhängig von Sajeev John an der University of Toronto erdacht – sind bereits hergestellt worden und ähneln in ihrer inneren Struktur den Opalen.

Mallett verfolgt diese Entwicklungen aufmerksam. »Meine Voraus-sage lautet: Im schwachen Gravitationsfeld eines Ringlasers wird ein rotierendes neutrales Teilchen vom Schwerefeld herumgezogen, wenn man es in der Mitte des Rings platziert.« Das lässt sich über-prüfen, etwa mit Messungen des Spins eines Neutrons: Der Drehim-puls des Partikels würde sich im Wirbel der Raumzeit verändern. Oder man bringt radioaktive Atome in den Ringlaser und bestimmt die Zer-fallszeiten. Sie müssten sich unterscheiden, je nachdem, ob sich die Atome mit der Richtung des Laserstrahls bewegen oder gegen sie.

Richtig spannend wird jedoch erst der Fall eines hinreichend star-ken Gravitationsfelds des zirkulierenden Licht-Zylinders: Einsteins Feldgleichungen sagen hier geschlossene zeitartige Kurven voraus, so ergaben Malletts Berechnungen, die er im Jahr 2003 in der Zeitschrift *Foundations of Physics* veröffentlichte. Ein solcher rotierender Lichtzy-linder wäre eine Zeitmaschine, in der man Dinge in die Vergangenheit schicken könnte. Vielleicht sogar eines Tages Menschen. Doch schon einfachere Experimente könnten zu einer Sensation führen. »Nett wäre es, wenn man ein zweites Neutron im Lichtzylinder fände, das man nicht hineingebracht hat. Es könnte dasselbe Neutron sein, das sich aus der Zukunft besucht.«

Einstweilen bleiben viele Forscher freilich reserviert. »Ich weiß nicht, ob Licht die Schwerkraft auf diese Weise beeinflussen kann. Ich bin sehr skeptisch«, sagt Robert Ehrlich von der George Mason University, der unorthodoxen Auffassungen ja nicht abgeneigt ist, wie seine eigenen Tachyonen-Thesen belegen. »Das ist nicht Ron Malletts Theorie der Materie, es ist Albert Einsteins Relativitätstheorie«, entgegnet Mallett. »Ich erfinde nichts außerhalb der bekannten Gesetze der Physik.«

Shafiqur Rahman vom Allegheny College in Meadville, Pennsylvania, ist ebenfalls skeptisch. Solange es keine überprüfte Theorie der Quantengravitation gäbe, lassen sich zerstörerische Quanteneffekte nicht ausschließen, die den Gültigkeitsbereich der Relativitätstheorie einschränken.

Eine ernüchternde Studie haben Ken D. Olum und Allen Everett von der Tufts University Ende 2004 veröffentlicht: Entgegen Malletts Annahme steckt entlang der Achse in dem Lichtzylinder eine pathologische Singularität, die auch beim Abschalten der Zeitmaschine bestehen bleibt. »Das Licht zirkuliert um diese Singularität, die photonischen Kristalle sind dafür gar nicht nötig.« Außerdem sei für realistische Laserstrahlen (in der Größenordnung von einem Kilowatt) die Zeitreiseregion »so fantastisch weit« von der Maschine entfernt, »dass sie nicht einmal sinnvoll mit dem Radius des beobachtbaren Universums verglichen werden kann«. Die Forscher schätzen das $10^{10^{46}}$-fache des Lichtzylinder-Halbmessers. Wenn sich das nicht vermeiden lässt, würde die Lebenszeit des Zeitreisenden nicht ausreichen für seinen temporalen Trip.

Ein anderer Physiker, Stanley Deser von der Brandeis University in Waltham, Massachusetts, sieht die Probleme dagegen nicht in der Theorie, sondern in der praktischen Umsetzung. So müssten sich potentielle Zeitreisende warm anziehen, wenn die Ringlaser-Zeitmaschine sich wirklich nur bei Temperaturen nahe des absoluten Nullpunkts betreiben ließe.

»Es ist eine technische Herausforderung. Ich sage nicht, dass sie leicht ist. Aber wir sprechen hier nicht über exotische Technologien – wie Wurmlöcher durch den Raum zu bohren«, betont Mallett. »Wenn es einmal gelingt, selbst auf die primitivste mögliche Weise, werden die technischen Schwierigkeiten irgendwann überwunden sein. Es ist dann nur ein Problem für Ingenieure. Als die Gebrüder Wright das Flugzeug erfanden, flogen sie zunächst auch nur ein paar Dutzend Meter weit. Aber Mitte des 20. Jahrhunderts hatten wir schon Jet-Passagierflugzeuge. Es ist nur eine Frage der Zeit, bis wir den richtigen Dreh heraus haben. Ich glaube ehrlich daran, dass dieses Jahrhundert das der Zeitreisen sein wird.«

Obwohl Malletts Entdeckung das Universum verändern könnte, wird sie seinen Kindheitstraum nicht verwirklichen. »Eine Person kann nur bis zu dem Zeitpunkt zurückreisen, an dem die Maschine angeschaltet wurde«, räumt der Physiker ein. Und das mag auch erklären, warum wir nicht längst von Besuchern aus der Zukunft überrannt werden. Seinen Vater könnte Ronald Mallett also nicht retten. Trotzdem würde Boyd Mallett in gewissem Sinn weiterleben – in der Erinnerung. Denn sein Name würde mit der Geschichte und Motivation der Konstruktion der ersten Ringlaser-Zeitmaschine verknüpft bleiben. »So schließt sich der Kreis«, meint Mallett und grinst über die Doppeldeutigkeit. »Das ist doch eine hübsche Story.«

13.
Zeitparadoxien – oder nicht?

Temporale Fragwürdigkeiten

Die physikalische Erforschung der geschlossenen zeitartigen Kurven hat Stephen Hawking folgendermaßen kommentiert: »So können wir hoffen, dass es uns eines Tages bei entsprechenden Fortschritten in Wissenschaft und Technik möglich sein wird, eine Zeitmaschine zu bauen. Aber falls das stimmt, warum ist dann noch niemand aus der Zukunft zurückgekommen, um uns zu sagen, wie es geht? Es könnte gute Gründe geben, warum es unklug wäre, uns in unserem heutigen primitiven Entwicklungsstadium das Geheimnis der Zeitreise anzuvertrauen. Doch falls sich die Natur der Menschen in der Zwischenzeit nicht grundlegend gewandelt hätte, ist es andererseits kaum vorstellbar, dass nicht irgendein Besucher aus der Zukunft sich verplappern würde.«

Wenn es eine Zeitmaschine gäbe, wären freilich viele Schwindel erregende Fragen unausweichlich – von merkwürdigen bis paradoxen Konsequenzen ganz abgesehen. Die Ordnung der Kausalität wäre womöglich nicht mehr das, was sie einmal war, und Ursache und Wirkung könnten die Rollen wechseln oder völlig durcheinander geraten.

Zeitreisen implizieren eine vertauschte Kausalität und womöglich sogar kausale Schleifen. »Die Teile der Schleifen sind erklärlich, das Ganze nicht. Seltsam! Aber nicht unmöglich, und nicht zu sehr verschieden von Unerklärlichkeiten, die wir bereits gewöhnt sind«, meinte David Lewis 1975, der bis zu seinem Tod im Jahr 2001 ein international höchst angesehener Philosoph an der Princeton University war. Und er betonte, man müsse unterscheiden zwischen einer externen und einer persönlichen Zeit. Zeitreisende seien kontinuierlich nur bezüglich der letzteren und könnten damit noch immer dieselbe Person bleiben. Doch die Probleme reichen tiefer.

▶ Angenommen, der Zeitreisende startet im Jahr 2005 und reist ins Jahr 2010: Wo wird er in der Zwischenzeit sein? Nirgendwann, weil er gleichsam durch die Zeit springt? Oder vergeht für ihn die Zeit nur rasend schnell, so dass er – wie in George Pals Verfilmung von Wells' *Zeitmaschine* (1959) – wie im Zeitraffer eine lächerliche Kleidermode die nächste ablösen sieht, weil der kosmische Film im Schnellvorlauf an ihm vorüberzieht? Und wie sieht es für die Umwelt aus: Wird der Zeitreisende im Jahr 2005 sich einfach in Nichts auflösen und 2010 plötzlich aus dem Nichts entstehen? Und überhaupt: Kommt ein Sprung in eine andere Zeit dort nicht einer Art von Materieentstehung aus dem Nichts gleich, einem unphysikalischen Wunder?

▶ Und wie kehrt der Zeitreisende zurück ins Jahr 2005? Wieder durch einen Sprung? Oder erlebt er die Reise im temporalen Rückwärtsgang wie ein zeitverkehrter Film?

▶ Was ist, wenn er vom Rückflug aus 2010 noch einen Abstecher ins Jahr 2001 macht und sich eine Woche lang umschaut? Existiert er dann zwei- oder gar dreimal – einmal vor der Reise, dann jetzt nach der Reise und vielleicht noch während seiner Reise zurück in diese Vergangenheit? (Es gibt zahlreiche SF-Stories über eine solche Verdopplung oder Vervielfachung, zum Beispiel *My Name Is Legion*, 1942, von Lester Del Rey, *The Trouble with the Past*, 1971, von Phyllis und Alex Eisenstein, *Obituary*, 1959, von Isaac Asimov und *We're Coming Through the Window*, 1967, von Kevin O'Donnell.)

▶ Was geschieht, wenn eine Zeitmaschine in eine andere Zeit hüpft: Hinterlässt sie am Ausgangsort ein perfektes Vakuum? Und verdrängt sie die Materie am Zielzeitort? Könnte sie nicht auch im Inneren einer Mauer oder eines Berges rematerialisieren?

▶ Wie gelangt man überhaupt an den richtigen Ort, ohne zum Beispiel im Vakuum zu stranden? (Wie es dem ersten Zeitreisenden in einer Kurzgeschichte von Kurt Mahr erging – mit entsprechend ungesunden Folgen.) Diese Frage ist ganz und gar nicht abwegig. Denn die Erde bewegt sich mit 31 Kilometern pro Sekunde um die Sonne, die Sonne kreist mit über 200 Kilometern pro Sekunde um das Galaktische Zentrum, die Milchstraße rast mit 600 Kilometern pro Sekunde auf einen fernen Galaxien-Superhaufen zu und so weiter ...

▶ Beeinflusst eine Zeitmaschine bei der Reise durch die Zeit ihre Umgebung, beispielsweise durch ihre Gravitation? (Ist die geheimnisvolle Dunkle Materie im Universum womöglich ein Effekt eines regen Zeitreiseverkehrs im Galaktischen Club der Superzivilisationen?)

▶ Können – oder müssen – Zeitmaschinen miteinander kollidieren, wenn sie immer am selben Ort bleiben?

▶ Was geschieht an den Grenzen der Zeitmaschine? Gibt es eine scharfe Trennlinie? Könnte man seine Hand aus dem Fenster strecken und sehen, wie sie »draußen in der Zeit« altert und verfault?

▶ Was ist, wenn man eine Zeitmaschine in eine größere Zeitmaschine steckt: Addieren sich die »Reisegeschwindigkeiten«? Bleibt die kleinere Maschine in der Gegenwart, wenn sie sich gleich schnell in die Gegenzeit der größeren bewegt? Wie lässt sich eine Zeitreise überhaupt quantifizieren: Raumreisen haben die Einheit Meter pro Sekunde, aber Zeitreisen ... Sekunden pro Sekunde ...? Was eine dimensionslose Einheit wäre ... »Bewegung ist eine Veränderung im Raum bezogen auf die Zeit, und deshalb können wir keine Bewegung durch die Zeit haben«, meinte daher der australische Philosoph John Jameison Carswell Smart Zeitreisen als Widerspruch in sich selbst widerlegen zu können.

Schwindel erregende Paradoxien

Doch es wird noch viel dramatischer: Die Möglichkeit von Zeitreisen scheint unserem Naturverständnis und der Logik vollkommen zu widersprechen. Denn Selbstbezüglichkeiten zwischen Zukunft und Vergangenheit führen zu Schwindel erregenden Paradoxien.

▶ Die erste Art von Problemen werden als Konsistenz-Paradoxien bezeichnet.

Angenommen, der erste Konstrukteur einer Zeitmaschine hat zu viele Bücher von Sigmund Freud gelesen und daraufhin einen ausgeprägten Ödipus-Komplex entwickelt: Plötzlich verspürt er einen unerklärlichen Hass auf seinen Vater. Er reist dank seiner Erfindung sechzig Jahre in die Vergangenheit und ermordet den Vater, als dieser noch ein kleiner Junge war. Deshalb wird der Vater nie die Mutter des Zeitreisenden schwängern können. Folglich wird der Zeitreisende nie geboren werden. Daher kann er aber auch niemals die Zeitmaschine bauen und mit ihr in die Vergangenheit reisen. Also bleibt der Vater am Leben und freut sich dessen später mit seiner Frau, so dass sie schließlich den Zeitreisenden doch gebären wird und dieser Jahre später voll Hass in seine Maschine steigt ...

Ähnlich prekär wäre es, sich selbst in der Vergangenheit zu besuchen und aus dem Weg zu schaffen (Autoinfantizid-Paradoxon), wie es schon in Osbert Sitwells Roman *The Man Who Lost Himself* (1929) beschrieben wurde. Oder wenn er irgendeinen anderen direkten Vorfahren töten würde – in der Fachliteratur muss meistens der arme Großvater dran glauben, weshalb das Konsistenz-Paradoxon häufig auch unter der Bezeichnung Großvater-Paradoxon diskutiert wird. (Das geht übrigens auf die SF-Erzählungen *The Time Tragedy* von Raymond A. Palmer aus dem Jahr 1934 und *Le Voyageur Imprudent, Der unvorsichtige Reisende*, von René Barjavel aus dem Jahr 1944 zurück, und schon 1929 erwähnte Charles Cloukey in *Paradox* die Möglichkeit.) Statt des Großvaters könnten freilich auch fernere Ahnen ermordet werden. So wird in *Ancestral Voices* (1933) von Nathan Schachner einer von Attilas Hunnen getötet (was viele tausend Menschen zum Verschwinden bringt) und in *Time Goes to Now* (1953) von Charles Dye ein intelligenter Affe (was die gesamte Menschheit auslöscht, die von ihm abstammt). Aber schon eine »harmlose« Selbstbegegnung, etwa in Form eines Gesprächs mit seinem alter ego, wirft Schwindel erregende Fragen auf. Das haben beispielsweise 1947 Raymond F. Jones (*Pete Can Fix It*) und A. Bertram Chandler (*Castaway*) durchexerziert, und schon in Johann Wolfgang Goethes Autobiographie findet sich der Gedanke. (Ein dem Großvater-Paradoxon ähnliches, aber nicht so überzeugendes Mysterium wäre, wenn ein Reisender in der Zukunft seinen eigenen Tod erfährt und, zurück in seiner Zeit, vor Angst und Verzweiflung vorher Selbstmord begeht. Wie kann er es, wenn er doch Jahre später noch am Leben ist?)

Und das so genannte Zeitmaschinen-Paradoxon ist ebenfalls nur eine Spielart des Konsistenz-Paradoxons: Angenommen, Daniel Düsentrieb hat im Januar 2010 in seinem Keller eine funktionierende Zeitmaschine gebaut. Er zögert noch eine Weile und reist dann im April 2010 ins Jahr 20.001. Er findet eine öde Welt vor wie in den fürchterlichsten Seifenopern, die er in seiner Jugend sah. Frustriert kehrt er in den Februar 2010 zurück und zerstört beide Zeitmaschinen – die im Keller und die, mit der er zurückkam. Doch dann kann er nicht ins Jahr 20.001 reisen und wieder zurück und die Zeitmaschinen zerstören und also doch aufbrechen und ...

▶ Die zweite Art von Problemen heißen Bootstrap-Paradoxien – nach der Redewendung »sich an den eigenen Schuhriemen herausholen« (vergleichbar mit dem Lügenbaron Münchhausen, der sich am eigenen Schopf aus dem Sumpf zog). Häufig ist auch die Bezeichnung Paradoxon der »Kausalen Schleife«.

Auf ein solches Paradoxon hat der Philosoph Michael Dummett von der Oxford University hingewiesen: Angenommen, ein zukünftiger Kunstkritiker reist zu einem Maler in die Vergangenheit, der zwar in der Zeit des Kritikers höchste Wertschätzung genießt, sich aber als völlig unbegabt herausstellt. Doch dann entwendet der Maler dem Kritiker einen Katalog »seiner« Werke, den dieser im Gepäck hatte. Der Kritiker kehrt enttäuscht in seine Zeit zurück. Der unbegabte Künstler malt jedoch die Vorlagen peinlichst genau ab. Somit sind seine Reproduktionen bloß Kopien der Bilder im Katalog, die aber ihrerseits Kopien der Originale sind ...

Ein analoges Beispiel stammt von dem Physiker David Deutsch, der ebenfalls in Oxford lehrt: Angenommen, ein Mathematiker erfährt von einem Kollegen aus der Zukunft dessen Beweis eines bestimmten Theorems und veröffentlicht ihn dann in seiner eigenen Zeit, so dass der Kollege aus der Zukunft ihn später in einer alten Fachzeitschrift lesen könnte – wer hat das Theorem dann bewiesen?

Diese Paradoxien erinnern an die Kurzgeschichte *Find the Sculptor* (1946) von Sam Mines. Darin reist ein Wissenschaftler 500 Jahre in die Zukunft und entdeckt ein Standbild von sich selbst, das ihn als ersten Zeitreisenden verehrt. Gerührt nimmt er es als Beweis seiner erfolgreichen Reise in seine eigene Zeit zurück und stellt es an demselben Platz auf, wo er es fand. Wann ist es nun hergestellt worden? Noch bizarrer ist die Kurzgeschichte *Es hätte schief gehen können* (... *And it Comes Out Here*, 1967) von Lester del Rey. Darin besucht ein Zeitreisender sein jüngeres Ich und motiviert ihn, mit ihm 30 Jahre in die Zukunft zu fahren, dort einen Miniatur-Atomreaktor aus dem Museum zu stehlen und zurück in seine Zeit zu bringen, wo er als dessen Erfinder berühmt werden wird – obwohl kein Mensch weiß, weder damals noch künftig, wie das Wunderding funktioniert ... Ähnlich, aber mit unerquicklichem Ausgang, ergeht es dem Protagonisten namens Mahler in Robert Silverbergs Story *Absolut unbeugsam* (*Absolutely Inflexible*, 1967). Mahler ist dafür verantwortlich, alle aus der Vergangenheit auftauchenden Zeitreisenden auf den Mond zu verbannen, da sie Bakterien und Viren in sich tragen, die in seiner Zeit längst ausgerottet sind. Eines Tages wird ein Zeitreisender gefasst, dessen Zeitscheibe im Gegensatz zu allen anderen auch Reisen in die Vergangenheit erlauben. Mahler verbannt ihn auf den Mond und probiert das Gerät aus. Doch die Vergangenheit erweist sich als wenig gastlich. Schnellstens flieht er zurück. Er wird in seiner Ausgangszeit verhaftet und sieht sich alsbald seinem alter ego gegenüber, das ihn auf den Mond verbannt. Doch woher kam die einzigartige Zwei-Richtungen-Zeitscheibe? Schon in der vielleicht ersten Zeitreise-Geschichte überhaupt, in Samuel Maddens *Memoirs of the Twentieth Century* aus dem Jahr 1733, wird ein Dokument von einem Engel aus der Zukunft in die Vergangenheit gebracht (von 1998 nach 1728). Andere Geschichten mit kausalen Schleifen, wo Zeitreisen durch Dokumente motiviert werden, die der Zeitreisende mit seiner Zeitreise in die Vergangenheit brachte, sind beispielsweise *Via the Time Accelerator* (1931) von Frank J. Bridge, *The Time Hoaxers* (1931) von Paul Bolton sowie von Paul Nahin *Old Friends Across Time* (1979) und *The Invitation* (1985). Ähnliche Plots enthält der Film *Somewhere in Time* (1980) von Jeannot Szwarc.

Das Paradoxon funktioniert auch umgekehrt: Wenn Heinrich sich nicht entscheiden kann, ob er lieber Gretchen oder Helena heiraten soll, könnte er einfach in die Zukunft reisen, dort feststellen, dass er mit Helena verheiratet ist, dann in seine Ausgangszeit zurückkehren und ihr einen Heiratsantrag machen. Ähnlich *The Time Cheaters* (1940) von Eando Binder, wo die Zeitreisenden im 46. Jahrhundert bereits erwartet werden. Denn der Gastgeber war seinerseits in seine eigene Zukunft gereist und las dort einen Bericht von ihrer Ankunft – den er nach ihrer Ankunft selbst verfasst hat. Igor Novikov nannte Materie auf geschlossenen zeitartigen Weltlinien Dschinns – inspiriert von Aladins Wunderlampe, aus der auch auf gespenstische Weise ein Geist hervorkam.

Eine weitere Form des Bootstrap-Paradoxons ist das Frühstücks-Paradoxon: Daniel Düsentrieb wacht auf und denkt, wie schön es wäre, jetzt das Frühstück ans Bett gebracht zu bekommen. Um 7.30 Uhr beschließt er, um 9 Uhr aufzustehen, das Frühstück zu bereiten und es sich mit Hilfe seiner Zeitmaschine um 7.35 Uhr zu servieren. Und – schwupps – steht das Frühstück um 7.35 Uhr neben seinem Bett. Wie kam es dazu? Reichte der bewusste Entschluss womöglich schon aus?

Obwohl diese Gedankenspielereien auf den ersten Blick nicht so selbstwidersprüchlich wie das Konsistenz-Paradoxon erscheinen, führen auch sie zu logischen Absurditäten. Denn Wissen – oder gar ein Frühstück – kann man eigentlich doch nicht »gratis« bekommen!

Fazit: Mit der Möglichkeit von Zeitreisen droht der logische Strudel von Paradoxien: Eine Wirkung könnte ihre eigenen Ursache verhindern (Konsistenz-Paradoxon), und etwas könnte zu seiner eigenen Ursache werden (Bootstrap-Paradoxon). Die beiden Paradoxien-Arten können sogar ineinander übergehen. Zum Beispiel wird das Bootstrap-Paradoxon des betrügerischen Künstlers ein Konsistenz-Paradoxon, wenn dieser den Kritiker daran hindert, mit der Zeitmaschine zurück in die Zukunft zu reisen.

Diese klassischen Paradoxien verdeutlichen sehr drastisch, zu welchen verwirrenden Komplikationen Zeitreisen führen könnten. Ursachen und Wirkungen wären vertauschbar, und die Kausalität – das Fundament der Naturwissenschaft, auf dem doch auch die Zeitmaschine stünde – müsste womöglich zusammenstürzen.

Logische Notwehr oder (meta)physische Schadensbegrenzung

Philosophen haben behauptet, das Problem der Zeitreisen könnte durch begriffliche und sprachliche Analysen sowie Logik gelöst werden, also ganz ohne Physik. So argumentierte zum Beispiel Richard Swinburne von der University of Oxford gegen die Existenz jeglicher Reisen in die Vergangenheit: »Wenn ein gegenwärtiger Moment t_1 wiederkehrt, dann würde der auf t_1 folgende Moment t_2 sowohl vor als auch nach t_1 sein.« Andererseits könnte das voraussetzen, dass es eine Hyperzeit gibt oder dass t_1 zweimal existiert. Doch dies ist nicht ohne weiteres klar – wie überhaupt Zeitreisen Identitätsbedingungen untergraben: Wenn Identität Kontinuität und raumzeitliche Eindeutigkeit voraussetzt, dann ist sie durch Zeitsprünge oder Selbstbegegnungen mit dem früheren Ich unterminiert.

Eine andere logische Attacke gegen die Möglichkeit von Zeitreisen haben Stephen Hawking und George Ellis 1973 als eine reductio ad absurdum folgendermaßen formuliert: (1) Ein Zeitreisender existiert schon, bevor er die Zeitreise unternimmt. (2) Alle physikalischen Objekte haben eine kontinuierliche Existenz. (3) Zeitreisen in die Vergangenheit sind möglich. (4) Ein Zeitreisender, der in die Vergangenheit reist, könnte sich in dieser davon abhalten, die Zeitreise überhaupt zu unternehmen. Um diesen Widerspruch aufzulösen, kann nur die Prämisse (3) falsch sein, so Hawking und Ellis. – Das ist jedoch nicht zwingend. Denn eine Wellssche Zeitmaschine negiert ja gerade Prämisse (2). Auf der Wahrheit dieser Prämisse zu bestehen, hieße also einfach, das Problem ohne Argument zurückzuweisen, was philosophisch nicht akzeptabel ist. Eine weitere Möglichkeit: Prämisse (4) ist nicht notwendig und allgemeingültig wahr. Dies hieße aber, dass Zeitparadoxien vielleicht gar nicht möglich sind, selbst wenn es Zeitreisen wären. Einiges spricht also dafür, dass sich das Problem nicht durch eine einfache logische Notoperation beheben lässt. Und somit ist es nicht eine Frage der Logik, sondern eine Frage der Physik oder Metaphysik, durch deren Dschungel man sich notgedrungen wird kämpfen müssen.

»Die Entstehung neuer wissenschaftlicher Modelle stellen unsere Fähigkeit in Frage, die Wirklichkeit zu verstehen. Aber was ist richtiger: unsere Alltagsintuitionen, die relativ stabil und allgemein gebilligt sind, oder wissenschaftliche Erklärungen der Welt, die sich ständig ändern?« fragt Ioan-Lucian Muntean. Eines steht jedenfalls fest für den Philosophen an der Universität von Bukarest in Rumänien: »Geschlossene zeitartige Kurven einfach von der Hand zu weisen ist eine Praxis, die an den einstigen Dogmatismus gegen die Spezielle Relativitätstheorie oder Quantentheorie erinnert, bevor diese experimentell bestätigt wurden.« Ähnlich sieht es auch Stephen Hawking: »Man sollte den Physikern Gelegenheit geben, diese Frage zu erörtern, ohne sie höhnisch auszulachen. Selbst wenn sich herausstellen sollte, dass Zeitreisen unmöglich sind, wäre es wichtig zu wissen, warum das so ist.«

Wurmlöcher sind insofern nicht bloß theoretische Sandkastenspiele sondern womöglich eine ernst zu nehmende Bedrohung der kosmischen Ordnung. Dabei geht es nicht um die Frage, ob wir sie bauen dürfen. Es gibt bislang ja keinen Anhaltspunkt dafür, dass wir sie überhaupt bauen können. Doch allein ihre Denkmöglichkeit bereitet genügend Schwierigkeiten. Wurmlöcher sind deshalb eine große intellektuelle Herausforderung. Sie zwingen die Wissenschaftler und Philosophen, ihre Voraussetzungen zu überdenken. Und sie treiben die Forschung voran, weil sie die Grenzen unseres Naturverständnisses ausloten und erweitern helfen.

Die Suche nach Alternativen

Zeitreisen drohen also mit bizarren Konsequenzen. Sie könnten das Kausalitätsprinzip verletzen, wonach die Ursachen den Wirkungen immer vorangehen müssen. Wenn dies nicht notwendig der Fall ist, würde das Gesetzesgefüge der Natur erschüttert. Wenn Zeitreisen wirklich machbar wären und das Kausalitätsprinzip ad absurdum führten, müssten sie womöglich von Zeitpolizisten verhindert werden.

So wachen in Poul Andersons *Chroniken der Zeitpatrouille* (*Time Patrol*, 1961-1991) Spezialisten mit Argusaugen über den Zeitstrom und greifen ein, wenn es zu verdächtigen Kräuselungen kommt, die auf Störungen hindeuten. Dann reist die Zeitpatrouille in die betroffenen Jahrhunderte, sorgfältig getarnt und mit sicherem Blick für Anomalitäten, um unauffällig und mit minimalstem Aufwand die Eingriffe rückgängig zu machen.

Es ist nützlich, zwischen zwei verschiedenen Arten von Paradoxien zu unterscheiden:

▶ Wahre Paradoxien – ein logischer Widerspruch in einem scheinbar plausiblen Argument.

▶ Pseudoparadoxien – ein scheinbarer Widerspruch in einem völlig korrekten Argument.

»Einsteins Zwillingsparadoxon ist eine ungefährliche Pseudoparadoxie, doch Zeitreisen führen zu bedrohlichen wahren Paradoxien«, erklärt Matt Visser. »Die griechische Unheilsgöttin Pandora wäre dafür höchst dankbar.«

Im Prinzip gibt es nur drei Möglichkeiten, mit Zeitreisen umzugehen, um ihnen den Stachel des Paradoxen zu ziehen. Entweder man beweist, dass sie unmöglich sind. Oder man zeigt, dass sie harmlos sein müssen und somit keine logischen Inkonsistenzen hervorrufen, das heißt wahre Paradoxien. Oder man gibt die Einstein-Kausalität auf und somit auch fast jede Überzeugung, die man bislang von der Welt hatte.

Die bisher ausgearbeiteten Strategien hat Matt Visser folgendermaßen zusammengefasst:

▶ Annahme einer langweiligen Physik,
▶ Vermutung zum Schutz der Zeitordnung,
▶ Selbstkonsistenzprinzip,
▶ radikale Neuformulierung der Physik.

Langweilige oder radikal neue Physik

Die konservativste Haltung geht davon aus, dass das Universum langweiliger beschaffen ist, als es sein könnte. Ohne gegenteiligen experimentellen Befund wäre dann gar nicht über Zeitreisen nachzudenken. Wissenschaftler mit dieser Einstellung halten Zeitreisen für eine völlig exotische Angelegenheit oder gar pure Zeitverschwendung. Sie leugnen die Möglichkeit von Wurmlöchern, Warp-Antrieben und anderen Wegen zu geschlossenen zeitartigen Kurven und warnen vor überhitzten Spekulationen. Freilich müssen Wurmlöcher nicht notwendig zu Zeitreisen führen. Sie könnten ja Einbahnstraßen in andere Universen sein oder nur mikroskopisch wabern; in beiden Fällen könnten paradoxe Situationen gar nicht erst entstehen. Außerdem gibt es – theoretisch – auch andere Möglichkeiten, eine Zeitmaschine zu bauen. Die Kritik ist also nicht konsequent genug. Und ein generelles physikalisches Argument gegen Zeitreisen hat noch niemand gefunden und hinreichend begründet.

Wenig überzeugend ist auch eine pragmatische Hypothese: »Es könnte sein, dass technologische Zivilisationen nicht lang genug existieren, um Zeitmaschinen zu entwickeln«, spekuliert Shafiqur Rahman, ein Physiker am Allegheny College in Meadville, Pennsylvania. Doch das Universum ist so groß, womöglich unendlich groß, dass es unplausibel ist anzunehmen, es gäbe nirgendwo solche Zivilisationen.

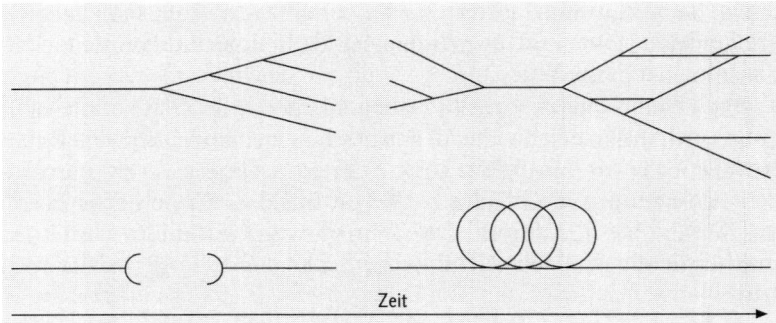

Zeit

Verrückte Zeit: *Vielleicht ist die vierte Dimension keine gerichtete Gerade (»Zeit-pfeil«), sondern ein mehrdimensionales Gespinst oder macht Sprünge, Schleifen und Verzweigungen. Dann wäre das uns vertraute Gefüge von Ursachen und Wirkungen Makulatur.*

Und selbst wenn: Die Natur könnte ja auch ohne intelligente Wesen immer noch Zeitmaschinen hervorbringen, beispielsweise entsprechende Wurmloch-Konfigurationen.

Das andere Extrem in der Debatte besteht darin, die Physik zu revolutionieren. Visser: »Man schließt seinen Frieden mit der Möglichkeit von Zeitreisen und schreibt die ganze Physik (und Logik) von Grund auf neu. Das ist eine sehr schmerzliche Prozedur, die man nicht so einfach in Angriff nehmen wird. Man müsste ja einräumen, dass das Universum mehr als eine tatsächlich vergangene Geschichte besäße. Es hätte multiple Zeitverläufe, die durch Zeitreisen miteinander verbunden sind. Das würde natürlich das Universum für Historiker unsicher machen, denn es unterläuft die Bedeutung einer einzigartigen Geschichte, die die Historiker beschreiben.«

Wie diese neue Physik aussehen könnte, ist schwer vorstellbar. Mathematisch repräsentierbar wären sie durch Non-Hausdorff-Mannigfaltigkeiten, die so verrückt sind, dass nur sehr hartgesottene Mathematiker sich überhaupt damit beschäftigen wollen. Physikalisch wäre man zu extremen Annahmen gezwungen. Bei multiplen Zeitlinien gäbe es keine eindeutige Vergangenheit mehr, nichts stünde unwiderruflich fest. Dasselbe gilt für die Zukunft. Jeder Zeitpunkt könnte also viele verschiedene Vergangenheiten und Zukünfte haben. »Noch radikaler: Man kann sogar über multiple, koexistierende Versionen der Gegenwart nachdenken«, sagt Visser. Hier wird der Übergang zu Parallelwelt-Hypothesen fließend.

So hat der an der University of Chicago tätige Philosoph Jack W. Meiland 1974 über eine zweidimensionale Zeit spekuliert, die gleichsam eine Art Ebene aufspannen würde, auf der man sich wie auf einer Tischplatte bewegen könnte (unsere gewohnte Kausalität könnte es in einer solchen Welt freilich nicht geben). Und der amerikanische Philosoph David Lewis behauptete 1975, Zeitreisen würden Verzweigungen der Zeit erzeugen. Diese Idee hat schon David R. Daniels 1935 in seiner Geschichte *The Branches of Time* vorweggenommen. Und 1941 machte sie der geniale argentinische Schriftsteller Jorge Luis Borges zum Plot seiner Erzählung *Der Garten der Pfade, die sich verzweigen.*

Die Zeitschutz-Verordnung

Da eine solche Umwälzung den meisten Physikern zu weit geht und eine auf Ursache und Wirkung aufbauende Weltbeschreibung womöglich vollkommen untergräbt, hat man nach weniger bedrohlichen Alternativen Ausschau gehalten. Ein Grund für die Nichtexistenz von Zeitreisen könnte einfach darin bestehen, dass die bisherigen Theorien für Zeitmaschinen zu starke Vereinfachungen beziehungsweise Rechen- oder Denkfehler enthalten.

Sicherlich gibt es gute Argumente gegen die verschiedenen Hypothesen von geschlossenen zeitartigen Kurven, aber sie sind nicht zwingend und in jedem Einzelfall anders: Gödels Modell ist in sich stimmig, trifft aber für unser Universum nicht zu. Die Van-Stockum-Situationen und ihre Verwandten erfordern unendlich lange Strukturen, die unwahrscheinlich schnell rotieren. In den Reissner-Nordström-, Kerr- und Kerr-Newman-Lösungen für geladene und/oder rotierende Schwarze Löcher sind die Möglichkeiten, den Zeitverlauf auf den Kopf zu stellen, hinter einen Ereignishorizont verbannt und können das Universum nicht behelligen. John Wheelers mikroskopische Wurmlöcher hat noch niemand gesehen, und inwiefern sie makroskopische und paradoxe Effekte haben, ist ohnehin zweifelhaft. Die Energiebedingungen von Wurmlöchern und Warp-Antrieben sind so extrem, dass es fraglich ist, ob die Natur hier mitspielt – ob sie beispielsweise die erforderliche exotische Materie oder Geisterstrahlung erlaubt. Wirklich überzeugend wäre freilich erst ein allgemeingültiges Argument gegen die Existenz geschlossener zeitartiger Kurven: Dann würde in den Naturgesetzen selbst gleichsam eine Art Zeitpolizei stecken. Alles, was zu Zeitparadoxien führen könnte, würde schon im Vorfeld unweigerlich aus dem Verkehr gezogen.

Doch von welcher Art wäre ein solches Zeitreiseverbot? Fest steht, dass es sich die Wissenschaftler nicht so einfach machen können wie Science-Fiction-Autoren. Beispielsweise formulierte Larry Niven schon 1971 ein Zeitreiseverbot für die Physik. Und John Varley ersann in seinem Roman *Millenium* (1983) die Theorie des kosmischen Zorns (»cosmic disgust theory«). Demnach hat ein zürnender Schöpfer angesichts der Versuche, Zeitmaschinen zu bauen, folgende Drohung geschickt: »Wenn Sie weiter Spielchen wie dieses machen, dann packe ich meine Sachen und gehe nach Hause. Gezeichnet, Gott.« Und in John Jakes *Black in Time* (1970) bricht die Zeit, als es zu Paradoxien kommt, einfach auseinander.

Mit größerem Ernst formulierte der britische Physiker Paul Birch 1984 die These von der Existenz eines Zensorfelds (»Censor field«). Diese physikalische Zensur sollte Zeitreisen unmöglich machen – analog zur »Hypothese der Kosmischen Zensur«, mit der Physiker ihren Glauben zum Ausdruck bringen, dass es keine nackten Singularitäten gibt, weil diese immer von einem Ereignishorizont eines Schwarzen Lochs bedeckt sind, ihre abstrusen Auswirkungen also selbst von den eifrigsten Physik-Voyeuren niemals beobachtet werden können.

Auch für Brandon Carter und Stephen Hawking sind Zeitreisen bloß Trugschlüsse und von der Natur strikt verboten. Hawking formulierte 1992 sogar eine »Vermutung zum Schutz der Zeitordnung« (»Chronology Protection Conjecture«), mit der er die Erhaltung der Zeitrichtung postulierte, also die Unmöglichkeit von Zeitmaschinen: »Danach verhindern die Naturgesetze in ihrem Zusammenwirken, dass makroskopische Körper Informationen in die Vergangenheit tragen können.« Zwar erlaubt die Quantentheorie Zeitreisen auf einer mikroskopischen Skala, wie Hawking meint, das heißt Teilchenbewegungen auf winzigen Zeitschleifen und somit temporären Rückwärtsbewegungen in der Zeit – auch das ist eine Konsequenz der Feynmanschen Pfadintegrale, also der Summation über alle möglichen Wege. Doch die Wahrscheinlichkeit solcher mikroskopischen Zeitreisen ist außerordentlich gering und hat keine beobachtbaren Konsequenzen für den Alltag. Hawking hätte gerne mit seinem Freund Kip Thorne auch dazu eine Wette abgeschlossen, doch dieser hält hier nicht dagegen. Und er zeigt sich beeindruckt von Hawkings Überschlagsrechnung: »Die Wahrscheinlichkeit, dass Kip in die Vergangenheit reisen und seinen Großvater umbringen könnte, ist 10 hoch minus 10^{60}.«

Die Welt bliebe für die Historiker somit in Ordnung. »Es scheint, als gäbe es eine Behörde zum Schutz der Zeitordnung, die die Entstehung von geschlossenen zeitartigen Kurven verhindert und damit das Universum vor Historikern sicher macht.«

Das entscheidende Wort dabei ist »scheint« – und in der Fachliteratur gibt es bereits weit über 200 Artikel, die sich mit den technischen Feinheiten und der Überzeugungskraft der Vermutung auseinander setzen. Immerhin hat der Ansatz den Vorteil, dass man gewissermaßen den Kuchen zugleich essen und behalten könnte. »Er liefert einen Rahmen, der allgemein genug ist, um interessante Topologien und Geometrien zu erlauben, aber er hält die unerquicklichen Nebeneffekte unter Kontrolle«, kommentiert Visser, der auf einem Symposium zu Ehren von Hawkings 60. Geburtstag einen viel beachteten Übersichtsvortrag zum Problem der Zeitreisen in der Physik gehalten hat.

»Das Problem vieler Vorschläge ist, dass sie unphysikalisch sind«, nörgelt Visser im Hinblick auf den Reigen der vorgeschlagenen Zeitmaschinen. »Wir sagen dazu ›Müll rein – Müll raus‹: Wer unrealistische Annahmen in die Gleichungen steckt, braucht sich nicht zu wundern, dass er zu verrückten oder praktisch nie nutzbaren Ergebnissen gelangt. Bloß weil man eine formale Lösung für eine Klasse von Differenzialgleichungen hat, folgt daraus noch keine physikalische Realität einer entsprechenden Raumzeit.« Gödel-Universen etwa seien per Definition »überall gleichermaßen krank in ihrer Raumzeit«.

Bei lokalen – im Gegensatz zu globalen – Zeitmaschinen verhält es sich freilich nicht so einfach. Doch auch hier gibt es Beispiele für einen Zeitschutz der Natur. So hat Roger Penrose 1974 überlegt, dass an der Schockfront kollidierender Gravitationswellen eine Verwerfung in der flachen Raumzeit entstehen müsse und diskontinuierliche Sprünge über sie hinweg Signale in die Vergangenheit befördern könnten. Graham M. Shore von der University of Wales hat jedoch 2003 gezeigt, dass dies nicht möglich ist, wenn man die Wechselwirkung zwischen den Gravitationswellen nicht vernachlässigt.

Einzelbeispiele sind aber kein allgemeiner Beweis. Vielversprechender ist da ein Theorem von Sergei Krasnikov: Zeitmaschinen können ihm zufolge im Rahmen der Allgemeinen Relativitätstheorie nicht gebaut werden, sie könnten höchstens immer schon existieren. Aber das ist, wie die Wurmlöcher zeigen, schon bedrohlich genug.

»Mit Wurmlöchern ist es eine andere Sache«, gibt Visser zu. »Die Raumzeit muss in Regionen mit normalem und in andere mit abnormalem Kausalverhalten unterteilt werden, welche von einem Chronologie-Horizont getrennt sind. Quantenphysikalische Effekte bei diesem Horizont sollten die Basis für die Zeitschutz-Verordnung bilden.«

Hawking hat diesen Horizont als einen Ort beschrieben, an dem Photonen gleichsam in der Zeit kreisen können. Dabei, so seine Argumentation, würden sie immer mehr Energie gewinnen – und zwar unendlich viel quasi in Nullzeit. Die Energiequelle müsse letztlich die Raumzeit selbst sein, die den Chronologie-Horizont ausmacht. Doch weil die von ihr gespeisten Photonen und das mit ihrer Energie verbundene Gravitationsfeld notwendig auf die Raumzeit zurückwirken, wird diese drastisch verändert, so dass sich die Zeitkreise auflösen. Zeitmaschinen müssen sich demzufolge mit ihrer Inbetriebnahme gleichsam selbst zerstören. Ähnliches lässt sich auch gegen Ronald Malletts Ringlaser-Zeitmaschine vorbringen.

Die entscheidende Frage ist hier freilich, ob Quanteneffekte diese Effekte forcieren oder aber unterdrücken. »Die Antwort lautet: es kommt drauf an«, sagt Visser. Fest steht bislang nur, dass die quantenphysikalische Rückwirkung als universeller Zeitschutz nicht ausreicht, und dass ein allgemeiner Schutzmechanismus – wenn überhaupt – in einer noch nicht vorhandenen Theorie der Quantengravitation zu finden wäre.

Hawking versuchte mit Näherungsrechnungen jedenfalls schon einmal zu zeigen, dass Quantenfluktuationen gewaltige Energien erzeugen, die beispielsweise Zeitreisende töten würden. Womöglich zerstören sie auch die Wurmlöcher. Ein Grund wäre etwa die Verletzung der so genannten schwachen Energiebedingung, was zu selbstzerstörerischen Effekten des Quantenvakuums führt. (Solche katastrophalen quantenphysikalischen Rückkopplungen sind schon zuvor in der SF erwogen worden, nämlich in Timothy Zahns *Time Bomb*, 1988.) Allerdings ergaben Berechnungen von Kip Thorne und Sung-Won Kim am Caltech und unabhängig davon auch von Valeri Frolov in Moskau, dass diese Energien nicht unendlich groß werden können, weil die Planck-Zeit bei 10^{-43} Sekunden ihrem Wachstum ein Ende bereitet. Eine kürzere Zeitspanne scheint es nicht zu geben; also vermögen die Fluktuationen sich hier nicht mehr weiter exponentiell zu verstärken und ebben wieder ab.

Doch Hawking wandte ein, dass dies nur für einen äußeren Beobachter gilt, im zeitlichen Bezugssystem der Fluktuation der Energieanstieg aber länger dauert. Für den äußeren Beobachter würde die Energieschwelle daher umgerechnet erst 10^{-95} Sekunden vor der Entstehung des Wurmlochs wirksam – zu spät, um die Zeitmaschine zu verschonen.

Hawkings Rechnung erwies sich aber als unzureichend. Und Li-Xin Li, damals noch Student an der Universität Peking, zeigte, dass ein

Spiegel das katastrophale Anwachsen der Quantenfluktuationen verhindern und sie ins Weltall ablenken kann. Der Spiegel müsste zwischen die eng benachbarten Wurmlöcher gebracht werden und so groß sein wie deren Schlünde. Ob auf diese Weise jedoch auch Fluktuationen der Gravitationsfelder so weit zu zähmen sind, dass sie für die Zeitmaschine ungefährlich bleiben, ist noch eine offene Frage.

Doch es gibt noch weitere Argumente gegen Zeitmaschinen. Matt Visser zufolge sollten Quanteneffekte verhindern, dass sich die beiden Wurmlochöffnungen zusammenbringen lassen. Er vermutet, dass die Geometrie des Wurmlochs die Energiedichte des Vakuums so stark erhöht, dass diese größer wird als die negative Energiedichte, die notwendig ist, um das Wurmloch offen zu halten. Es müsste daher kollabieren, bevor die Zeitreise angetreten werden kann.

Und Hawking überlegte: »Wenn die Raumzeit so stark gekrümmt ist, dass Reisen in die Vergangenheit möglich sind, können virtuelle Teilchen, die in geschlossenen Schleifen durch die Raumzeit reisen, zu realen Teilchen werden, die sich mit Lichtgeschwindigkeit oder langsamer vorwärts durch die Zeit bewegen. Da diese Teilchen die Schleife beliebig oft durchlaufen können, passieren sie jeden Punkt auf ihrem Weg sehr häufig. So schlägt ihre Energie wieder und wieder zu Buche, was zu einem entsprechenden Anwachsen der Energiedichte führt. Dadurch könnte die Raumzeit eine positive Krümmung erhalten, die Reisen in die Vergangenheit ausschließen würde. Noch ist nicht klar, ob diese Teilchen eine positive oder negative Krümmung verursachen oder ob die Krümmung, die bestimmte Arten virtueller Teilchen hervorrufen, durch die Krümmung, die auf Einwirkung anderer Arten zurückgeht, aufgehoben wird.«

Bisher ist also das letzte Wort zu diesem Thema noch nicht gesprochen. Die Näherungsrechnungen sind zu grob, und genauere Theorien existieren noch nicht. Die Vermutung zum Schutz der Zeitordnung ist nicht vollständig (es gibt beispielsweise Schwierigkeiten im Umgang mit Singularitäten), und Hawking musste Details revidieren. »So bleibt die Frage von Zeitreisen offen«, räumt Hawking ein. »Ich werde darauf jedoch keine Wette abschließen. Der andere könnte ja den unfairen Vorteil haben, die Zukunft zu kennen.«

Zeitschutz und D-Branen

Einen weiteren Punktesieg für Hawking konnte Lisa Dyson im Jahr 2003 mit einer viel beachteten Berechnung erringen. Die Studentin am Massachusetts Institute of Technology fand ein überzeugendes Beispiel für eine physikalische Begründung von Hawkings Zeitschutz-Vermutung. »Wir wissen, dass die Allgemeine Relativitätstheorie nicht die ganze Story sein kann. Sie ist eine Theorie der Schwerkraft, aber es gibt noch andere Kräfte, die die Welt regieren: die Starke, Schwache und Elektromagnetische Wechselwirkung. Wenn wir verstehen, wie all diese Kräfte zusammenhängen, werden wir vielleicht entdecken, dass diese vereinheitlichte Theorie Zeitreisen nicht erlaubt«, sagt Dyson und setzt ihre Hoffnungen auf die Stringtheorie. »Wenn unser gewöhnlicher Begriff der Chronologie in unserem Universum steckt, sollte sie auch in der Stringtheorie geschützt sein.«

Dysons Arbeit ist für den Alltagsverstand extrem abstrakt (also Vorsicht, die nächsten Absätze haben es in sich!). Sie wurde angeregt von einer Vorlesung, die Petr Hořava von der University of California in Berkeley hielt. Thema war ein Artikel, den Jerome Gauntlett von der Queen Mary University of London verfasst hat. Dieser zeigte, dass auch die mit der Stringtheorie verwandte fünfdimensionale Supergravitationstheorie zahlreiche Möglichkeiten für Zeitmaschinen in sich birgt, analog zur Allgemeinen Relativitätstheorie. Hořava stellte seinen Studenten die Aufgabe, mit den mathematischen Werkzeugen der Stringtheorie zu untersuchen, ob die Möglichkeit von Zeitreisen vielleicht doch unterdrückt sein könnte. Lisa Dyson wandte sich daraufhin den Schwarzen Löchern vom BMPV-Typ zu (benannt nach den Physikern Jason Breckenridge, Rob Myers, Amanda Peet und Cumrun Vafa). Dabei handelt es sich um fünfdimensionale Äquivalente der Schwarzen Löcher vom Kerr-Newman-Typ, die rotieren und elektrisch geladen sind. Sie werden zu Zeitmaschinen, wenn sie sich schnell genug drehen.

Dyson fragte sich, ob die Existenz eines solchen Schwarzen Lochs vom BMPV-Typ überhaupt möglich ist. In ihren Rechnungen häufte sie gleichsam Gravitonen (die mutmaßlichen Überträger der Schwerkraft) und D-Branen in einem winzigen Volumen an. D- oder Dirichlet-Branen sind in der Stringtheorie eine hypothetische, multidimensionale Materie-Form, auf denen Strings enden können wie Fäden, die auf ein Blatt Papier geklebt sind. D-Branen schwingen in einer zehndimensionalen Raumzeit. In der mathematisch einfacheren Welt der Schwarzen Löcher vom BMPV-Typ erscheinen sie als Partikel.

Lisa Dyson entdeckte, dass sich die Gravitonen und D-Branen nicht beliebig arrangieren und verdichten lassen. Immer wenn das Schwarze Loch kurz davor stand, zu einer Zeitmaschine zu werden, konzentrieren sich die Partikel nicht länger auf einen beliebig kleinen Raumbereich, sondern bilden eine Schale aus Gravitonen mit D-Branen im Inneren aus. So entsteht ein Zeitschutz-Horizont, den die Gravitonen nicht durchdringen können. Es gibt keinen Weg, die Gravitonen noch enger zusammenzupressen. Deshalb kann die Rotation des Schwarzen Lochs nicht die erforderliche Geschwindigkeit erreichen, um theoretisch als Zeitmaschine zu fungieren. »Es ist, als wollte man den letzten Baustein in die Zeitmaschine einfügen, und eine unsichtbare Kraft hält die Hand dabei zurück«, kommentiert Rob Myers vom Perimeter-Institut und der University of Waterloo im kanadischen Ontario.

Dysons Resultat betrifft aber nur eine spezifische Situation. Es kann nicht die Allgemeingültigkeit von Hawkings Vermutung beweisen, auch wenn es exemplarisch zeigt, wie in der Stringtheorie ein bestimmter Typus von Zeitmaschinen unmöglich ist, obwohl er nicht gegen die Allgemeine Relativitätstheorie zu verstoßen scheint. »Ob die Stringtheorie mit denselben Mechanismen auch andere Arten von Zeitreisen verbieten kann, werden wir jetzt erforschen«, sagt Dyson. Immerhin fanden Eric G. Gimon und Petr Hořava von der University of California in Berkeley 2004, dass D-Branen nicht nur die Schwarzen BMPV-Löcher, sondern auch Chronologie-Verletzungen in fünfdimensionalen Gödel-Universen abschirmen – die beiden »Krankheiten« können sich sogar gegenseitig »heilen«.

»Viele Stringtheoretiker wären glücklich, wenn wir einen konkreten Mechanismus fänden, der keine geschlossenen zeitartigen Kurven erlaubt. Aber vielleicht existieren sie in anderen Situationen, und wir müssen uns mit den Paradoxien auseinander setzen, die das mit sich brächte«, überlegt Myers. Auch Brian Greene, der zwei Bestseller über die Stringtheorie veröffentlicht hat, zählt sich zu den »nüchternen Physikern, die intuitiv davon überzeugt sind, dass wir eines Tages die Möglichkeit von Zeitreisen in die Vergangenheit ausschließen können. Doch bis zum endgültigen Beweis halte ich es für gerechtfertigt und erforderlich, der Frage unvoreingenommen zu begegnen.« Der Physik-Professor von der Columbia University in New York hält weitere Arbeiten also keineswegs für Zeitverschwendung. »Im ungünstigsten Fall vertiefen die Forscher unser Verständnis von Raum und Zeit unter extremen Bedingungen. Im besten Fall unternehmen sie die ersten Schritte, um uns die Raumzeit-Autobahn zu erschließen.« Auch Amanda Peet von der University of Toronto ist kritisch: »Die meisten von uns würden die Zeitmaschinen gerne loswerden. Sie verstoßen gegen unser fundamentales Feingefühl.« Sie stimmt Greene und Myers jedoch zu: »Möglicherweise gibt es Chronologie-Verletzungen, die die Stringtheorie nicht heilen kann. Wir hoffen, dass das nicht der Fall ist. Aber es gibt einige nagende Zweifel bei den Experten.« Science-Fiction-Fans sehen das anders. Und Peet, selbst *Star Trek*-Enthusiastin, räumt ein: »Gäbe es ein Raumschiff, dass durch die Zeit reisen könnte, wäre ich unter den ersten Touristen.«

Noch reicht das theoretische Rüstzeug für eine definitive Antwort also nicht aus. Der Zeitschutz steht, entgegen ursprünglicher Hoffnungen, nicht einfach lesbar in den klassischen und semiklassischen Naturgesetzen geschrieben. Unklar bleibt die Wirkung der Gravitationsfeld-Fluktuationen, die sich, wenn überhaupt, erst mit einer Theorie der Quantengravitation hinreichend genau abschätzen lassen. Die Physiker bleiben somit (heraus)gefordert. Ob und wie Zeitreisen möglich sind, ist deshalb noch unklar – und die Wissenschaftler sollten sich nach alternativen Strategien umsehen, um den Paradoxie-Einwand vielleicht anderweitig zu entkräften. Hawking lässt sich seine Zuversicht trotzdem nicht nehmen: »Es gibt immerhin ein starkes empirisches Indiz für die Richtigkeit der Zeitschutz-Vermutung – wir erleben keine Invasion von Touristen-Horden aus der Zukunft.«

Das Selbstkonsistenzprinzip

»Vielleicht ist die größte Überraschung des letzten Jahrzehnts, dass Zeitreisen nicht offensichtlich von den Gesetzen der Physik verboten werden. Die Frage lässt sich wohl erst beantworten, wenn eine angemessene Theorie der Quantengravitation entwickelt ist«, sagt William A. Hiscock von der Montana State University. Müssen Physiker also künftig logische Alpträume befürchten?

Glücklicherweise gibt es noch andere Möglichkeiten, Zeitreisen den Stachel des Paradoxen zu ziehen. Auch hier hat die Science-Fiction, die doch die Paradoxien auf die Spitze trieb, konzeptuelle Pionierarbeit geleistet. Vielen Autoren machten nämlich einen ganz wesentlichen Unterschied deutlich: den zwischen der Änderung und der Beeinflussung der Vergangenheit. Das ist nicht dasselbe. So könnte es zwar möglich sein, den eigenen Großvater mit der Großmutter zusammenzubringen und somit die Voraussetzung für die eigene Existenz zu schaffen – nicht aber, den Großvater als kleines Kind zu töten. Dann könnten Zeitreisen möglich und sogar in die Vergangenheit integriert sein, doch ohne diese auf paradoxe Weise zu verändern. Robert Heinlein beispielsweise hat dies in seiner Story *Die Reise in die Zukunft* (*Farnham's Freehold*, 1965) bereits zum Ausdruck gebracht: »Es gibt keine Paradoxien bei Zeitreisen, es kann keine geben. Wenn wir den Zeitsprung machen, hatten wir ihn bereits gemacht; das ist, was geschah. Und wenn es nicht funktioniert, dann deshalb, weil es nicht geschehen ist. ... Wir wissen nicht, ob es bereits geschehen ist oder nicht. Wenn es geschah, wird es geschehen. Wenn nicht, dann nicht.« Und in *The Corridors of Time* (1965) schrieb Poul Anderson: »Was geschehen ist, das ist. Wir Zeitreisende sind selbst ein Teil des Gewebes der Zeit.« Beispiele für diese Selbstkonsistenz sind *Time Wants A Skeleton* (1941) von Ross Rocklynne und *Hunters in the Forest* (1991) von Robert Silverberg. (Sogar in Comics hat das Prinzip längst Fuß gefasst, so etwa in der *Irrfahrt durch die Zeit* (1996) von Micky Maus.) In *Uncommon Castaway* (1949) von Nelson S. Bond wird ein Junge vor dem Ertrinken errettet – von Zeitreisenden mit einem U-Boot, was als die Sage von Jonas und dem Wal in die Geschichte eingeht. In *The Misfit* (1959) von G. C. Edmondson aka Jose Mario Garry Ordonez sind Zeitreisende am Ausbruch der Pest in Rom und London schuld. Und in *One Time in Alexandria* (1980) von Donald Franson wollen Zeitreisende mit Hilfe eines Infrarotgeräts die wertvollen Bücher in der Bibliothek von Alexandria lesen, bevor sie der Feuersbrunst zum Opfer fallen, und lösen damit den Brand erst aus.

Doch wie realisiert sich die Selbstkonsistenz, und das auch noch notwendigerweise? Beispielsweise könnte der Zeitreisende gar nicht in der Lage sein, den Vater zu ermorden. Vielleicht verfehlt er ihn oder wird plötzlich von Mitleid überfallen? Hier kommt das schwierige Problem der Willensfreiheit ins Spiel. Wenn alle unsere Handlungen gewissermaßen in den Gesetzen und Randbedingungen des Universums vollständig beschlossen liegen, also determiniert sind (oder hin und wieder rein zufällig geschehen), und wenn die Natur keine Paradoxien erlaubt, dann könnten wir selbstverständlich auch keine erzeugen. In diesem Zusammenhang wies schon David Lewis auf die »offensichtliche, aber leicht übersehene Erklärung« hin, »dass Menschen oft Ziele nicht erreichen, die normalerweise gut im Bereich ihrer Fähigkeiten liegen«.

Auf das schwierige philosophische Terrain der Willensfreiheit wollen sich Physiker freilich nicht gern begeben. Außerdem betrachten viele ein Autonomieprinzip als Voraussetzung oder notwendige Bedingung für die Möglichkeit experimenteller Wissenschaft. Es besagt, dass sich jede materielle Anordnung erzeugen lässt, die durch physikalische Gesetze örtlich erlaubt ist, ohne dass wir uns dabei um den Rest des Universums zu kümmern brauchen. (Freilich wäre selbst mit der Existenzannahme einer starken Form der Willensfreiheit nicht alles Gewollte auch physikalisch möglich. So schaffen es Menschen unter normalen Umständen und ohne Hilfsmittel nicht, sich entlang der Decke eines Zimmers zu bewegen oder einen Kilometer in einer Minute zu laufen.)

Doch könnte man das Autonomieprinzip nicht durch ein Selbstkonsistenzprinzip ersetzen und dadurch die logisch bösartigen Auswüchse von Zeitreisen verhindern? Diese Überlegung stammt insbesondere von Igor Novikov. Aber schon 1949 haben John Wheeler und Richard Feynman vermutet, dass kausale Einflüsse aus der Zukunft – wenn sie möglich sind –, in der Vergangenheit keine Paradoxien erzeugen können. Dem Selbstkonsistenzprinzip zufolge können Zeitreisen also nur geschehen, wenn sie harmlos sind, das heißt keine physikalischen Widersprüche zulassen: Ereignisse auf einer geschlossenen zeitartigen Kurve sollen sich demnach nur so beeinflussen, dass keine Kausalitätsverletzungen entstehen. »Die Gesetze der Physik verhindern automatisch das Paradoxon«, meint Novikov. »Wenn eine Zeitschleife existiert, können die Ereignisse darin nicht hinsichtlich früher und später unterschieden werden. Das ist ähnlich wie mit zwei Leuten, die sich auf einem Kreis bewegen. Von ihnen lässt sich auch schlecht sagen, wer vor und wer nach dem anderen geht.« Doch diese bizarre Konsequenz impliziert noch kein Paradoxon. »Ohne Zeitmaschine sind Ereignisse nur von ihrer Vergangenheit, aber nicht von der Zukunft beeinflusst. Mit Zeitmaschinen müssen heutige Ereignisse widerspruchsfrei mit – und das heißt determiniert von – der Vergangenheit, aber auch der Zukunft sein!«

Novikov, Thorne und andere argumentieren seit 1989, dass das Selbstkonsistenzprinzip tatsächlich ausreicht und die Entwicklungsbedingungen des Universums trotzdem nicht in einer inakzeptablen Weise einschränken. Um dies zu demonstrieren, spielten sie Wurmloch-Billard.

Die Idee geht auf Joe Polchinski von der Universität von Texas in Austin zurück. »Könnte eine Billardkugel so durch ein Wurmloch fliegen, dass sie in ihrer eigenen Vergangenheit ankommt, auf sich selber stößt und ihre früheres Pendant damit so aus der Bahn lenkt, dass es das Wurmloch verfehlt?« fragte er sich. Dies ist eine rein mechanische Version des Vatermord-Paradoxons, das den Vorteil hat, die schwierige Frage nach der Willensfreiheit zu umgehen.

Tatsächlich zeigten Novikov und seine Kollegen, dass mögliche Zeitsprünge der Billardkugel ihr früheres Pendant doch wieder in das Wurmloch einlochen, so dass sich kein Widerspruch ergibt! Dies kann sogar auf ganz unterschiedliche Weise geschehen. Selbst kompliziertere Fälle verstoßen nicht gegen das Selbstkonsistenzprinzip. Wenn

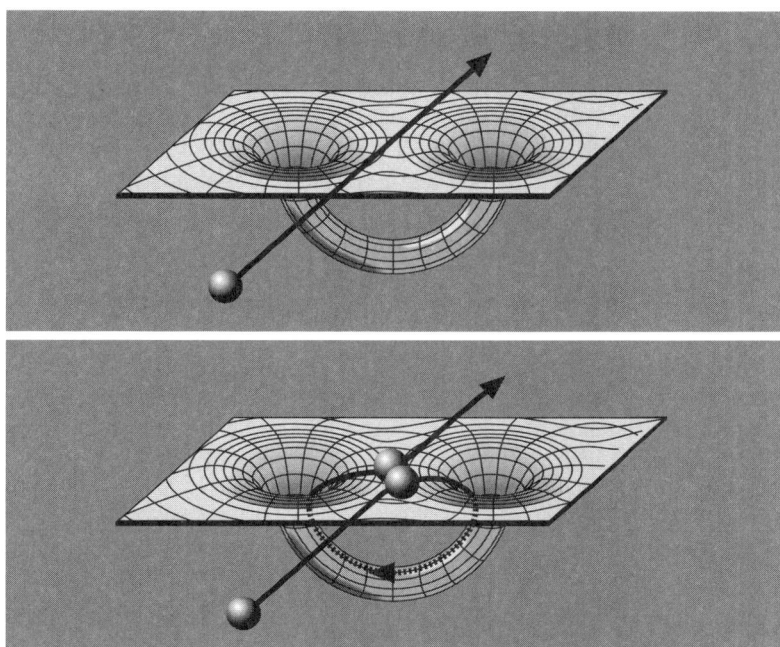

Wurmloch-Billard und das Selbstkonsistenzprinzip: Wenn Zeitreisen möglich sind, folgen daraus noch keineswegs zwingend die verheerenden Zeitparadoxien. Denn die Natur erlaubt vielleicht nur solche Zeitschleifen, die nicht zu Widersprüchen führen. Physiker haben sogar mathematische Modelle dazu entwickelt. So könnte ein Teilchen oder eine Billardkugel zwischen den beiden Öffnungen eines Wurmlochs hindurchfliegen (oben). Es ist aber auch denkbar, dass es mit sich selbst kollidiert (mit der künftigen Kugel), in eine Öffnung gestoßen wird, aus der anderen Öffnung herauskommt, sich selbst trifft (die vergangenen Kugel) und den ursprünglich geraden Weg fortsetzt (unten). Diese Selbstbegegnung basiert auf einer Zeitschleife, die kein Paradoxon erzeugt.

zum Beispiel eine Billardkugel als Bombe mit Berührungszünder durch ein Wurmloch in die eigene Vergangenheit reist, sich selbst trifft und dabei zerstört, kann sie zwar nicht mehr ins Wurmloch fallen und damit auch nicht in die Vergangenheit fliegen und sich selbst zerstören und so weiter. Trotzdem könnten Explosionssplitter über das Wurmloch in die Vergangenheit gelangen und den Zünder der Bombe aktivieren, so dass die Geschichte erneut widerspruchsfrei wäre.

Natürlich lassen sich noch vertracktere Probleme ausdenken. Es ist bisher aber weder bewiesen worden, dass sich die auftretenden Paradoxien in jedem Fall verhindern lassen, noch ist ein Beispiel bekannt, bei dem man sich keine selbstkonsistente Entwicklung vorstellen kann. Es herrscht also ein argumentatives Patt. Vielleicht sind Zeitreisen logisch betrachtet harmlos, vielleicht aber auch nicht.

Doch auch das Selbstkonsistenzprinzip hat seinen Preis: Mit geschlossenen zeitartigen Kurven geht ein gespenstischer Indeterminismus einher, der akausale Quanteneffekte weit übersteigt. »Man könnte von Anfang an daran gehindert werden, die Zeitmaschine überhaupt zu besteigen – von etwas vollkommen Unvorhersagbaren, das aus ihr herauskommt. Wenn es viele selbstkonsistente Möglichkeiten gibt, die einen hindern, kann man nicht sagen, was da materialisiert«, schreiben Frank Arntzenius und Tim Maudlin, Philosophie-Professoren an der amerikanischen Rutgers University in New Jersey. »Im Gegensatz zur klassischen Vorstellung, Zeitreisen würden zu Widersprüchen führen, ist das eigentliche Problem die Unterbestimmtheit: Die Geschichte kann konsistent auf viele verschiedene Weisen ablaufen.«

Das Selbstkonsistenzprinzip wirft bei genauerer Betrachtung noch weitere Probleme auf. »Es scheint dem Zweiten Hauptsatz der Thermodynamik zu widersprechen. Alle irreversiblen Effekte, die bei Zeitparadoxien entstehen müssten, werden außer Acht gelassen«, kritisiert H. Dieter Zeh, emeritierter Physik-Professor von der Universität Heidelberg. Insofern ist die Widerspruchsfreiheit der Zeitreisen oft trügerischer Schein. Die Widersprüche werden hier nur versteckt, nicht beseitigt. Unter der Annahme, dass kein ominöser, antiphysikalischer Freier Wille existiert, argumentiert Zeh wie Stephen Hawking für die Unmöglichkeit von Zeitreisen und somit Zeitparadoxien: »Da Geometrie und Materie laut Albert Einsteins Allgemeiner Relativitätstheorie dynamisch miteinander verbunden sind, müssen Randbedingungen, die zu einem Zeitpfeil führen, auch die Zeitordnung schützen – also die Abwesenheit von Zeitschleifen garantieren, die laut Allgemeiner Relativitätstheorie im Prinzip möglich wären. Außerdem ignorieren die exotischen klassischen Raumzeiten mit geschlossenen Zeitkurven wie viele clevere Detektiv-Geschichten einfach den Rest der Wirklichkeit – in diesem Fall die Quantentheorie.«

Zeitreisen in Paralleluniversen

David Deutsch und Michael Lockwood von der Oxford University haben daher 1991 und 1994 sicherheitshalber nach einer weiteren

Möglichkeit für Zeitreisen ohne Paradoxien gesucht. Ihre Hypothese löst das Problem tatsächlich, hat aber einen atemberaubenden Preis.

Die beiden Physiker stützen sich auf eine provokante Interpretation der Quantenmechanik, die der amerikanische Physiker Hugh Everett III in seiner Dissertation bei John Wheeler im Jahr 1957 vorgeschlagen hat. Er vermutete, dass sich das ganze Universum gleichsam aufspaltet, wenn die Natur eine Wahl zwischen zwei oder mehr Zuständen hat. Zerfällt zum Beispiel ein bestimmtes radioaktives Atom in einer Sekunde oder nicht? Bei Everett lautet die Antwort nicht »entweder – oder« sondern »sowohl – als auch«. Mit jeder scheinbaren Alternative verzweigt sich die Welt in zwei oder mehr Paralleluniversen, die exakt miteinander identisch sind bis auf die gerade relevante Alternative. Es werden also gewissermaßen alle Möglichkeiten auch wirklich. So gibt es nun ein Universum, in dem dieser Satz mit einem Punkt endet, aber auch eines, in dem das nicht der Fall ist. Und beide haben fortan ihre eigene Geschichte. (Wem diese Möglichkeit suspekt vorkommt, dem sei versichert, dass der mit Messungen zusammenhängende berüchtigte »Kollaps der Wellenfunktion« in der Quantenphysik Physikern und Philosophen ebenso suspekt erscheint. Denn die Viele-Welten-Hypothese ist ein Versuch, diesen Kollaps zu vermeiden, der seinerseits Paradoxien zur Folge hat wie Erwin Schrödingers berühmte Katze, die zugleich tot und lebendig ist.)

»Als das Universum entstand, war es kleiner als ein Elektron. Dieses ist ein Quantenobjekt, das simultan in vielen Zuständen existieren kann. Also muss auch das Universum ein Quantenobjekt sein, das in vielen Zuständen existiert«, argumentiert Michio Kaku, Physik-Professor an der City University of New York, für die Existenz vieler Quanten-Universen.

Und genau diese Viele-Welten-Interpretation der Quantenmechanik erlaubt es nun, so argumentieren Deutsch und Lockwood, dass Zeitschleifen mit dem Autonomieprinzip vereinbar sind, ohne Paradoxien nach sich zu ziehen. Der Sohn kann also tatsächlich in die Vergangenheit reisen und seinen Vater ermorden. Aber das führt nicht zu einem Widerspruch. Denn er gelangt in ein Universum, das bis zum Moment seiner Ankunft exakt mit seinem eigenen identisch war, nun aber einen anderen Verlauf nimmt. In diesem Universum wird der Zeitreisende niemals das Licht der Welt erblicken. Aber aus diesem Universum ist er auch nicht gekommen, sondern aus einem anderen, in dem er geboren wurde, weil dort sein Vater keines vorzeitigen Todes starb. Der Mann, den er ermordet, ist beziehungsweise wird also auch nicht sein Vater, sondern ist ein – wenn auch hinsichtlich jeder Körperzelle identischer – Doppelgänger seines Vaters. Und der Maler oder Mathematiker, der geistiges Eigentum aus der Zukunft stahl, ist nicht mit dem Maler oder Mathematiker identisch, aus dessen Welt der Zeitreisende kam. (Dass es keine eindeutige Vergangenheit gibt, hat analog zur VieleWelten-Interpretation schon 1953 der SF-Autor John R. Pierce in *Mr Kinkaid's Pasts* imaginiert.) Weitere SF-Geschichten mit Parallelwelt-Zeitreisen sind *Sidewise in Time* von Murray Leinster aus dem Jahr 1934, *Other Tracks* von William Sell aus dem Jahr 1938 und *The Probable Man* von Alfred Bester aus dem Jahr 1941.)

Freilich lässt sich einwenden, dass die Viele-Welten-Hypothese eigentlich gar keine Zeitreisen im strengen Sinn beschreibt, sondern eher extreme Raumreisen. »Das System reist von einer Zeit in einer Welt zu einer anderen Zeit in einer anderen Welt, aber kein System reist in eine frühere Zeit in derselben Welt. Selbst wenn das eine vernünftige Sichtweise der Dinge ist, ist sie bei weitem nicht so interessant, wie es ursprünglich erschien«, meinen Frank Arntzenius und Tim Maudlin. Freilich ist der Unterschied gar nicht mehr so deutlich, seit Isaac Newtons absoluter Raum und absolute Zeit verabschiedet und das vierdimensionale Raumzeit-Kontinuum eingeführt wurde. Die Aufspaltung von Universen hat jedenfalls ähnliche Konsequenzen wie David Lewis' Vorschlag von einer Verzweigung der Zeit: Zeitreisen wären logisch möglich.

Auch ein weiteres skeptisches Argument von Hawking könnte somit zurückgewiesen werden. »Wo bleiben denn die Touristen aus der Zukunft, wenn Zeitmaschinen möglich sind?« fragte dieser scherzhaft. »Sie sollten uns doch längst besucht haben, um unser drolliges altmodisches Leben neugierig zu betrachten und unsere Streitigkeiten zu beenden.« Die Antwort lautet nicht, dass sie längst da sind, sich aber nicht zu erkennen geben, weil wir ihre unvorsichtigeren Vorgänger in geschlossene psychiatrische Abteilungen gesperrt haben, sondern: Uns haben die Zukunftsbewohner (noch) nicht besucht, aber vielleicht unsere Doppelgänger in einer Parallelwelt oder in einem anderen Strang der Zeit.

14.
Im Anfang war die Zeitschleife

Murmeltier-Raumzeiten und Zeitkreise

Es kann ganz schön verstörend sein, jeden Morgen in der exakt gleichen Welt aufzuwachen, wie der von Bill Murray gespielte Wetteransager Phil Connors im pennsylvanischen Provinzkaff Punxsutawney zu seinem Entsetzen erleben muss. *Und täglich grüßt das Murmeltier* heißt die deutsche Fassung des 1993 in den USA gedrehten Kultfilms *Groundhog Day*, der mit viel Witz – das heißt Humor und Geist gleichermaßen – das Thema Zeitschleife auslotet. (Ähnliche Plots enthalten *Yesterday's Clock* von David Wright O'Brien, 1943, und *Timequake* von Kurt Vonnegut, 1997.)

Murmeltier-Raumzeiten gibt es auch – kein Witz! – in den Weltmodellen der Allgemeinen Relativitätstheorie. Und damit erschuf Gott unser Universum.

Gott ist John Richard Gott III und arbeitet nicht im Himmel, sondern an der Princeton University in New Jersey. Und sein Helfershelfer ist nicht Luzifer, sondern der Chinese Li-Xin Li. Auf der Grundlage von Albert Einsteins Feldgleichungen ersannen die beiden Physiker ein raffiniertes Ursprungsmodell unserer Welt, das sowohl die Schwierigkeit einer »Entstehung aus dem Nichts« als auch das gleichermaßen problematische Postulat einer Ewigkeit der Zeit vermeidet, und das doch ein durchgängiges Ursache-Wirkungs-Gefüge voraussetzen kann. Die abenteuerlich anmutende These der beiden Forscher: Das Universum schuf sich mit Hilfe einer Zeitschleife selbst – also quasi durch einen Rückgriff in seine eigene Vergangenheit. »Das Universum ist gewissermaßen seine eigene Mutter«, pointiert es Gott. »Es hat einen Anfang, aber kein frühestes Ereignis.«

Gott wurde 1947 in Louisville, Kentucky, geboren. Sein Vater leitete ein Krankenhaus, seine Mutter den Kentucky-Gartenclub. Gott kam 1969 zur Promotion nach Princeton und kehrte 1976 nach Postdoc-Aufenthalten am California Institute of Technology und in Cambridge dorthin zurück. Er zeigte schon früh wissenschaftliche Neigungen. Als er als Dreijähriger vom Baum fiel, soll er gesagt haben: »Ei, die Schwerkraft zieht einen kräftig hinab.« Mit acht Jahren sah er eine

Himmelskarte im Buchladen, seither ist er begeisterter Sternengucker. »Ich habe noch immer mein 3-Inch-Teleskop und betrachtete 2003 damit den Mars in Erdnähe.« Auch den Venustransit vor der Sonne im Juni 2004 hat er begeistert verfolgt. In der Physik machte er nicht nur mit Arbeiten über die Herkunft des Mondes, die Struktur des Universums und die Kosmische Hintergrundstrahlung auf sich aufmerksam, sondern auch mit scheinbar exotischen Themen wie der Entstehung von Materie-, Antimaterie- und Tachyonen-Universen, Zeitreisen mit Kosmischen Strings, Lebensverlängerungen beim Einsturz in ein Schwarzes Loch mit Hilfe einer Art Rettungsweste, und mit statistischen Analysen zur Lebensdauer und dem Ende der Menschheit.

Das klingt teilweise eher nach Science-Fiction, und Gott zeigt hier auch keine Berührungsangst: »Science-Fiction hat häufig interessante wissenschaftliche Forschungen angestoßen«, sagt er. Und während beispielsweise Zeitreisen fantastisch erscheinen, »wollen Wissenschaftler wissen, ob so etwas im Prinzip möglich ist. Wir wollen verstehen, wie die Gesetze der Physik unter extremen Bedingungen funktionieren.« In seinem populärwissenschaftlichen Buch *Zeitreisen durch Einsteins Universum* beschreibt Gott nicht nur die harte Physik, sondern auch, wie die zukunftsträchtige Literatur physikalische Ideen schon vorweggenommen hat. »Die menschliche Neugier ist sehr wichtig. Als Art gibt es uns erst seit 200.000 Jahren. Das ist nicht besonders lang. Tyrannosaurus rex existierte beispielsweise 2,5 Millionen Jahre. Aber in dieser kurzen Zeit war eine der erstaunlichen Leistungen, unsere Stellung im Universum zu erkennen – und wir verstehen einiges von den Gesetzen der Physik. Darauf sollte jeder stolz sein.«

Mitte der neunziger Jahre begann sich Gott über den Ursprung des Universums Gedanken zu machen. Die quantenkosmologischen Modelle von Stephen Hawking, James Hartle und Alexander Vilenkin, die einen absoluten Anfang des Kosmos zu beschreiben versuchten, befriedigten ihn nicht. »Das Universum buchstäblich aus ›nichts‹ entstehen zu lassen, scheint schwierig zu sein. Wie soll ›nichts‹ von den physikalischen Gesetzen wissen? Schließlich beginnt jedes Modell, das aus dem Nichts tunnelt, mit einem Quantenzustand, der den Gesetzen der Physik gehorcht – und der ist nicht nichts. Tatsächlich kann der Versuch, das Universum aus nichts zu erschaffen, etwas eigenartig anmuten, dürfte ›Nichts‹ doch definitionsgemäß nicht existieren. Vielleicht ist die Frage, wie das Universum aus nichts geschaffen wurde, einfach falsch gestellt.«

Doch, so überlegte Gott, »vielleicht war das Universum gar nicht aus nichts entstanden. Vielleicht entstand es aus etwas, und dieses Etwas war es selbst. Doch wie könnte das geschehen sein? Durch eine Zeitschleife.«

Auch diese Idee einer Erzeugung des Universums aus seiner eigenen Zukunft ist in der Science-Fiction bereits durchgespielt worden. In dem Roman *Die Zeit ist gegen uns* (1956) von Walter Ernsting alias Clark Darlton fliegt ein Raumfahrer an den Anfang der Zeit, kollidiert absichtlich mit einer zeitlosen Urmaterie und wird so zum Auslöser des Urknalls und Schöpfer des Kosmos. Und Stanislaw Lems legendärer Raumfahrer Ijon Tichy beschreibt in der 18. Reise seiner *Sterntagebücher* (1971), wie er mit ein paar anderen Wissenschaftlern das Weltall geschaffen hatte, indem er ein Ur-Atom in die Vergangenheit sandte und es explodieren ließ. Weil bekanntlich zu viele Köche den Brei verderben, ist das Universum bei diesem kreativen Experiment so verpfuscht, wie wir es kennen. (In der 20. Reise gerät Tichy dann übrigens selbst in eine Zeitschleife, die er nur zu verlassen vermag, weil er andere unliebsame Kollegen in die Vergangenheit verbannt – wo sie dann als Hiob, Homer, Plato, Aristoteles, Hieronymus Bosch, Leonardo da Vinci, Spinoza und so weiter ihre Spielchen treiben. Barry N. Malzberg trieb die Idee in *Chorale* 1978 auf die Spitze, worin alle historisch bedeutsamen Figuren aus den Geschichtsbüchern in Wirklichkeit Zeitreisende aus dem 23. Jahrhundert sind.)

Fantasie macht Spaß. Doch in der Physik zählen Ideen nur, wenn sie sich in eine quantitative Theorie einbetten lassen. Und das ist bei Zeitschleifen besonders tückisch. Denn überall lauern Zeitparadoxien, deren logische Kapriolen das ganze Unterfangen rasch widersprüchlich, unplausibel oder vollkommen unverständlich zu machen drohen. Damals bekam Gott jedoch unerwartete Unterstützung in Form eines Briefs aus China.

Li-Xin Li, ein hoffnungsvoller Student von der Universität Peking, bewarb sich in Princeton um eine Doktorandenstelle. Gott stellte ihn sofort ein – »der beste Vorhersagefaktor für künftige Erfolge in der Forschung sind gute Ergebnisse in bisherigen Forschungsarbeiten, nicht Schulnoten oder Empfehlungsschreiben« –, denn Li war ihm bereits aufgefallen. Der junge Mann hatte schon eine Arbeit in der renommierten Fachzeitschrift *Physical Review* veröffentlicht, in der er zeigte, wie sich mit einer reflektierenden Kugel im Schlund eines Wurmlochs verhindern lässt, dass sich dort unendliche Energiemengen aufstauen und das Wurmloch zerstören – ein Argument gegen Hawkings Vermutung zum Schutz der Zeitordnung.

Mit Gott fand Li einen idealen Mentor und gleichgesinnten Mitarbeiter. »Li-Xin Li und ich trafen uns einmal in der Woche zum Mittagessen, und wir erzählten niemandem, woran wir arbeiteten. Das waren denkwürdige Treffen«, beschreibt Gott die fast schon verschworene Zusammenarbeit. »Bei einem Essen erhielten wir einen Glückskeks, in dem es hieß: ›Vertrauen Sie Ihrer Intuition. Das Universum lenkt Ihre Geschicke.‹ Wir nahmen das als Zeichen der Ermutigung.«

Zunächst untersuchten sie verschiedene Weltmodelle der Relativitätstheorie mit geschlossenen zeitartigen Weltlinien. Der Prototyp dieser Kosmologien mit einer kreisförmigen Zeit sind die Gödel-Universen, die Kurt Gödel 1949 entdeckt hat, als er wie Albert Einstein in Princeton forschte.

Solche Zeitkreise gibt es auch in der Murmeltier-Raumzeit. »In diesem Raumzeit-Szenario können Sie gegen sich selbst Fußball spielen – tatsächlich können Sie in beiden Mannschaften jede Position besetzen und obendrein noch alle Zuschauer stellen«, schmunzelt Gott. Dabei gibt es selbstkonsistente Lösungen, die nicht zu Paradoxien führen. »Wir haben ein Gegenbeispiel zu Hawkings Vermutung gefunden«, sagt Gott. »Quanteneffekte führen nicht automatisch zum Zeitschutz.« Freilich enthalten die Rechnungen grobe Näherungen und müssen nicht unbedingt realistisch sein, entgegnen Kritiker wie Deborah A. Konkowski von der U. S. Naval Academy in Annapolis. Die Diskussion geht also weiter.

Wie sich das Universum selbst erschaffen haben könnte

Indessen trieben Gott und Li ihre Überlegungen auf die Spitze, indem sie sie auf die Frage nach dem Ursprung des Kosmos anwendeten: »Das Universum könnte eine Geometrie haben, die es erlaubt, in die Vergangenheit zu gehen und sich selbst zu erschaffen«, ließen sie schließlich die Bombe platzen. Unter dem Titel *Can the Universe create Itself?* veröffentlichte *Physical Review* 1998 tatsächlich die abenteuerlichen Überlegungen. Der Artikel hatte 155 Gleichungen und 187 Literaturangaben. Aber die Grundidee ist einfach.

»In unserem Modell gibt es keinen ersten Moment. Jedes Ereignis im frühen Universum hätte Ereignisse, die ihm vorangehen«, sagt Gott. »Die Allgemeine Relativitätstheorie kann gekrümmte Geometrien beschreiben, in denen ein Universum einen Anfang haben kann ohne einen ersten Moment.« Das geht dann, wenn sich, metaphorisch gesprochen, ein Zweig aus dem Stamm der Raumzeit in einer Schleife rückwärts biegt und gleichsam zur Wurzel des Stammes wird – eine Zeitschleife also. »Dies ist ein Modell, in dem das Universum seine eigene Mutter ist. Es ist ein Modell, das mit einer Zeitschleife beginnt«, sagt Gott. »Eine Zeitmaschine arbeitete am Anfang des Universums, aber dann hörte sie auf.« In ihrem Aufsatz schreiben Gott und Li: »Zu fragen, was der früheste Zeitpunkt ist, wäre wie die Frage nach dem östlichsten Punkt auf der Erde. Man kann immer weiter und weiter nach Osten um die Erde reisen – es gibt keinen östlichsten Punkt.«

Die Raumzeit der Zeitschleife war nicht heiß, sondern winzig, leer und bitterkalt – fast am absoluten Nullpunkt. Das Vakuum musste ganz bestimmte Eigenschaften besessen haben. Es war ein so genanntes Rindler-Vakuum. Der Name ehrt Wolfgang Rindler, Physik-Professor an der University of Texas, Dallas, der die zugehörige Raumzeit erstmals beschrieben hat. Das Rindler-Vakuum hatte der nun ebenfalls in Texas forschende Physiker Stephen Fulling 1973 entdeckt. Es hat eine negative Energiedichte. Wenn sich diese mit der positiven Energiedichte durch die enorme Krümmung der Schleife gerade ausglich, blieb überall ein so genannter inflationärer Vakuumzustand mit einer positiven Energiedichte und einem negativen Druck übrig.

Das klingt kompliziert – und ist es auch. Aber Physiker sind damit gut vertraut, denn ein solcher Zustand wird seit mehr als zwei Jahrzehnten für die ersten Sekundenbruchteile des Universums angenommen. Die Forscher nennen ihn die Epoche der Kosmischen Inflation. In ihr hat sich der Weltraum exponentiell – das heißt: überlichtschnell – ausgedehnt. Ohne eine solche Aufblähung wäre das Universum nie groß geworden und hätte nicht die Eigenschaften, die wir beobachten können. Messungen der Kosmischen Hintergrundstrahlung – des ersten Lichts des durchsichtig gewordenen Universums, 380.000 Jahre nach dem Urknall freigesetzt und noch heute den ganzen Weltraum durchflutend – haben die Inflation bislang glänzend bestätigt. Sobald diese Inflation begann, war die Zeitschleife zu Ende. Die Zeit konnte im Modell von Gott und Li also nicht endlos mit und um sich selbst kreisen.

Das Modell erlaubt recht exakte Vorstellungen: Die Zeitschleife vergrößerte ihren Umfang von einer Planck-Länge (10^{-33} Zentimeter) um den Faktor $e^{2\pi} = 535{,}491655...$ binnen einer Planck-Zeit (10^{-43} Sekunden). Wenn die Zeitschleife nur eine milliardstel Sekunde währte, besaß das Vakuum die Planck-Dichte von 5×10^{93} Gramm pro Kubikzentimeter. Das ist die höchste Dichte, die die Physik erlaubt. Bei einer Zeitschleife von 10^{-36} Sekunden und einem Umfang von 3×10^{-25} Zentimeter (2×10^8 Planck-Längen) wäre die Dichte schon so niedrig, dass die – noch nicht berechenbaren – Quantengravitationseffekte keine Rolle mehr spielen würden. Bei diesen Energien war die Gravitation bereits abgespalten von den übrigen drei Naturkräften, welche Teilchenphysiker mit einer noch nicht bestätigten »Großen Vereinheitlichten Theorie« (»Grand Unified Theory«) mit Supersymmetrie beschreiben. Auch dieses Vakuum-Modell führt zur Inflation.

Überhaupt ist die Länge der Zeitschleife nicht so entscheidend. »Es gibt einen Skalierungsparameter in unserer Lösung, den ›Radius‹ der Raumzeit«, erläutert Li. »Wenn die Kosmologische Konstante null ist, dann liegt der Parameter in einer selbstkonsistenten Lösung in der Größenordnung der Planck-Länge, aber diese Konstante muss nicht notwendig null sein.« Auch lässt sich nicht angeben, wie viele Runden die Zeit gedreht hat. »Sie könnte unendlich oft im Kreis gelaufen sein«, meint Li.

Wenn das Modell die Realität trifft – »und wir werden wohl eine funktionierende Theorie der Quantengravitation brauchen, um zu sehen, ob es möglich ist«, räumen die Forscher ein –, hat sich der Kosmos gleichsam selbst am Schopf gepackt und aus dem Sumpf der Nichtexistenz herausgezogen. »Er ist die Ursache seiner selbst. Diejenigen, die in der Vergangenheit argumentiert haben, das Universum müsse entweder eine erste Ursache haben oder seit ewiger Zeit existieren, wussten noch nichts von gekrümmten Raumzeiten. Die Möglichkeit solcher Raumzeiten löst das Problem der ersten Ursache in einer Weise, die vor der Allgemeinen Relativitätstheorie undenkbar gewesen wäre.«

Mit einem Bild lassen sich die abstrakten Gedanken sehr anschaulich machen: Das Universum schuf sich selbst – ähnlich wie die beiden sich gegenseitig zeichnenden Hände in der Litographie *Zeichnen* des holländischen Künstlers Maurits Cornelis Escher von 1948.

Gott erschuf noch eine andere Veranschaulichung, von der Neil de Grasse Tyson, der Direktor des Hayden-Planetariums in New York, sagte, sie würde wie eine neue Art von Musikinstrument aussehen, ein exotisches Flügelhorn. Gott stimmt zu und schmunzelt: »Es ist ein Horn, das sich selbst spielt!« Von diesem Horn können weitere »Trichter« abzweigen, die zu separaten Universen werden. Ein solches Bild von sich gleichsam voneinander abnabelnden Universen ist eine fast zwingende Konsequenz der Theorie von der Kosmischen Inflation. Unser Universum wäre dann sehr wahrscheinlich sehr spät dem weitverzweigten Baum des Kosmos entsprungen, die Zeitschleife wäre demnach unbeobachtbar weit in der Vergangenheit verborgen.

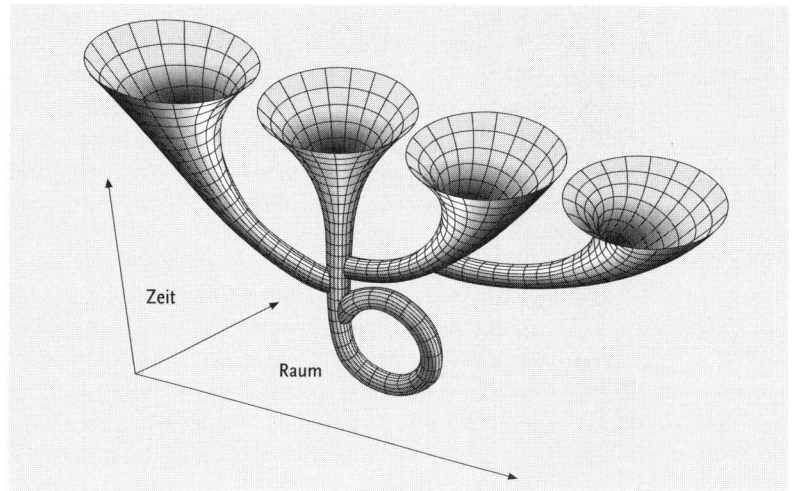

Kosmischer Stammbaum, der seine eigene Mutter ist: In diesem kosmologischen Modell zweigen sich Universen gleichsam voneinander ab und dehnen sich aus – aber das erste hat sich über eine Zeitschleife selbst erzeugt. Weil die Zeit nicht mehr in die Schleife zurück kann, muss sie ständig vorwärts fließen – so könnte der Zeitpfeil entstanden sein.

Gott und Gott

Das Selbsterschaffungsmodell von Gott, dem Menschen, macht Gott, das Überwesen, als Schöpfer überflüssig. Auch deshalb sorgte es für Kontroversen. John Richard Gott III versucht sich aus diesen weltanschaulichen Diskussionen herauszuhalten. »Li-Xin Li und ich haben nie über Theologie gesprochen, wir haben nie irgendwelche theologischen Fragen im Sinn gehabt. Ich würde sehr vorsichtig sein, irgendwelche theologischen Schlussfolgerungen aus unserem Modell zu ziehen. Die Ergebnisse sprechen für sich selbst. Als religiöser Mensch würde ich nicht behaupten, dass das Konzept eines sich selbst erschaffenden Universums keine beunruhigende Vorstellung ist – aber vielleicht sollten wir das Universum auch als beunruhigend empfinden«, überlegt Gott. Doch er fügt hinzu: »Ich bin ein Presbyterianer, ich glaube an Gott. Ich habe immer gedacht, dass man diese demütige Einstellung haben muss.« Definieren will Gott seinen Namensvetter nicht. Deshalb weicht er auch der Frage aus, ob denn Gott als Schöpfer der Welt nicht überflüssig ist, wenn sich das Universum selbst geschaffen hat.

Gott und Li verstehen ihr Modell als »allgemeines Paradigma«, das jedes inflationäre Baby-Universen-Modell ergänzen könnte. Sie halten es sogar für denkbar, dass intelligente Hochtechnologie-Zivilisationen eine solche Zeitschleife im Labor herstellen können. Außerdem könnte es viele, total voneinander isolierte Multiversen aus zahllosen Einzeluniversen geben. »Jedes Multiversum würde mit einer eigenen Zeitschleife starten und wäre von unserem vollständig getrennt«, sagt Gott.

In der Kontroverse von Anfangs- gegen Ewigkeitskosmologien nimmt das Zeitschleifen-Modell eine frappierende Zwischenposition ein. Das macht es als »dritte Möglichkeit« attraktiv. Seine Exotik riefen freilich auch Skeptiker auf den Plan. Doch handwerkliche Fehler konnte niemand Gott und Li nachweisen. »Wir sollten lieber fragen: Verhindern es die Gesetze der Physik, dass das Universum seine eigene Mutter sein kann?«, versucht Gott die Beweispflicht umzukehren.

Der entrollte Zeitpfeil

Wie so oft bei den großen Fragen der Physik und Kosmologie ist freilich auch hier das letzte Wort nicht gesprochen, sondern muss mindestens erst den Jargon der Quantengravitation erlernen, um sich überhaupt verlautbaren zu können. Darauf weist auch Lee Smolin hin: »Das Modell basiert auf der semiklassischen Quantenkosmologie. Das bedeutet, es behandelt Materie und Raumzeit unterschiedlich: Materie wird quantenmechanisch und die Raumzeit klassisch betrachtet. So funktioniert die Idee und ist legitim. Aber in einer vollständigen Theorie der Quantengravitation muss alles quantenmechanisch behandelt werden – Schwerkraft, Raumzeit und Materie. Und in diesem Fall könnten geschlossene zeitartige Kurven nicht erlaubt sein. Ich glaube, dass die Idee nicht funktioniert.«

Weitere Studien zeigten immerhin, dass das Modell auch mit komplexeren Annahmen nicht zusammenbricht. Li berechnete es mit zusätzlichen Feldern, etwa dem elektromagnetischen Feld, das ursprünglich nicht berücksichtigt wurde. Pedro F. González-Díaz fand, als er an der Cambridge University forschte, weitere Indizien dafür, dass eine Zeitschleife stabil sein könnte.

Und noch einen großen Erfolg konnten Gott und Li für sich verbuchen: die Erklärung der Zeitrichtung. Dass sie immer von der Vergangenheit in die Zukunft läuft, scheint eine Binsenweisheit zu sein, ist physikalisch aber keineswegs trivial, sondern sogar sehr rätselhaft.

»Unser Modell sagt voraus, dass ein Zeitpfeil existiert, der mit unseren Erfahrungen in Einklang ist«, freut sich Li, der nach seiner Zeit in Princeton am Harvard Smithsonian Center for Astrophysics in Cambridge, Massachusetts, arbeitete und inzwischen zum Max-Planck-Institut für Astrophysik in Garching bei München wechselte. Dort forscht er auch über Schwarze Löcher, Gravitationslinsen-Effekte und Gammastrahlen-Ausbrüche, ohne bei dieser Fülle aber seine Hobbys zu vernachlässigen: Fotografieren, Schwimmen, das Brettspiel Go und die Gedanken des Philosophen Tschuang-Tse. »Ich finde alle Arten von Rätseln in Physik und Astronomie interessant. Deshalb erweitere ich meine Forschungsgebiete ständig. Doch nichts ist faszinierender als das Wechselspiel von Relativitätstheorie und Quantenphysik.«

Gott und Li haben den Zeitpfeil nicht ins Modell eingebaut. »Er war implizit im Modell enthalten, aber sein Auftauchen überraschte uns. Er ist eine wichtige Voraussage des Modells, die zu den Beobachtungen passt«, freut sich Gott. Die Erklärung ist, dass die Temperatur in der Zeitschleife am absoluten Nullpunkt liegt. »Damit beginnt das Universum automatisch im Zustand niedriger Entropie, und das ist erforderlich, um den Zeitpfeil hin zu größerer Entropie zu erklären, den wir noch heute beobachten.« Die Temperatur stieg am Ausgang der Zeitschleife – einem so genannten Cauchy-Horizont – an, und zwar aufgrund eines Quanteneffekts, den Stephen Hawking in den siebziger Jahren vorausgesagt hatte und der auch zur langsamen Verdampfung Schwarzer Löcher führt.

»Die einzige Möglichkeit, ein widerspruchsfreies Modell zu bekommen, ist, wenn die Lichtstrahlen nur in die Zukunft laufen können«, sagt Gott. »Ein Lichtstrahl, der durch die Zweige in den Stamm zurücklaufen könnte, würde die Zeitschleife unendlich oft durchkreisen und sie zerstören. Das wäre dann nicht die Geometrie, mit der wir begonnen haben. Die einzige Art und Weise, eine selbstkonsistente Lösung zu bekommen, ist ein Zeitpfeil, der von der Zeitschleife am Anfang wegzeigt.«

Vielleicht gibt es hier sogar eine Verbindung zur Superstring- oder M-Theorie, nach deren Gültigkeit Stephen Hawking gerne eine allwissende Fee befragen würde. Diese Theorie der Quantengravitation kann alle Naturkräfte einheitlich beschreiben, aber nur in einer zehn- oder elfdimensionalen Raumzeit. Da wir lediglich drei Raum-Dimensionen kennen, müssen die restlichen sechs oder sieben extrem klein sein, kompaktifiziert oder »aufgerollt«, wie die Physiker sagen. »In unserem Modell ist auch die Zeit-Dimension aufgerollt«, zieht Gott eine Parallele. »Wir denken, das passt sehr gut in die Superstringtheorie, aber wir müssen abwarten, ob sie solche Lösungen erlaubt.«

Bis dahin steht den Physikern wohl noch ein weiter, steiniger Weg bevor. Doch immerhin erscheint dieser spannender und aussichtsreicher als Phil Connors Kampf gegen die ständige Wiederkehr des Gleichen in der Murmeltier-Provinz von Punxsutawney. Und auch den hat er schließlich gewonnen – und die Frau seines Lebens gleich dazu.

* * *

Multi pertransibunt et augebitur scientia.
(Viele werden hinausfahren, und die Wissenschaft wird wachsen.)
FRANCIS BACON, Philosoph (1620)

Appendix

Lesestoff für (lange) Zeitreisen

Alcubierre, M.: *Warp-Antrieb – Wurmlöcher – Zeitreisen.* Sterne und Weltraum Spezial Nr. 6, S. 70–76 (2001).

Al-Khalili, J.: *Schwarze Löcher, Wurmlöcher und Zeitmaschinen.* Spektrum Akademischer Verlag. Heidelberg 2001.

Armer, K. M., Jeschke, W.: *Die Gehäuse der Zeit.* Heyne. München 1994

Begelman, M., Rees, M.: *Schwarze Löcher im Kosmos.* Spektrum Akademischer Verlag. Heidelberg, Berlin, Oxford 1997.

Bekenstein, J. D.: *Das holografische Universum.* Spektrum der Wissenschaft Nr. 11, S. 34–43 (2003).

Brooks, M.: *Time Twister.* New Scientist Nr. 2291, S. 26–29 (2001).

Davies, P.: *So baut man eine Zeitmaschine.* Piper. München, Zürich 2004.

Deutsch, D., Lookwood, M.: *Die Quantenphysik der Zeitreise.* Spektrum der Wissenschaft Nr. 11, S. 50–57 (1994).

Ehrlich, R.: *Nine Crazy Ideas In Science.* Princeton University Press. Princeton 2002.

Ford, L. H., Roman, T. A.: *Wurmlöcher und Überlicht-Antriebe.* Spektrum der Wissenschaft Nr. 3, S. 36–43 (2000).

Gibbons, G. W. u. a. (Hrsg.): *The Future of Theoretical Physics and Cosmology.* Cambridge University Press. Cambridge 2003.

Gott III, R.: *Zeitreisen in Einsteins Universum.* Rowohlt. Reinbek 2002.

Greene, B.: *Das elegante Universum.* Siedler. Berlin 2000.

Greene, B.: *Der Stoff, aus dem der Kosmos ist.* Siedler. Berlin 2004.

Halpern, P.: *Wurmlöcher im Kosmos.* List. München, Leipzig 1994.

Hawking, S., Israel, W. (Hrsg.): *300 Years of Gravitation.* Cambridge University Press. Cambridge 1983.

Hawking, S.: *Die illustrierte kurze Geschichte der Zeit.* Rowohlt. Reinbek 1997.

Hawking, S.: *Das Universum in der Nußschale.* Hoffmann und Campe. Hamburg 2001.

Kaku, M., Trainer, J.: *Jenseits von Einstein.* Suhrkamp. Frankfurt/Main 1993.

Krauss, L. M.: *Die Physik von Star Trek.* Heyne. München 1996.

Krauss, L. M.: *Jenseits von Star Trek.* Heyne. München 2002.

Luminet, J.-P.: *Schwarze Löcher.* Vieweg. Braunschweig, Wiesbaden 1997.

Malzberg, B. N. (Hrsg.): *The Best Time Travel Stories Of All Time.* ibooks. New York 2002.

Minkel, J. R.: *Bye bye black hole.* New Scientist Nr. 2483, S. 28–33 (2005).

Nahin, P. J.: *Time Machines.* Springer. New York u. a. 1999, 2. Aufl.

Nimtz, G., Haibel, A.: *Tunneleffekt – Räume ohne Zeit.* Wiley-VCH. Weinheim 2004.

Novikov, I. D.: *The River of Time.* Cambridge University Press. Cambridge 2001.

Semeniuk, I.: *No going back.* New Scientist Nr. 2413, S. 28–32 (2003).

Susskind, L.: *Das Informationsparadoxon bei Schwarzen Löchern.* Spektrum der Wissenschaft Nr. 6, S. 58–63 (1997).

Thorne, K. S.: *Gekrümmter Raum und verbogene Zeit.* Droemer Knaur. München 1996.

Vaas, R.: *Sturz in den Schlund.* bild der wissenschaft Nr. 2, S. 76–79 (1998).

Vaas, R.: *Schleichwege durchs Universum.* bild der wissenschaft Nr. 7, S. 68–71 (1998).

Vaas, R.: *Der Mord am eigenen Ahnen.* bild der wissenschaft Nr. 7, S. 72–75 (1998).

Vaas, R.: *Die Magie der Schwarzen Löcher.* bild der wissenschaft Nr. 7, S. 54–70 (2000).

Vaas, R.: *Vor dem Urknall.* bild der wissenschaft Nr. 12, S. 43–60 (2001).

Vaas, R.: *Schwarze Löcher – die Monster im All.* bild der wissenschaft Nr. 9, S. 48–65 (2002).

Vaas, R.: *Wenn die Zeit rückwärts läuft.* bild der wissenschaft Nr. 12, S. 46–54 (2002).

Vaas, R.: *Warp-Antrieb und Wurmlöcher.* bild der wissenschaft Nr. 2, S. 46–54 (2003).

Vaas, R.: *Die Zeit vor dem Urknall.* bild der wissenschaft Nr. 4, S. 60–67 (2003).

Vaas, R.: *Wie Schwarze Löcher wachsen.* bild der wissenschaft Nr. 12, S. 58–59 (2003).

Vaas, R.: *Jenseits von Raum und Zeit.* bild der wissenschaft Nr. 12, S. 50–56 (2003).

Vaas, R.: *Das Duell: Strings gegen Schleifen.* bild der wissenschaft Nr. 4, S. 44–49 (2004).

Vaas, R.: *Der umgestülpte Urknall.* bild der wissenschaft Nr. 4, S. 50–55 (2004).

Vaas, R.: *Jenseits von Anfang und Ewigkeit.* bild der wissenschaft Nr. 10, S. 30–46 (2004).

Vaas, R.: *Die neue Dimension der Schwarzen Löcher.* bild der wissenschaft Nr. 12, S. 34–49 (2004).

Vaas, R.: *Ein Universum nach Maß?* In: Hübner, J., Stamatescu, I.-O., Weber, D. (Hrsg.): *Theologie und Kosmologie.* Mohr Siebeck. Tübingen 2004, S. 375–498.

Vaas, R.: *Schwarze Spiegel.* bild der wissenschaft Nr. 3, S. 40–44 (2005).

Visser, M.: *Lorentzian Wormholes.* American Institute of Physics Press. Woodbury, New York 1996.

Walter, U., Vaas, R.: *Tachyonen – schneller als das Licht.* bild der wissenschaft Nr. 2, S. 56–63 (2003).

Wheeler, J. A., Ford, K.: *Geons, Black Holes & Quantum Foam.* Norton. New York, London 2000.

Informationen aus dem Schwarzen Loch des Internets

Einführung in die Physik und Astronomie Schwarzer Löcher:
- ▶ *http://www.lsw.uni-heidelberg.de/users/amueller/astro_sl.html*
- ▶ *http://www.damtp.cam.ac.uk/user/gr/public/bh_home.html*
- ▶ *http://www.galacticsurf.com/trounoirGB.htm*

Stephen Hawkings Dublin-Vortrag, erläutert von John Baez:
- ▶ *http://math.ucr.edu/home/baez/week207.html*

John Preskills Kommentar zum Wettgewinn:
- ▶ *http://www.theory.caltech.edu/~preskill/jp_24jul04.html*

Schwarze Löcher und Kosmologie:
- ▶ *http://arXiv.org/abs/gr-qc/0205119*

Einführungen in die Quantengravitation:
- ▶ *http://www.damtp.cam.ac.uk/user/gr/public/qg_home.html*
- ▶ *http://www.qgravity.org*
- ▶ *http://superstringtheory.com*
- ▶ *http://cgpg.gravity.psu.edu/research/poparticle.shtml*

Überlichtgeschwindigkeit:
- ▶ *http://de.wikipedia.org/wiki/%DCberlichtgeschwindigkeit*
- ▶ *http://math.ucr.edu/home/baez/physics/Relativity/SpeedOfLight/
  FTL.html#19*

Tachyonen:
- ▶ *http://math.ucr.edu/home/baez/physics/ParticleAndNuclear/tachyons.html*
- ▶ *http://physics.gmu.edu/~e-physics/bob/tachyons.htm*

Wurmlöcher und Schwarze Löcher:
- ▶ *http://abenteuer-universum.vol4u.de/wl.html*
- ▶ *http://casa.colorado.edu/~ajsh/schww.html*
- ▶ *http://en.wikipedia.org/wiki/Wormholes*
- ▶ *http://www.physics.hku.hk/~tboyce/sf/topics/wormhole/wormhole.html*

Irdische Wurmlöcher:
- ▶ *http://www.holzfragen.de/seiten/dielenloecher.html*

Diskussionsforum der Warp-Freaks:
- ▶ *http://clubs.yahoo.com/clubs/alcubierrewarpdrive*

Neuartige Antriebe für Raumschiffe:
- ▶ *http://www.lerc.nasa.gov/www/pao/warp.htm*

Zeit und Kosmologie:
- ▶ *http://arXiv.org/abs/physics/0408111*

Physik der Zeitreisen:
- ▶ *http://www.wired.com/wired/archive/11.08/pwr_timetravel_pr.html*
- ▶ *http://plato.stanford.edu/entries/time-travel-phys/*
- ▶ *http://www.math.siu.edu/kocik/tm/tm-all-ch.htm*
- ▶ *http://www.geocities.com/Area51/Corridor/5363/ttlinks1.html*

Zeitreisen in der Science-Fiction:
- ▶ *http://www.timetravelreviews.com/*
- ▶ *http://home.arcor.de/klaus.scharff/time/index.htm*

Bildnachweis

Die meisten Abbildungen wurden eigens für dieses Buch von Gerhard Weiland geschaffen und basieren auf den Entwürfen des Autors. Quellen bzw. Rechte-Inhaber der Originale und anderer Abbildungen sind: S. 9 Illustration © Mehau Kulyk/Science Photo Library/Agentur Focus; S. 20 Illustration © ESA/NASA; S. 21 © NASA/WFPC2 des Hubble-Weltraumteleskops; S. 22 Illustration © R. Schoofs/Astrofoto; S. 28 nach Freedman & van Nieuwenhuizen 1985; S. 38 nach Wheeler 1998; S. 42 nach Luminet 1997; S. 59 Vaas 2005; S. 61 nach Müller 2004; S. 65 nach Visser 1995; S. 106 nach Vaas 2005; S. 117 nach Gott 2001/Vaas 2003; S. 118 nach Vaas 2005; S. 119 © D. Weiskopf (Uni Stuttgart); S. 122 nach Sexl 1982; S. 126 nach Vaas 2003; S. 131 © T. Müller (Uni Tübingen)/O. Fechtig (Uni Stuttgart); S. 132 © J. A. Wheeler 1955; S. 136 © T. Müller (Uni Tübingen)/MPI Biol. Kybernetik; S. 137 nach Kaku 1993; S. 140 nach Cramer et al. 1995/Vaas 2003; S. 143 nach Odenwald 1991; S. 154 nach Ehrlich 2002; S. 156 nach Ferris 1983; S. 190 nach Vaas 2004; S. 198 nach Gott 2001; S. 209 nach Vaas 2005; S. 222 nach Vaas 2005; S. 233 nach Thorne 1994; S. 243 nach Gott & Li 1998.

Dank

Peter Aichelburg, Abhay Ashtekar, Klaus Behrndt, Martin Bojowald, Paul Davies, Robert Ehrlich, John Richard Gott, Stephen Hawking, Claus Kiefer, Lawrence Krauss, Michael Kuchiev, Li-Xin Li, Andreas Müller, Roger Penrose, Hanns Ruder, Urs Schreiber, Engelbert Schücking, Lawrence Schulman, Lee Smolin, Lenny Susskind, Thomas Thiemann, Gerard 't Hooft, Kip Thorne, Ulrich Walter und H. Dieter Zeh danke ich für Erläuterungen, Beiträge und die inspirierenden Gespräche, Thomas Müller, Hanns Ruder und Daniel Weiskopf für die großzügige Unterstützung mit Abbildungen. Ein Dankeschön gilt außerdem meinen Freunden Serdar Günes, André Spiegel, Hakan Turan und Thomas Zoglauer für Hinweise, Diskussionen sowie die vielen ernsten und lustigen Stunden, in denen oft die Zeit verschwunden schien. Wolfgang Hess hat (teils unbewusste) Unterstützung gewährt und Sven Melchert das Buch heroisch lektoriert, engagiert realisiert sowie mit Geduld und Freiraum der Zeit sekundiert. Letzteres taten auf andere Weise auch meine Eltern Christa Vaas-Schlegel und Bruno Vaas. Albert Einstein bewundere ich von allen Wissenschaftlern am meisten und würde ihn gerne mit einer Zeitmaschine besuchen, um ihm von den aufregenden Entwicklungen zu erzählen, die seine Forschungen möglich gemacht haben.

Register